기초전기회로

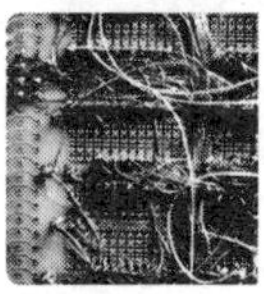

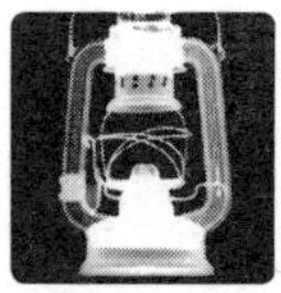
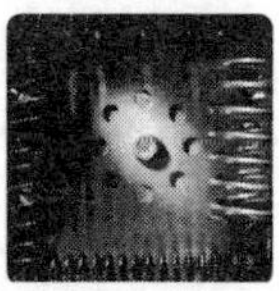

도서출판 상학당

머리말

현대 고도의 산업사회에서 전기의 이용과 편리성의 지대함은 두말할 나위가 없다. 오늘날 전기 이용에 관한 기술적인 요청은 전기 관련 분야는 물론 비관련 분야까지 확대되어 가는 추세이다.

이러한 추세에 발맞추어 전기에 대한 보다 전문적이고 광범위한 지식이 필요하게 되었으며, 특히 전기의 가장 기초인 회로이론은 전기에서 전기자기학과 병행하여 꼭 이해해야 할 중요 과목이다.

그러나 그 내용이 수학적인 깊이와 물리적인 개념을 동시에 요구하므로 접근하기에 매우 어려운 과목임도 부정할 수 없다.

이 책에서는 첫 장에 전기에서 사용되는 기초수학을 다루었고, 각 장에서는 전기현상의 기본법칙이나 원리 및 해석방법 등을 쉽게 이해하도록 설명하였다. 또한 응용력과 계산력을 높이기 위하여 예제문제를 실었으며, 각 장 끝에는 연습문제를 통하여 스스로 복습할 수 있도록 하였다.

이 책의 출판에 있어서 상당한 노력에도 불구하고 잘못된 부분이 있을 것으로 보이며 이러한 부분은 다음에 보정할 것을 약속드린다.

이 책이 전기회로를 공부하는 전기 · 전자 전공자들에게 작은 도움이 되기를 바라는 마음이다.

저자 최병수

차 례

제 1 장 전기기초수학 / 11

제 2 장 직류회로 / 33

제 3 장 정현파 교류 / 75

제 4 장 기본교류회로 / 107

제 7 장 일반선형회로망 / 181

제 8 장 3상회로 / 221

제 9 장 비정현파 교류 / 247

제 10 장 2단자 회로망 / 271

제 11 장 4단자망 / 299

제 1 장

전기기초수학

1-1 인수분해

1) $ma - mb + mc = m(a - b + c)$

2) $a^2 + 2ab + b^2 = (a + b)^2$; $a^2 - 2ab + b^2 = (a - b)^2 = (a - b)(a - b)$

3) $a^2 - b^2 = (a + b)(a - b)$

4) $x^2 + (a + b)x + a \cdot b = (x + a)(x + b)$

5) $a^3 + a^2 + a = 0$

1-2 지 수

어떤 문자나 숫자가 반복해서 곱해진 개수

1) $a^m \times a^n = a^{m+n}$

2) $(a^m)^n = a^{m \cdot n}$

3) $a^m \div a^n = \frac{a^m}{a^n} = a^{m-n}$

4) $(ab)^2 = a^2 b^2$
$(\frac{a}{b})^n = \frac{a^n}{b^n}$

5) $a^0 = 1$, $a^{-n} = \dfrac{1}{a^n}$

예제) ① $(x^2y^2)^3$을 간단히 하시오.

$$(x^2y^2)^3 = x^{2\times 3}y^{2\times 3} = x^6y^6 = (xy)^6$$

② $(x^6)^4 \div ((x^2)^3 \times (x^3)^4)$을 간단히 하시오.

$$(x^6)^4 \div ((x^2)^3 \times (x^3)^4) = x^{6\times 4} \times \frac{1}{(x^2)^3 \times (x^3)^4}$$

$$= x^{24} \times \frac{1}{x^{2\times 3} \times x^{3\times 4}}$$

$$= \frac{x^{24}}{x^{17}} = x^{24-17} = x^7$$

1-3 유리수

① 분수 $\dfrac{A}{B} = \dfrac{A\times M}{B\times M}$

② 약분 $\dfrac{A\times M}{B\times M} = \dfrac{A}{B}$

③ 통분 $\dfrac{A}{B} + \dfrac{C}{D} + \dfrac{E}{F} = \dfrac{A}{B} \times \dfrac{DF}{DF} + \dfrac{C}{D} \times \dfrac{BF}{BF} + \dfrac{E}{F} \times \dfrac{BD}{BD}$

$$= \frac{ADF + CBF + EBD}{BDF}$$

④ 통분이 되어 있을 때 $\dfrac{A}{D} + \dfrac{B}{D} - \dfrac{C}{D} = \dfrac{A+B-C}{D}$

⑤ $\dfrac{A}{B} \times \dfrac{C}{D} = \dfrac{A\times C}{B\times D} = \dfrac{A \cdot C}{B \cdot D}$

⑥ $\dfrac{A}{B} \div \dfrac{C}{D} = \dfrac{A \times D}{B \times C} = \dfrac{A \cdot D}{B \cdot C}$

⑦ $\dfrac{\frac{A}{B}}{\frac{C}{D}} = \dfrac{A}{B} \times \dfrac{D}{C}$

예제) $\dfrac{x}{x - \dfrac{1}{x + \dfrac{1}{x}}} - 1$ 을 간단히 하시오.

$$\frac{x}{x - \dfrac{1}{x + \dfrac{1}{x}}} - 1 = \frac{x}{x - \dfrac{1}{x\dfrac{x}{x} + \dfrac{1}{x}}} - 1 = \frac{x}{x - \dfrac{x}{x^2+1}} - 1$$

$$= \frac{x}{x \cdot \dfrac{x^2+1}{x^2+1} - \dfrac{x}{x^2+1}} - 1 = \frac{x(x^2+1)}{x(x^2+1) - x} - 1$$

$$= \frac{x(x^2+1)}{x(x^2+1) - x} - 1 = \frac{(x^2+1)x}{x(x^2+1-1)} - 1 = \frac{x^2+1}{x^2} - 1$$

$$= \frac{x^2}{x^2} + \frac{1}{x^2} - 1 = 1 + \frac{1}{x^2} - 1 = \frac{1}{x^2} = x^{-2}$$

1-4 방정식

1) 1차 방정식

① 가감법

$$2x + y = 3$$
$$x - y = 9$$

의 방정식을 풀 때
두 식을 더하면 $3x=12$이어서 $x=4$가 된다.
이 $x=4$를 위 식 $x-y=9$에 대입하면 $y=-5$가 된다.

② **대입법**

식 $2x+y=3$를 $x-y=9$에 대입하면

$$x-(3-2x)=9$$

$$x-3+2x=9$$

$$3x=12$$

$$x=\frac{12}{3}=4$$

$$y=3-2x=3-2\times4=-5$$

$$\therefore x=4,\ y=-5$$

2) 2차 방정식

① 2차 방정식이 $(ax-b)(cx-d)=0$로 인수 분해될 때

$$ax-b=0 \ \rightarrow\ x=\frac{b}{a}$$

$$cx-d=0 \ \rightarrow\ x=\frac{d}{c}$$

예제) $(s-1+\sqrt{2}j)(s+1+\sqrt{2}j)=0$에서 s의 값은?

$$s-1+\sqrt{2}j \ \rightarrow\ s=1-\sqrt{2}j$$

$$s+1+\sqrt{2}j \ \rightarrow\ s=-1-\sqrt{2}j$$

② 완전제곱식 적용

2차 방정식을 $(x+A)^2=B$ 꼴로 바꾸어 x값을 구한다.

예제) $(x-3)^2=6$을 풀어라

양변을 $\sqrt{\ }=(\quad)^{\frac{1}{2}}$로 바꾸면

$\sqrt{(x-3)^2}=\pm\sqrt{6}$

$x=3\pm\sqrt{6}$

$\therefore x=3+\sqrt{6},\ x=3-\sqrt{6}$

③ 근의 공식을 이용

$ax^2+bx+c=0$ 에 근의 공식 $x=\dfrac{-b\pm\sqrt{b^2-4ac}}{2a}$ 을 대입함

예제) $2x^2-x-10=0$의 해를 구하라.

$a=2,\ b=-1,\ c=-10$을 대입하면

$$x=\frac{-(-1)\pm\sqrt{(-1)^2-4\times2\times(-10)}}{2\times2}$$

$$=\frac{1\pm\sqrt{1+80}}{4}=\frac{1\pm\sqrt{81}}{4}=\frac{1\pm\sqrt{9\times9}}{4}=\frac{1\pm9}{4}$$

$$\therefore x=\frac{10}{4}=\frac{5}{2},\quad x=\frac{8}{4}=2$$

1-5 무리수

1) 성 질

$\sqrt{a}\,\sqrt{b}=\sqrt{a+b},\quad \dfrac{\sqrt{a}}{\sqrt{b}}=\sqrt{\dfrac{a}{b}},\quad (\sqrt{a})^2=(a^{\frac{1}{2}})^2=a^{\frac{1}{2}\times2}=a$

$(-\sqrt{a})^2=a,\quad (\sqrt[3]{a})^3=(a^{\frac{1}{3}})^3=a^{\frac{1}{3}\times3}=a^1=1$

2) 무리수를 지수로 표기

$$\sqrt[x]{a^y} = a^{\frac{y}{x}}$$

예제) $\sqrt{2} = \sqrt[2]{2^1} = 2^{\frac{1}{2}}$

3) 분모의 유리화(분모의 $\sqrt{\ }$ 를 없앰)

① $\dfrac{b}{\sqrt{a}}$일 때

$$\frac{b}{\sqrt{a}} = \frac{b \times \sqrt{a}}{\sqrt{a} \times \sqrt{a}} = \frac{b\sqrt{a}}{(\sqrt{a})^2} = \frac{b\sqrt{a}}{a}$$

예제) $\sin 45^\circ$

$$= \cos 45^\circ = \frac{1}{\sqrt{2}} = \frac{\sqrt{2}}{2}$$

② $\dfrac{c}{\sqrt{a}+\sqrt{b}}$ 일 때

$$\frac{c}{\sqrt{a}+\sqrt{b}} \times \frac{\sqrt{a}-\sqrt{b}}{\sqrt{a}-\sqrt{b}} = \frac{c(\sqrt{a}-\sqrt{b})}{(\sqrt{a})^2-(\sqrt{b})^2} = \frac{c(\sqrt{a}-\sqrt{b})}{a-b}$$

③ $\dfrac{c}{\sqrt{a}-\sqrt{b}}$ 일때

$$\frac{c}{\sqrt{a}-\sqrt{b}} \times \frac{\sqrt{a}+\sqrt{b}}{\sqrt{a}+\sqrt{b}} = \frac{c(\sqrt{a}+\sqrt{b})}{(\sqrt{a})^2+(\sqrt{b})^2} = \frac{c(\sqrt{a}+\sqrt{b})}{a+b}$$

예제) $\dfrac{2+\sqrt{3}}{2-\sqrt{3}}$을 유리화하시오.

$$\frac{2+\sqrt{3}}{2-\sqrt{3}}\times\frac{2+\sqrt{3}}{2+\sqrt{3}}=\frac{(2+\sqrt{3})^2}{2^2-(\sqrt{3})^2}$$

$$=\frac{(2+\sqrt{3})^2}{4-3}=(2+\sqrt{3})^2=7+4\sqrt{3}$$

4) 무리수의 사칙연산

$A=1+\sqrt{2}$, $B=2+3\sqrt{2}$

① 덧셈

$A+B=1+\sqrt{2}+2+3\sqrt{2}$

② 뺄셈

$A-B=1+\sqrt{2}-(2+3\sqrt{2})=-1-2\sqrt{2}$

③ 곱셈

$A\times B=(1+\sqrt{2})(2+3\sqrt{2})$

$=1\times2+1\times3\sqrt{2}+\sqrt{2}\times2+\sqrt{2}\times3\sqrt{2}=8+5\sqrt{2}$

④ 나눗셈(유리화)

$$\frac{A}{B}=\frac{1+\sqrt{2}}{2+3\sqrt{2}}=\frac{1+\sqrt{2}}{2+3\sqrt{2}}\times\frac{2-3\sqrt{2}}{2-3\sqrt{2}}$$

$$=\frac{1\times2+1\times(-3\sqrt{2})+\sqrt{2}\times2+\sqrt{2}\times(-3\sqrt{2})}{2^2-(3\sqrt{2})^2}$$

$$=\frac{2-3\sqrt{2}+2\sqrt{2}-3\sqrt{2^2}}{4-9\times2}=\frac{2-\sqrt{2}-3\times2}{-14}=\frac{4+\sqrt{2}}{14}$$

1-6 복소수

복소수는 실수와 허수로 나뉘며 교류에서 주로 사용된다. 발생원인은 코일(L)과 콘덴서(C)의 성분 때문으로 실수는 주파수에 영향을 받지 않는 유효분이며, 허수는 주파수에 영향을 받는 무효분에 해당한다.

1) 표 기

$$j = \sqrt{-1} = 1\angle +90^\circ$$

$$-j = 1\angle -90^\circ$$

$$j^2 = j \times j = \sqrt{-1} \times \sqrt{-1} = -1 = 1\angle -90^\circ$$

$$j^3 = j^2 \times j = -1 \times j = -j$$

$$j^4 = j^2 \times j^2 = (-1) \times (-1) = 1$$

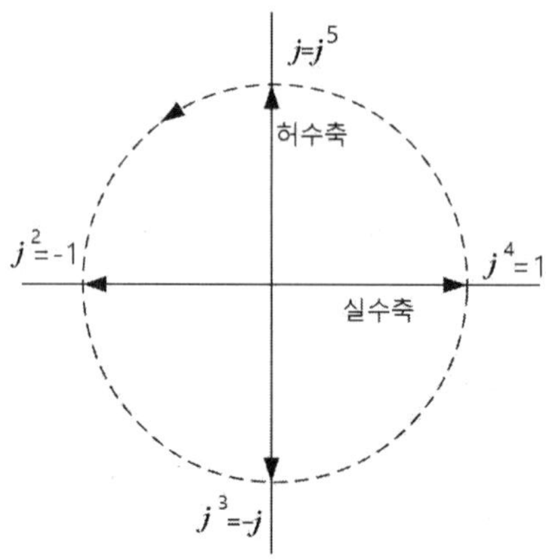

[그림 1-1] 좌표에 표기하는 방법

2) 크기와 위상

임피던스 $Z = 4 + j3$ 을 좌표에 표시하면 다음 그림과 같다.

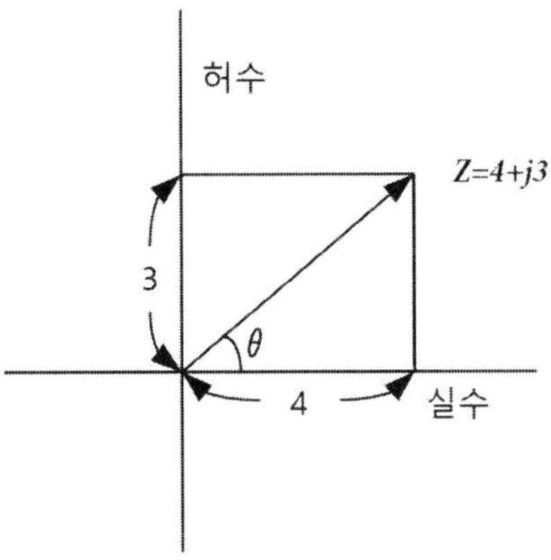

① 크기 = 절대값 $|Z| = \sqrt{실수^2 + 허수^2} = \sqrt{밑변^2 + 높이^2}$

$= \sqrt{4^2 + 3^2} = \sqrt{25} = 5$

② 위상 $\theta = \tan^{-1}\frac{허수}{실수}$

$= \tan^{-1}\frac{4}{3}$

③ 극좌표 표기법

$Z = |Z| \angle \theta = 5 \angle 36.9°$

④ 삼각함수 표기법

$크기(\cos위상 + j\sin위상) = |Z|(\cos\theta + j\sin\theta)$

$5(\cos36.9 + jsin36.9) = 4 + j3$

3) 복소수의 사칙연산

① 덧셈 : $a + jb + c + jd = a + c + j(b + d)$

$= 크기 \angle 위상$

$= \sqrt{(a+c)^2 + (b+d)^2} \angle \tan^{-1}\frac{b+d}{a+c}$

② 뺄셈 : $a + jb - (c + jd) = a + c - j(b + d) = 크기 \angle 위상$

③ 곱셈 : $((a+jb)\times(c+jd)=ac+jad+jbc+j^2bd$

$=ac-bd+j(ad+bc)=$ 크기 $\angle$ 위상

④ 나눗셈 : $\dfrac{a+jb}{c+jd}=\dfrac{a+jb}{c+jd}\times\dfrac{c-jd}{c-jd}=\dfrac{ac-j^2bd-jad+jbc}{c^2+d^2}$

$=\dfrac{ac+bd}{c^2+d^2}+j\dfrac{bc-ad}{c^2+d^2}$

예제) $\dfrac{1+j}{1-j}$를 실수와 허수로 분리하라.

$\dfrac{1+j}{1-j}=\dfrac{1+j}{1-j}\times\dfrac{1+j}{1+j}=\dfrac{1+2j+j^2}{1^2+1^2}$

$=\dfrac{2j}{2}=j=1\angle 90^\circ$

1-7 삼각함수

발전기 안의 코일이 회전하면서 자속을 끊어 전기를 발생할 때 그 모양은 우리가 알고 있는 sin파와 같은 모양이다.

1) 파 형

① sin 파형(정현파, 기함수, 원점 대칭)

전압 $v=100\sin\theta$ 인 경우의 파형

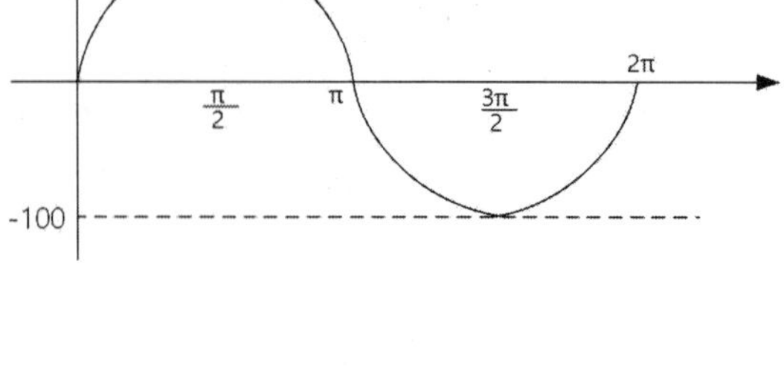

② cos 파형(여현파, 우함수, y축 대칭)

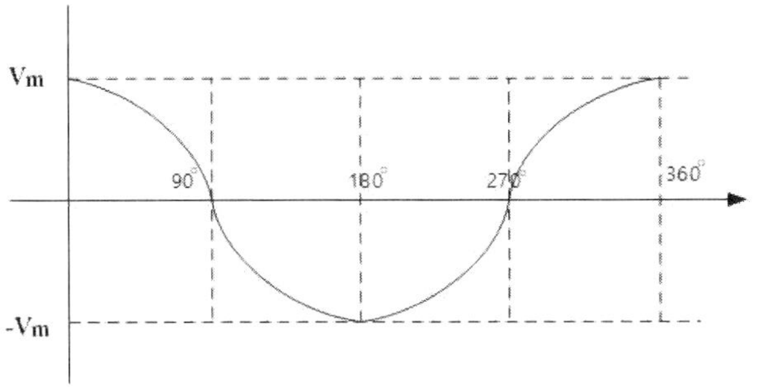

③ tan 파형(경사, 기울기 값의 의미)

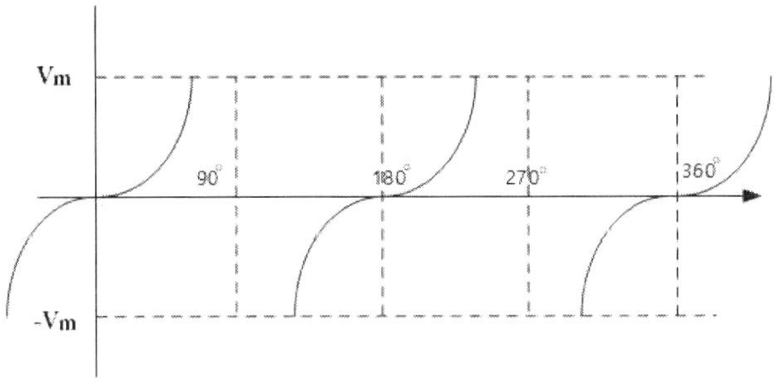

④ 특수각

각 / 파형	0°	30°	45°	60°	90°
$\sin\theta$	0	$\frac{1}{2}$	$\frac{1}{\sqrt{2}}$	$\frac{\sqrt{3}}{2}$	1
$\cos\theta$	1	$\frac{\sqrt{3}}{2}$	$\frac{1}{\sqrt{2}}$	$\frac{1}{2}$	0
$\tan\theta$		$\frac{1}{\sqrt{3}}$	1	$\sqrt{3}$	

2) 피타고라스의 정리

두 변이 직각이고 두 변의 길이를 알면 대각선의 길이를 알 수 있다.

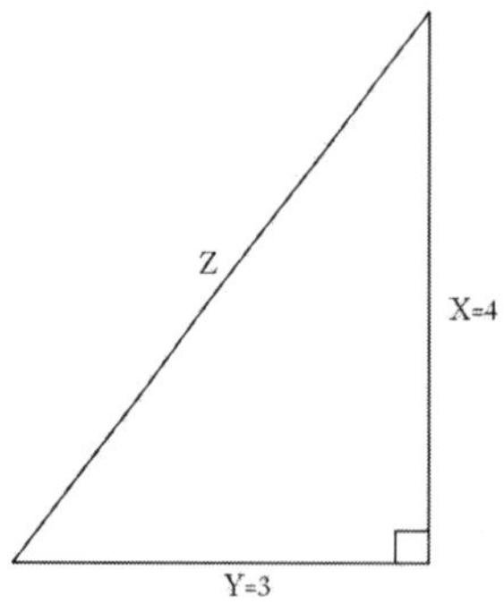

$$z = \sqrt{x^2 + y^2} = \sqrt{4^2 + 3^2} = 5$$

예제) $\theta = \tan^{-1}\frac{4}{3}$ 인 경우 $\cos\theta$와 $\sin\theta$ 의 값은?

$\tan\theta = \frac{4}{3}$ 이면

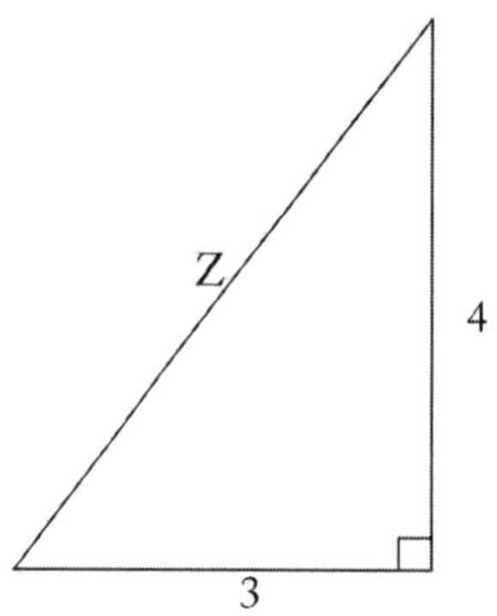

이 되어서

피타고라스의 정리에 의해 $z = \sqrt{4^2 + 3^2} = 5$ 가 된다.

$\sin\theta = \frac{4}{5} = 0.8$

$\sin\theta = \frac{3}{5} = 0.6$ 이다.

3) 공 식

① 제곱식

$$\sin\theta^2 + \cos\theta^2 = 1 \quad \rightarrow \quad \sin\theta = \sqrt{1 - \cos\theta^2}$$

예제) 역률 $\cos\theta = 0.6$이면 무효율 $\sin\theta$는?

$$\sin\theta = \sqrt{1-\cos\theta^2} = \sqrt{1-0.6^2} = 0.8$$

② $\tan\theta = \dfrac{\sin\theta}{\cos\theta} = \dfrac{\sqrt{1-\cos\theta^2}}{\cos\theta}$

③ $\sin\theta$와 $\cos\theta$

$$\cos\theta = \sin(\theta + \frac{\pi}{2}) = \sin(\theta + 90^\circ)$$

$$-\cos\theta = \sin(\theta - \frac{\pi}{2}) = \sin(\theta - 90^\circ)$$

④ 2배각 공식

$$2\sin\theta\cos\theta = \sin 2\theta$$

⑤ sin의 분배각 식

$$\sin(A \pm B) = \sin A\cos B \pm \cos A\sin B \text{(싸코} \pm \text{코싸)}$$

예제) $\sin(30^\circ + \theta) = \sin 30^\circ \times \cos\theta + \cos 30^\circ \times \sin\theta)$

$$= \frac{1}{2}\cos\theta + \frac{\sqrt{3}}{2}\sin\theta$$

⑥ cos의 분배각 식

$$\cos(A \pm B) = \cos A\cos B \mp \sin A\sin B \text{(코코} \mp \text{싸싸)}$$

예제) $\cos(60^\circ + \theta) = \cos 60^\circ \cos\theta - \sin 30^\circ \sin\theta)$

$$= \frac{1}{2}\cos\theta - \frac{\sqrt{3}}{2}\sin\theta$$

⑦ 2차를 1차로 변환

$$\sin^2\theta = \frac{1-\cos 2\theta}{2}$$

$$\cos^2\theta = \frac{1+\cos 2\theta}{2}$$

⑧ 삼각함수와 허수(j)와의 관계

$\cosh jx = \cos x$,　$\sinh jx = j\sin x$　(h : 하이퍼브릭)

⑨ 지수함수의 변환식

- cos 인 함수를 지수함수로 표시할 때

$$\cos\omega t = \frac{e^{j\omega t}+e^{-j\omega t}}{2}$$

- sin 인 함수를 지수함수로 표시할 때

$$\sin\omega t = \frac{e^{j\omega t}-e^{-j\omega t}}{2j}$$

1-8 미 분

전기회로에서 미분은 코일 성분(L)을 뜻한다. 즉 코일에 순간적으로 이동되는 전자의 흐름 즉 전류값을 식으로 알아보는 것이 미분이다.

코일 길이 일부분에서 이동되는 전류 I는

$$I = \frac{\text{이동되는 전하}}{\text{시간 일부분}} = \frac{\text{전하변하량}}{\text{시간 변화량}} = \frac{dQ}{dt}[A]$$

1) 미분공식

① $y = x^m$인 경우　$y' = \frac{dy}{dx} = \frac{d}{dx}x^m = m \cdot x^{m-1}$

예제) $y = x^6 \rightarrow y' = \frac{dy}{dx} = \frac{d}{dx}x^6 = 6 \cdot x^{6-1} = 6x^5$

② sin의 미분 → cos형

$y = \sin x \quad y' = \frac{dy}{dx} = \frac{d}{dx}sinx = \cos x = \sin(x + \frac{\pi}{2})$

$y = \sin ax \quad y' = \frac{dy}{dx} = \frac{d}{dx}sinax = (ax)'\cos ax = a \cdot \cos ax$

예제) $y = \sin 10x$ 를 미분하면

$y' = \frac{dy}{dx} = \frac{d}{dx}sin10x = (10x)'\cos 10x = 10\cos 10x = 10\sin(10x + \frac{\pi}{2})$

③ cos의 미분 → $-$sin형

$y = \cos x \quad y' = \frac{dy}{dx} = \frac{d}{dx}cosx = -\sin x$

$y = \cos ax \quad y' = \frac{dy}{dx} = \frac{d}{dx}cosax = -(ax)'\sin ax = -a \cdot \sin ax$

예제) $y = \cos 10x$ 를 미분하시오.

$y' = \frac{dy}{dx} = \frac{d}{dx}cos10x = -(10x)'\sin 10x = -10\sin 10x$

예제) $y = \cos 377t + 10Z + x$ 를 미분하시오.

$y' = \frac{dy}{dt} = \frac{d}{dt}(\cos 377t + 10z + x) = \frac{d}{dt}cos377t + \frac{d}{dt}10z + \frac{dx}{dt}$

$= -(377)'\sin 377t + 0 + 0$

$= -377\sin 377t$

($10z$나 x에는 t라는 문자가 없으므로 상수로 취급한다.)

④ 지수함수의 미분

- $y=e^x$인 경우 → $y' = \frac{dy}{dx} = \frac{d}{dx}e^x = e^x$

- $y=e^{ax}$인 경우 → $y' = \frac{dy}{dx} = \frac{d}{dx}e^{ax} = (ax)' \cdot e^{ax} = a \cdot e^{ax}$

- $y=e^{(ax+b)}$인 경우

$$\rightarrow \quad y' = \frac{dy}{dx} = \frac{d}{dx}e^{(ax+b)} = (ax+b)' \cdot e^{(ax+b)}$$

$$= a \cdot e^{ax+b}$$

1-9 적 분

전기회로에서 적분은 콘덴서 성분(C)을 뜻한다. 콘덴서는 전자를 담아 놓는 그릇이므로 콘덴서 안에 축적되는 전하를 계산하려면 적분이 필요하다.

1) 기본 공식

$$\int x^n dx = \frac{1}{n+1}x^{n+1}$$

예제) 정적분 $\int x^3 dx = \frac{1}{3+1}x^{3+1} = \frac{1}{4}x^4$

예제) 부정적분 $\int_0^1 x^3 dx = \left[\frac{1}{4}x^4\right]_0^1 = \frac{1}{4}\left[x^4\right]_0^1 = \frac{1}{4}(1^4 - 0^4) = \frac{1}{4}$

2) sin의 적분 −cos 형

$$\int \sin x\, dx = -\cos x = \sin\left(x - \frac{\pi}{2}\right)$$

$$\int \sin ax\,dx = -\frac{1}{(ax)'}\,cosax = -\frac{1}{a}\,cosax$$

예제) $\int \sin 2x\,dx = -\frac{1}{(2x)'}\,cos2x = -\frac{1}{2}\,cos2x$

$$= +\frac{1}{2} \sim (2x - 90^\circ)$$

$$= \frac{1}{2}\,sin(2x - \frac{\pi}{2})$$

3) cos 적분 → sin 형

$$\int \cos x\,dx = \sin x$$

$$\int \cos ax\,dx = \frac{1}{(ax)'}\,sinax = \frac{1}{a}\,sinax$$

예제) $\int \cos 10x\,dx = -\frac{1}{(10x)'}\,sin10x = -\frac{1}{10}\,sin10x$

4) 지수함수의 적분

$$\int e^x dx = e^x$$

$$\int e^{ax} dx = \frac{1}{(ax)'}\,e^{ax} = \frac{1}{a} \cdot e^{ax}$$

예제) $\int e^{2x} dx = \frac{1}{(2x)'}\,e^{2x} = \frac{1}{2}\,e^{2x}$

예제) $\int_0^1 e^{2x} dx = \left[\frac{1}{2}e^{2x}\right]_0^1 = \frac{1}{2}(e^{2\times 1} - e^{2\times 0}) = \frac{1}{2}(e^2 - 1)$

5) 응 용

$$\int (a+bx)^3 dx = \frac{1}{(n+1)}(a+bx)^{n+1} \times \frac{1}{(a+bx)'}$$

$$= \frac{1}{n+1}(a+bx)^{n+1} \times \frac{1}{b}$$

예제) $\int (2+3x)^3 dx = \frac{1}{(3+1)}(2+3x)^{3+1} \times \frac{1}{(2+3x)'}$

$$= \frac{1}{4}(2+3x)^4 \times \frac{1}{3} = \frac{1}{12}(2+3x)^4$$

6) 상수 적분

$$\int k(\text{상수})dx = kx$$

예제) $\int 2dx = 2x$

7) 0의 적분

$$\int 0dx = \int 0dy = \int 0dt$$

8) $\frac{1}{x}$의 적분

$$\rightarrow \int \frac{1}{x} dx = \log^x$$

9) 부분 적분

$$\int u\frac{dv}{dx}dx = Uv - \int \frac{du}{dx} v dx$$

예제) $\int (x^2+2)xdx$를 계산하라

$$u = x^2 + 2 \rightarrow \frac{du}{dx} = \frac{d}{dx}(x^2+2) = 2x$$

$\frac{dv}{dx} = x \rightarrow v$를 구하려면 양변을 적분

$\int \frac{dv}{dx} = \int xdx$ (미분, 적분이 동시에 곱해져 있으면 문자만 나옴)

$$v = \frac{1}{2}x^2$$

$$\begin{aligned}\int (x^2+2)xdx &= (x^2+2)\times\frac{1}{2}x^2 - \int 2x\times\frac{1}{2}x^2dx \\ &= \frac{1}{2}x^4 + x^2 - \int x^3dx \\ &= \frac{1}{2}x^4 + x^2 - \frac{1}{4}x^4 = \frac{1}{4}x^4 + x^2\end{aligned}$$

10) 정적분 계산

$$\int_A^B x^n dx = \left[\frac{1}{n+1}\cdot x^{n+1}\right]_A^B = \frac{1}{n+1}\left[B^{n+1} - A^{n+1}\right]$$

예제) $\int_0^{INF} e^{-st}dt$ 를 적분하시오.

$$\int_0^{INF} e^{-st}dt = \left[\frac{1}{(-st)'}e^{-st}\right]_0^{INF} = \left[\frac{1}{-s}e^{-st}\right]_0^{INF} = \frac{1}{-s}(e^{-s\times INF} - e^{-s\times INF})$$

$$= \frac{1}{-s}(e^{-INF} - e^0) = \frac{1}{-s}(\frac{1}{e^{INF}} - 1)$$

$$= \frac{1}{-s}(0-1) = \frac{1}{-s}\times(-1) = \frac{1}{s}$$

제 2 장

직류회로

2-1 전 하

1) 전기회로의 기본개념

전기회로의 특성과 동작을 설명하는데 필요한 몇 가지 양 중에서 가장 기본적인 양은 전하(electric charge)라 할 수 있다. 이 전하는 양성자(proton), 양이온이 갖는 정전하와 전자, 음이온이 갖는 부전하로 나뉘며 단위로는 쿨롬(coulomb : [C])이 쓰인다.

전자 한 개의 전하량과 질량은 각각

$$e = -1.602 \times 10^{-19}\,[\mathrm{C}], \quad m = 9.109 \times 10^{-31}\,[\mathrm{kg}]$$

이다. 양성자의 전하량은 전자의 전하량과 같고 질량은 전자의 약 1,840배이다.

2-2 전 류

전하란 유전체 내의 축적된 전기량이며 일반적으로 전하가 도체에서 이동할 때의 흐름을 전류(electric current)라 한다. 관습상 전류의 방향은 양전하가 이동하는 방향으로 정하며 전류의 방향과 전자의 이동 방향은 서로 반대이다.

전류의 단위는 암페어(ampere :[A])를 사용하며, 1[A]는 1초 동안에 1쿨롬(coulombs :[C])의 전하가 이동할 때의 전류량이다. 따라서 t초 동안에 Q[C]의 전하가 일정한 비율로 이동하였다면, 이때의 전류 I는

$$I = \frac{Q}{t}\,[\mathrm{A}] \tag{2-1}$$

$$Q = ICt\,[\mathrm{C}] \tag{2-2}$$

이다. 그리고 이동하는 전하의 비율이 시간에 따라 변화한다면 전류 i

는 전하 q의 시간적 변화율로 나타나게 되며

$$i = \frac{dq}{dt}\ [\mathrm{A}] \tag{2-3}$$

$$q = \int i\, dt\ [\mathrm{C}] \tag{2-4}$$

로 정의된다.

이와 같은 전류의 방향은 관습상 [그림 2-1]과 같이 전자가 이동하는 방향에 대하여 역방향으로 전류의 방향을 정하고 있다.

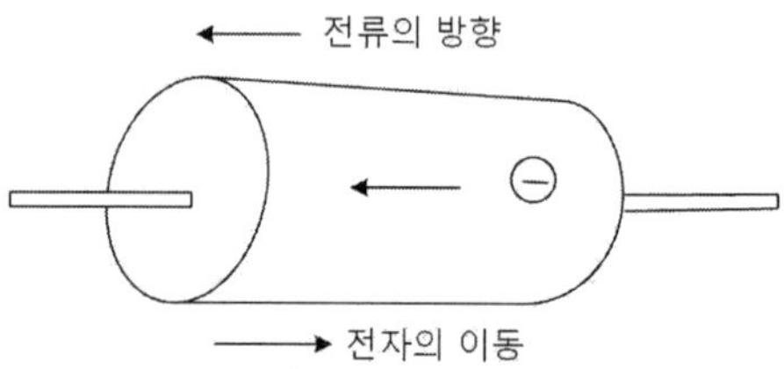

[그림 2-1] 전류의 방향과 전자의 이동

전류가 흐르면 전등, 전열기, 전기다리미, 전기 히터 등과 같이 발열작용을 일으키는 것과 변압기, 릴레이 등과 같이 자기작용을 일으키는 것, 전기분해, 전기도금 등과 같이 화학작용을 하는 것이 있다.

[예제] 어떤 도선에 2[A]의 전류가 8[초] 동안 흐르면 그 도선에 대략 몇 개의 전자가 이동하였는가?

이동한 총 전하 $Q = I \cdot t = 2 \times 8 = 16\ [\mathrm{C}]$ 이고,

$1\ [\mathrm{C}] = \dfrac{1}{1.6021 \times 10^{-19}}$ 개 이므로

이동한 전자의 수 N은

$$N = \frac{16}{1.6021 \times 10^{-19}} \fallingdotseq 10^{20}\ [개]$$

[예제] 어떤 도선에 흐르는 전류가 5[mA]일 때 그 단면을 통하여 전자 4×10^{16}개가 통과하는 시간을 구하라.

$$Q = 4 \times 10^{16} \frac{1C}{6.242 \times 10^{-18}}$$
$$= 0.641 \times 10^{-2} C$$
$$= 0.00641\, C$$
$$t = \frac{Q_r}{I_r} = \frac{6.41 \times 10^{-3}[C]}{5 \times 10^{-3}[A]}$$
$$= 1.282[S]$$

2-3 전 압

쪽으로 전하가 이동하여 전류가 발생한다. 전지나 직류 발전기는 전류가 계속해서 흐르도록 전위차를 유지하기 위한 장치이다. 이들 장치는 기전력(electro motive force)을 가지고 있다고 말하며 이 전위차를 전압(voltage)이라고 한다.

기전력과 전압의 단위는 볼트(volt :[V])를 사용하며, 1[V]는 1[C]의 전하가 두 점 사이를 이동할 때 얻거나 잃은 에너지가 1[J]일 때의 전압을 말한다. 따라서 Q[C]의 전하가 전위차가 일정한 두 점 사이를 이동할 때 얻거나 잃는 에너지를 W[J]이라 하면, 두 점 사이의 전압 V는

$$V = \frac{W}{Q}\,[\mathrm{V}] \qquad (2\text{-}5)$$

$$W = VQ\,[\mathrm{J}] \qquad (2\text{-}6)$$

로 표시된다. 단위는 볼트[V]이다. 그리고 미소 전하 dq[C]가 이동할 때 발생하는 에너지가 dw[J]이라면 두 점 사이의 전압은 다음과 같이 정의된다.

$$v = \frac{dw}{dq}[\mathrm{V}] \tag{2-7}$$

$$w = \int v\, dq\,[\mathrm{J}] \tag{2-8}$$

[예제] 20[C]의 전하량이 이동하면서 한 일이 360[J]이었다. 이때의 전압은 몇 [V]인가?

$$V = \frac{W}{Q} = \frac{360}{20} = 18[\mathrm{V}]$$

[그림 2-2]의 회로에서 전하가 전원을 지날 때 이곳에서 에너지를 공급받고 a로부터 b까지 단위 정전하가 이동하면서 전하가 외부에 대해 일을 할 때, 즉 전하가 에너지를 잃을 때 a로부터 b로 전압강하가 있다고 한다. 이때는 전하가 부하인 전구를 지나면서 이곳에 에너지를 공급해 주는 경우이다. 전원에서는 비전기적 에너지가 전기적 에너지로 변환되어 정전하를 전위가 낮은 곳에서 높은 곳으로 이동시켜 외부 회로에 전류가 흐른다.

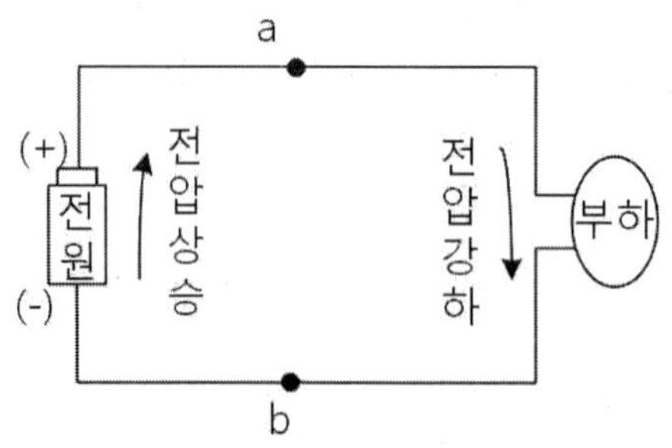

[그림 2-2] 전압상승과 전압강하

특히 전원의 경우 회로가 구성되지 않은 상태에서 전원의 양 단자 간 전위차 또는 개방전압을 그 전원의 기전력이라고 한다. 그러나 전원에 부하가 접속되어 회로에 전류가 흐르게 되면 전원 자체 내 내부저항의 발생으로 인해 부하 양단의 단자 전압은 전원의 기전력보다 낮게 되는 것이 보통이다.

2-4 전력과 전력량

전력(electric power)은 전기가 단위 시간에 행한 일량 즉, 단위 시간에 변환되거나 전송되는 에너지이다. 예를 들면 큰 전동기는 작은 전동기에 비해 큰 힘을 가진다. 그것은 같은 시간에 더 많은 전기 에너지를 기계적 에너지로 바꿀 수 있기 때문이다.

따라서, t [초]동안에 변환되는 에너지 W[J]가 일정한 때의 평균전력 P[W]는

$$P = \frac{W}{t}[\mathrm{W}] \quad \text{또는 } [\mathrm{J/s}] \tag{2-9}$$

$$P = \frac{VQ}{t} = \frac{VIt}{t} = VI\ [\mathrm{W}] \tag{2-10}$$

로 표시되고, 이로부터 t [초]동안 변환되는 에너지의 총량 즉, 전기량은

$$W = Pt = VIt\ [\mathrm{J}] \quad \text{또는 } [\mathrm{Ws}] \tag{2-11}$$

로 표현된다.

전력의 단위로는 킬로와트 [kW]와 마력(horse power : [HP])이 많이 쓰이며 1[kW] = 1000[watt], 1[HP] = 746 [watt]이다.

또한, 전력량의 단위로서는 [Wh]나 [kWh]가 사용되며 1 [Wh] = 3600[J]의 관계가 있다.

〈표 2-1〉 전압을 표현하는 용어

용 어	해 석
E	전압원(축전지)
V	전압강하(소자에서의 소비 에너지)
전위	전기적인 시스템에서 다른 점에 대한 어떤 한 점에서의 전압(보통 기준점은 접지이며 전위는 0이다)
전위차	회로망에서 두 점 사이 전위(전압)와 대수학적인 차이
전압	접지와 같은 어떤 기준에 대한 한 점에서의 전위
전압차	시스템의 두 점의 전압(전위)의 대수학적인 차이
기전력	전위차를 이용한 시스템에서 전하(전류)의 흐름을 일으키는 힘

변환되는 에너지가 시간적으로 변화하는 경우의 순시전력은 다음 식으로 표현된다.

$$p = \frac{dw}{dt} = \frac{dw}{dq} \times \frac{dq}{dt} = vi\,[\mathrm{W}]$$

$$\therefore\ w = \int_0^T p\,dt = \int_0^T vi\,dt\ \ [\mathrm{J}],\quad \text{또는}\ [\mathrm{Ws}]$$

[예제] 두 점 사이에서 30[C]의 전하를 옮기는데 60[J]의 에너지가 필요하다면 두 점 사이의 전압은 몇[V] 인가?

$$V = \frac{W}{Q} = \frac{60}{30} = 2\,[\mathrm{V}]$$

[예제] 220[V]의 전압을 인가할 때 10[A]의 전류가 흐르는 에어컨이 있다. 이 에어컨을 하루에 2시간씩 한 달간 사용한다면 이 전열기의 전력 P[W] 및 한 달간의 전력량은 얼마인가?

전력 $P = VI = 10 \times 220 = 2200\,[\mathrm{W}] = 2.2\,[\mathrm{kW}]$

한 달간의 전력량

$W = Pt = 2.2\,[\mathrm{kW}] \cdot 2\,[\mathrm{h}] \cdot 30 = 132\,[\mathrm{kWh}]$

2-5 옴의 법칙

도체에 흐르는 전류는 전압에 비례한다. 이 관계를 식으로 나타내면,

$$I = \frac{V}{R} \text{ 또는 } V = IR \tag{2-13}$$

이다. 여기에서 R은 전기저항 또는 저항이라 한다.

독일의 옴(G.S. Ohm)이 '도체에 흐르는 전류는 가해진 전압에 비례하고 도체의 저항에 반비례한다'라는 관계를 실험적으로 밝혔는데 이것을 옴의 법칙(Ohm's law)이라 한다.

저항의 단위로 옴(Ohm : [Ω])을 사용하며 1[A]의 전류를 흘리는데 1[V]의 전압이 필요한 저항을 1[Ω]이라 한다.

[예제] 정격이 100[V], 60[W]인 백열전구의 저항값은 얼마인가? 또한, 이 전구에 90[V]의 전압이 인가된다면 이때의 전력은 얼마인가?

$P = IV = I^2R = \frac{V^2}{R}$로 부터 $R = \frac{V^2}{P} = \frac{100^2}{60} \fallingdotseq 167[ohm]$

90[V]의 전압이 인가될 때의 소비전력 P'는

$P = \frac{V^2}{R}$ 로 부터 $P' = \frac{(0.9V)^2}{R} = 0.81\frac{V^2}{R}$

이 되어 정격전력의 81[%]인 $0.81 \times 60 = 48.6$ [W]가 된다.

2-6 줄의 법칙

전류가 흐르는 도체에서 열이 발생한다는 사실을 처음 실험으로 입증한 사람은 줄(J.P.Joule)이었다.

그는 '도체에 흐르는 전류로 인하여 단위 시간에 발생하는 열량은 전류의 제곱에 비례한다.'라고 했는데 이 법칙을 줄의 법칙이라 하며 이때 발생하는 열을 줄열이라고 한다.

줄열은 도체를 통과하는 자유전자가 도체의 입자(원자)와 비탄성 충돌을 일으킬 때 발생하는 열에너지가 외부로 방출된 것이며, 이때 자유전자와 도체 입자와의 충돌은 바로 도체에서 전류의 흐름을 저해하는 저항으로서 작용한다.

1[J]의 에너지는 1[A]의 전류가 1[Ω]의 저항에 1초 동안 흐를 때의 열에너지이므로 줄열 H[J]는

$$H = I^2 Rt \text{ [J]} \tag{2-14}$$

이다. 또한 $1[\text{J}] = \frac{1}{4.2}[\text{cal}] = 0.24\,[\text{cal}]$의 관계가 있으므로 식 2-14는

$$H = \frac{1}{4.2} I^2 Rt = 0.24 I^2 Rt \text{ [cal]} \tag{2-15}$$

로 표시된다.

줄의 법칙은 전기 에너지를 열에너지로 변환하여 나타낸 것으로 이 열에너지는 전등, 전기용접, 전열기 등에 이용된다.

[예제] 어떤 전열기에 200[V]의 전압이 가해져서 5[A]의 전류가 흐르고 있다. 2시간 동안 사용했다고 하면 그 시간에 소비된 전력량은 몇 [J]이며, 또 그것을 [kWh]로 나타내면 어떻게 되겠는가?

소비된 전력량

$$W = I^2Rt = VIt = 200 \times 5 \times 2 \times 60 \times 60 = 7.2 \times 10^6 [\mathrm{J}]$$

$$W = VIt = 200 \times 5 \times 2 = 2000 [\mathrm{Wh}] = 2 [\mathrm{kWh}]$$

[예제] 500[W]의 전열기를 정격상태에서 1시간 사용시 발생 열량[kcal]은?

$$H = 0.24 I^2 Rt = 0.24 Pt$$

$$= 0.24 \times 500 \times 3600 \fallingdotseq 430 \times 10^3 [\mathrm{cal}] = 430 [\mathrm{kcal}]$$

1) 직류회로

직류(DC)란 수많은 전기계에 적용되며, 전압이나 전류의 크기가 시간적으로 변화하지 않고 일정한 방향으로 흐른다. 직류를 전원으로 사용하는 전기회로를 직류회로라고 한다.

직류회로에서는 전압이나 전류의 크기가 항상 일정하고 방향이 정(+) 또는 부(-)의 어느 하나로 정해지기 때문에 회로 해석을 위한 각종 계산은 모두 대수적으로 취급할 수 있다.

이와 같은 계산법은 전압이나 전류 등을 벡터량으로 나타내고, 회로소자를 임피던스(impedance)로 취급하면 모든 교류회로의 계산에도 적용할 수 있으므로 중요하다.

직류 전압원은 다음과 같은 3가지로 나뉜다.

(1) 축전지(화학작용) : 전지는 알칼라인과 리튬-요드의 1차 전지와 납-황산, 니켈-카드뮴, 니켈-수소, 니튬-이온 등의 2차 전지가 있는데 2차 전지는 재충전할 수 있다.

(2) 발전기

(3) 전원(정류기) : 직류전원장치는 교류를 정류기와 필터를 거쳐 안정된 직류전압을 얻는다.

2-7 저 항

1) 도체의 저항

단면적이 일정한 어떤 물질의 저항은 물질, 길이, 단면적, 온도의 4가지 요소로 정해진다. 또한, 같은 분자구조를 가진 물질이라도 그 물질을 통해서 전류를 흐르게 하는 압력의 크기에 다르게 반응한다. 작은 압력으로도 전하의 이동이 원활한 도체는 낮은 저항이 있는 반면에 절연체는 높은 저항을 갖는다.

도체란 아주 적은 외부의 전압으로도 전자의 흐름이 일어나는 물질을 말한다. 양도체의 최외각 전자는 일반적으로 1개이다. 절연체는 적은 수의 자유전자를 가지고 있고 측정할 만한 전자의 이동을 일으키려면 큰 외부전압을 걸어 주어야 하며, 충분히 큰 전압이 절연체의 양단에 인가되면 절연체는 결국 파괴된다.

반도체는 절연체와 도체의 중간 특성을 가진 특별한 원소로써 실리콘(Si)이 가장 광범위하게 사용되며 게르마늄(Ge)과 갈륨비소(GaAs)가 반도체의 중요 부품에 사용된다. 이 물질은 일반적으로 최외각 전자를 4개 가지고 있다.

어떤 물체를 통하여 전하가 흐를 때는 항상 역학계에서의 마찰력과 비슷한 저항을 받는다. 이 저항은 전자와 전자 간의 충돌 또는 전자가 물질 내의 다른 원자와 충돌하기 때문에 생긴다.

저항은 전원으로부터 공급받은 에너지를 열로 소비하는 회로소자로서 양단자 간의 전압과 전류 사이에는 비례관계가 성립된다. 이때 비례상수를 저항 R이라 하며 이들의 관계는 옴의 법칙인 $v = Ri$로 나타낸다.

도체의 저항은 길이 l에 비례하고, 단면적 A에 반비례한다. 즉,

$$R \propto \frac{l}{A}$$

이다. 이때 비례상수를 ρ(로우)라 하면

$$R = \rho\frac{l}{A} \tag{2-16}$$

이 되며 ρ를 비저항, 저항률(resistivity) 또는 도체의 재질에 따라 고유값을 갖기 때문에 고유저항이라고도 한다. 고유저항의 단위로는 $[\Omega \cdot m]$가 주로 쓰인다.

도체의 저항이 작을수록 전원에서 부하까지의 도전손실이 감소한다. 또한, 저항률도 도체의 저항을 결정하는 중요한 요소이기 때문에 같은 크기의 도체라면 저항률이 낮을수록 저항이 작아진다. 은, 구리, 금, 알루미늄이 가장 좋은 도체로서 어떤 특정한 목적을 위하여 도체를 선택할 때는 전성(물질의 형태가 변형될 수 있는 성질), 연성(가는 선으로 늘일 수 있는 성질), 온도의 민감성, 가격을 함께 고려하여야 한다.

저항이 원형 도선일 때

(1) 저항률이 높을수록 저항이 크다.
(2) 도체의 길이가 길수록 저항이 크다.
(3) 도체의 면적이 작을수록 저항이 크다.

다른 조건이 같을 때 같은 금속 도체로 만들어진 두 도선은 온도가 높을수록 저항이 크다.

[예제] 길이 l, 단면적 A인 도체를 늘려서 길이가 nl인 도선으로 만들면 도체의 전기저항은 몇 배로 되는가?

$R = \rho\frac{l}{A}$에서 l이 n배 증가하면 단면적 A는 $\frac{1}{n}A$로 감소되지만 ρ는 불변이다. 따라서,

$$R' = \rho\frac{nl}{\frac{l}{n}A} = n^2\rho\frac{l}{A} = n^2R$$

이 되어 전체저항이 n^2배 증가한다.

2) 도체의 컨덕턴스

옴의 법칙은 $i = \frac{1}{R}v$ 로 표현될 수 있으며 저항 R의 역수를 컨덕턴스(conductance) G라 한다. 즉,

$$i = \frac{1}{R}v = Gv \tag{2-17}$$

이는 일정 전압에서 전류는 컨덕턴스 G에 비례하므로 G가 클수록 도체에 더 큰 전류가 흐를 수 있음을 말해준다. 컨덕턴스의 단위는 모(mho : [℧])로 나타낸다.

또한, 컨덕턴스 G는 저항 R에 반대되는 개념으로 그 물질이 얼마나 전기를 잘 통할 수 있는가이며 G는 도체의 길이 l에 반비례하고 단면적 A에 비례하게 되어

$$G \propto \frac{l}{A}$$

인 관계가 성립된다. 이때 비례상수를 σ라 하면

$$G = \sigma\frac{l}{A} \tag{2-18}$$

가 된다. 여기서 σ는 도전율 또는 도전도(conductivity)라 하고 도체의 도전성에 대한 척도이다.

1[$M\Omega$]의 저항은 10^{-6} [℧]의 컨덕턴스를 가지며 10[Ω]의 저항은 10^{-1} [℧]의 컨덕턴스를 가진다. 그러므로 컨덕턴스의 값이 클수록 저항은 작아지고 도전성은 좋아진다.

2-8 저항의 접속

1) 직렬접속

[그림 2-3]과 같이 2개 이상의 저항을 직렬로 접속하는 경우에 이 직렬 소자를 통해 흐르는 모든 전류는 같으며 직렬회로의 전체저항은 각 저항의 합이다. 모든 저항에는 같은 크기의 전류 I가 흐르므로 이 경우의 합성 저항 R_T는 다음 식과 같다.

$$R_T = R_1 + R_2 + R_3 + \cdots + R_n = \sum_{i=1}^{n} R_i \qquad (2\text{-}19)$$

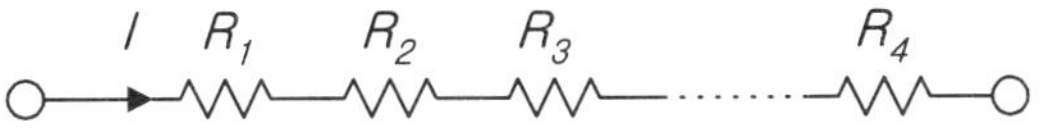

[그림 2-3]

2) 병렬접속

[그림 2-4]와 같이 2개 이상의 저항을 병렬로 접속할 때 모든 저항에는 같은 크기의 전압 E가 걸린다. 이 경우의 합성 저항 R_T는

$$R_T = \frac{1}{\dfrac{1}{R_1} + \dfrac{1}{R_2} + \dfrac{1}{R_3} + \cdots + \dfrac{1}{R_n}}$$

$$= \frac{1}{\displaystyle\sum_{i=1}^{n} \frac{1}{R_i}} \qquad (2\text{-}20)$$

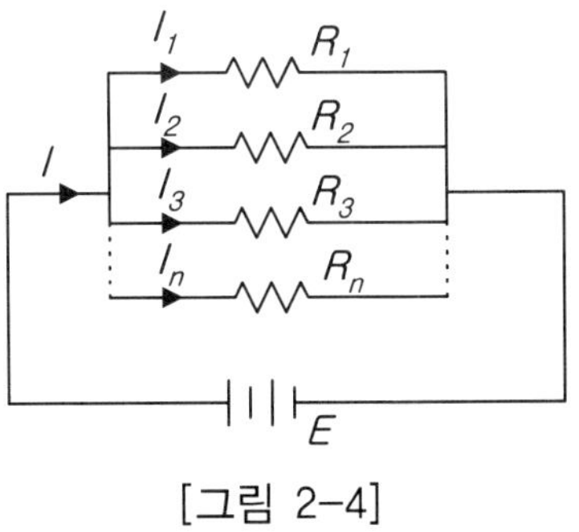

[그림 2-4]

이며 합성 컨덕턴스(conductance) G_T는

$$G_T = \frac{1}{R_T} = \sum_{i=1}^{n} \frac{1}{R_i} = \sum_{i=1}^{n} G_i \tag{2-21}$$

이다.

[예제] 4[Ω]의 저항 10개를 직렬로 연결했을 때의 합성 저항은 병렬로 연결했을 때의 몇 배인가?

$$\text{직렬접속 합성저항} = 4 \times 10 = 40\,[\Omega]$$

$$\text{병렬접속 합성저항} = \frac{4}{10} = 0.4\,[\Omega]$$

$$\therefore \frac{40}{0.4} = 100\,\text{배}$$

[예제] 1) 아래 그림에 나타난 직렬회로의 총 저항값을 구하여라.

2) 전류 I를 구하라.

3) 전압 V_1, V_2, V_3를 계산하라.

4) R_1, R_2, R_3에 의해서 소비되는 전력을 구하라.

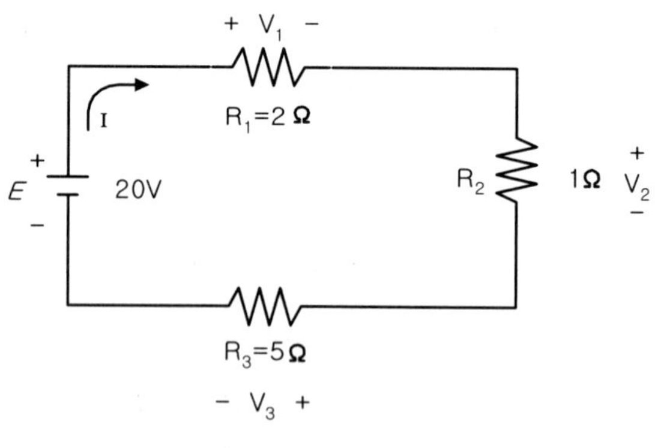

1) $R_T = 2 + 1 + 5 = 8[\Omega]$

2) $I = \dfrac{E}{R_T} = \dfrac{20[V]}{8[\Omega]} = 2.5[A]$

3) $V_1 = IR_1 = 2.5 \times 2 = 5[V]$

$V_2 = IR_2 = 2.5 \times 1 = 2.5[V]$

$V_3 = IR_3 = 2.5 \times 5 = 12.5[V]$

4) $P_1 = V_1 I_1 = 5 \times 2.5 = 12.5[W]$

$P_2 = I_2^2 R_2 = 2.5^2 \times 1 = 6.25[W]$

$P_3 = V_3^2 / R_3 = 12.5^2 \div 5 = 31.25[W]$

2-9 분압기

[그림 2-5](a)에서 인가된 직류전압은 두 개의 저항 때문에 나누어지므로 분압기(voltage dividers)라고 생각할 수 있다. [그림 2-5](b)는 교류 전압을 두 개의 저항으로 나눈다.

직렬회로에서 각 소자에 흐르는 모든 전류는 같으며 전압강하는 전류와 저항의 곱과 같다. 그러므로 각 저항에서의 전압강하는 각 저항의 크기에 비례한다.

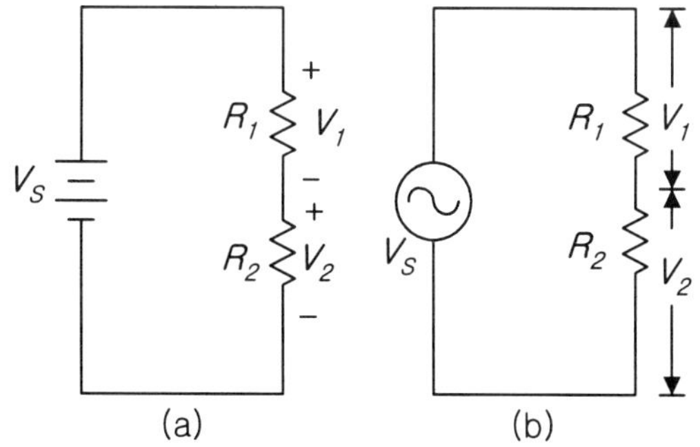

[그림 2-5]

따라서 같은 직렬회로 내에서는 저항값이 큰 쪽이 작은 쪽보다 전압강하가 크다. 그러므로 저항소자 양단에 걸리는 전압은 저항 준위의 크기로 나누어 얻을 수 있다.

각 저항에 인가되는 전압 V_1, V_2는

$$V_1 = \left(\frac{R_1}{R_1 + R_2}\right) V_s, \qquad V_2 = \left(\frac{R_2}{R_1 + R_2}\right) V_s \tag{2-22}$$

이 되며 직류회로와 교류회로에서 같이 적용된다.

2-10 분류기

병렬회로는 분류기(current dividers)로 작용한다. 그림 2-4와 같이 두 개의 지로를 가진 병렬회로에서 회로의 양단에 가해진 전압이 주어져 있지 않을 때 각 지로의 저항값과 전 전류 I_T에 의하여 각 지로의 전류를 구하여야 할 경우가 있다.

[그림 2-6]에서 합성 저항 R_T및 각 지로에 흐르는 전류 I_1, I_2는 다음과 같이 되며 직류와 교류회로에서 같이 적용된다.

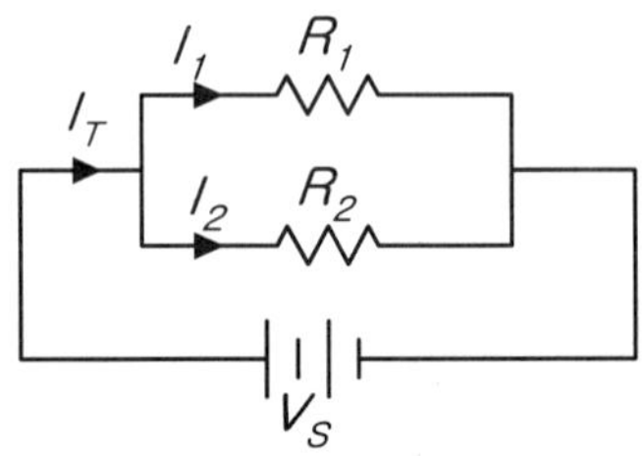

[그림 2-6]

$$R_T = \frac{1}{\frac{1}{R_1} + \frac{1}{R_2}} = \frac{R_1 R_2}{R_1 + R_2} \tag{2-23}$$

$$I_1 = \left(\frac{R_2}{R_1 + R_2}\right) I_T, \qquad I_2 = \left(\frac{R_1}{R_1 + R_2}\right) I_T \tag{2-24}$$

[예제] [그림 2-7]과 같은 회로에서 10[Ω]의 저항에 흐르는 전류 I_1은 몇 [A]인가?

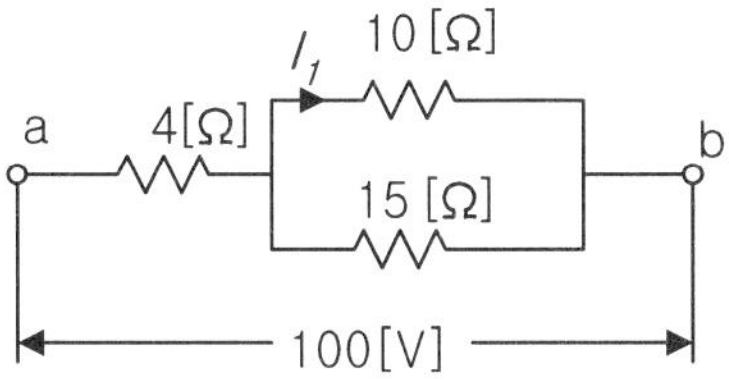

[그림 2-7]

합성저항 : $R_{ab} = 4 + \dfrac{10 \times 15}{10 + 15} = 10[\Omega]$

전 전류 : $I = \dfrac{E}{R_{ab}} = \dfrac{100}{10} = 10[\mathrm{A}]$

그러므로 10[Ω]에 흐르는 전류 I_1은

$$I_1 = \frac{R_2}{R_1 + R_2} C \qquad I_T = \frac{15}{10 + 15} \times 10 = 6[\mathrm{A}]$$

저항의 종류에는 고정저항과 가변저항이 있다. 고정저항에는 2.7[Ω]에서 22[$M\Omega$]의 용량을 가지며 내전력의 값도 수 10[W]에서부터 수 분의 1[W]까지 여러 종류가 있다.

1) 저항의 종류

① 탄소 피막 저항 : 절연체 주위에 탄소 피막을 입힌 것으로 가장 많이 쓰인다.

② 금속 피막 저항 : 유리판 위에 도체 성분을 피막한 것으로 정도가 높고 온도 특성이 좋다.

③ 자기 피막 저항 : 고체 세라믹 기판 위에 가열된 탄소 피막을 입힌 것으로 정확한 저항값과 안정성이 높다.

④ 권선 저항 : 망가닌과 같은 저항선을 절연심(core)에 감은 구조이

다. 절연물질로는 자기, 시멘트, 베이클라이트와 같은 페놀 수지와 압축 종이 같은 것들이 사용되고 저저항 대전력용으로 사용된다.

2-11 컨덕턴스의 접속

1) 직렬접속

n 개의 컨덕턴스가 직렬로 접속된 [그림 2-8](a)의 회로와 하나의 컨덕턴스 G_0만으로 된 회로 [그림 2-8](b)에 같은 전압 V_0가 인가되어 역시 같은 전류 I_0가 회로에 유입된다면 G_0는 n 개의 직렬접속 컨덕턴스에 대한 등가 또는 합성 컨덕턴스가 된다.

[그림 2-8](a)는 직렬접속 회로이므로 각 컨덕턴스를 흐르는 전류는 같으며 전체 전압은 각 컨덕턴스 양단 전위차의 합이 된다.

$$V_0 = V_1 + V_2 + \ \cdots \ + V_n \tag{2-25}$$

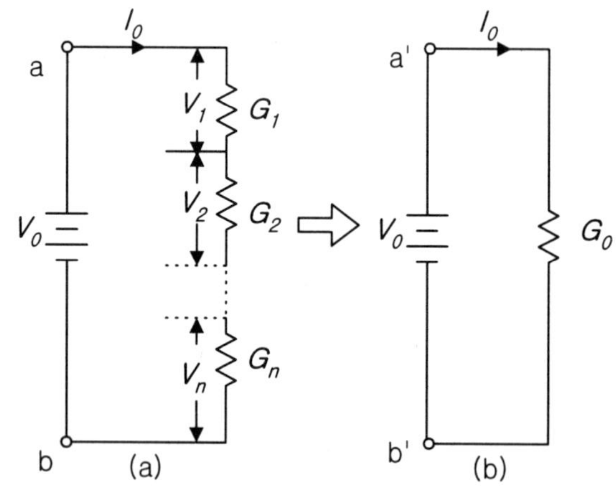

[그림 2-8]

또한 $I = GV$ 인 관계로부터

$$I_0 = G_1 V_1 = G_2 V_2 = \ \cdots \ = G_n V_n = G_0 V_0 \tag{2-26}$$

이를 식 2-26에 대입하면

$$\frac{I_0}{G_0}=\frac{I_1}{G_1}+\frac{I_2}{G_2}+\ \cdots\ +\frac{I_n}{G_n} \tag{2-27}$$

가 되며, 이로부터 합성 컨덕턴스 G_0는

$$\frac{1}{G_0}=\frac{1}{G_1}+\frac{1}{G_2}+\ \cdots\ +\frac{1}{G_n} \qquad G_0=\frac{1}{\frac{1}{G_1}+\frac{1}{G_2}+\ \cdots\ +\frac{1}{G_n}} \tag{2-28}$$

이다. 식 2-28은 저항의 병렬 합성식과 같은 형태로 R을 $\frac{1}{G}$로 대치해서 구할 수도 있다. 또한, 식 2-26에서 전류 I_0는 일정하므로 각 컨덕턴스 양단의 전위차는 각 컨덕턴스 값에 반비례하게 된다. 즉,

$$V_1 : V_2 :\ \cdots\ : V_n = \frac{1}{G_1}:\frac{1}{G_2}:\ \cdots\ :\frac{1}{G_n} \tag{2-29}$$

2) 병렬접속

[그림 2-9](a)와 같이 두 점을 공통으로 가진다면 두 소자 혹은 두 회로망은 병렬이다. 병렬회로에서 총 저항 R_T는

$$\frac{1}{R_T}=\frac{1}{R_1}+\frac{1}{R_2}+\frac{1}{R_3} \tag{2-30}$$

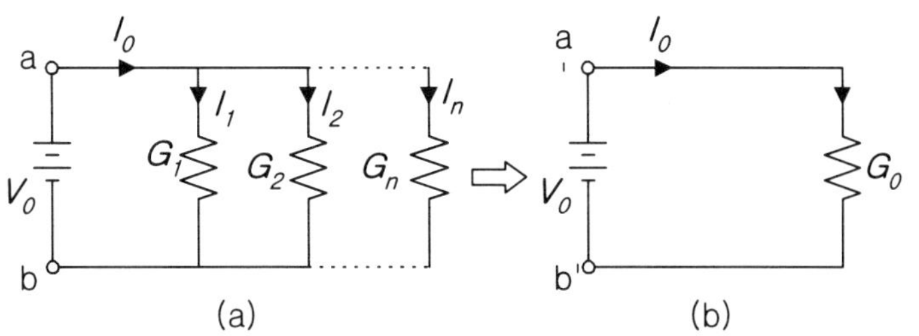

[그림 2-9] 컨덕턴스의 병렬접속

로서 병렬회로에서 병렬저항의 총저항은 언제나 가장 작은 저항값보다 작다.

병렬접속 회로에서 각 컨덕턴스 양단의 전위차는 모두 전원 전압과 같고 각 컨덕턴스의 분기 전류의 합은 전체 유입전류 I_0와 같다.

$$I_0 = I_1 + I_2 + \cdots + I_n \qquad (2\text{-}31)$$

또한 $I = GV$인 관계가 있으므로

$$G_0 V_0 = G_1 V_0 + G_2 V_0 + \cdots + G_n V_0$$

으로부터 합성 컨덕턴스는 각각의 컨덕턴스의 합과 같으므로 G_0는

$$G_0 = G_1 + G_2 + \cdots + G_n \qquad (2\text{-}32)$$

이다. 식 2-32는 저항의 직렬 합성식과 같은 형태로 $\frac{1}{R}$을 G로 대치해서 구할 수 있다. 또 각 컨덕턴스 양단의 전위차가 일정하므로 $I = GV$로 부터 각 컨덕턴스에 유입되는 전류는 각 컨덕턴스 G값에 비례한다.

$$I_1 : I_2 : \cdots : I_n = G_1 : G_2 : \cdots : G_n \qquad (2\text{-}33)$$

[예제] [그림 2-10](a)의 회로에서 G_1, G_2에 흐르는 전류를 구하라.

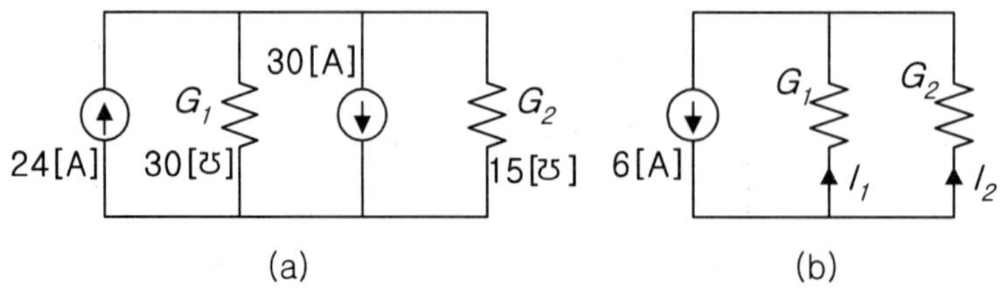

[그림 2-10]

두 전류원을 등가 변환하면 [그림 2-10](b)와 같다.

$$I_1 : I_2 = G_1 : G_2 = 30 : 15 = 2 : 1$$

$$\therefore \ I_1 = 4[\mathrm{A}], \ \mathrm{I}_2 = 2[\mathrm{A}]$$

2-12 인덕턴스

1) 인덕턴스

도선에 전류가 흐르면 [그림 2-11](a)와 같이 그 주위에 동심원의 분포를 이루는 자기장(magnetic field)이 형성된다. 자기장은 [그림 2-11](b)와 같이 전류의 방향이 나사가 진행하는 방향이라면 자기장은 나사가 돌아가는 방향으로 형성된다.

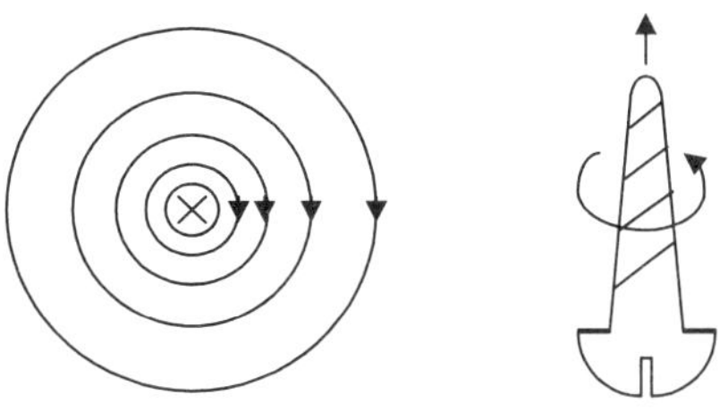

(a) 전류가 지면을 향해 흐를 때 자기커넥션의 방향 (b) 오른나사의 법칙

[그림 2-11] 컨덕턴스의 병렬접속

여기서 자력선의 다발을 자속(magnetic flux)이라 하며 자속의 단위로는 웨버[Wb]가 사용된다. 자속이 도체와 쇄교(linkage)하는 수를 자속쇄교수라 하고 단위는 [WbT]이다.

[그림 2-12]와 같이 코일의 권수를 n, 전류 주변에 발생하는 자속을 Φ라 할 때 발생 자속의 전부가 코일과 쇄교한다면 총 자속쇄교수 λ는

$$\lambda = n\Phi \, [\mathrm{WbT}] \tag{2-34}$$

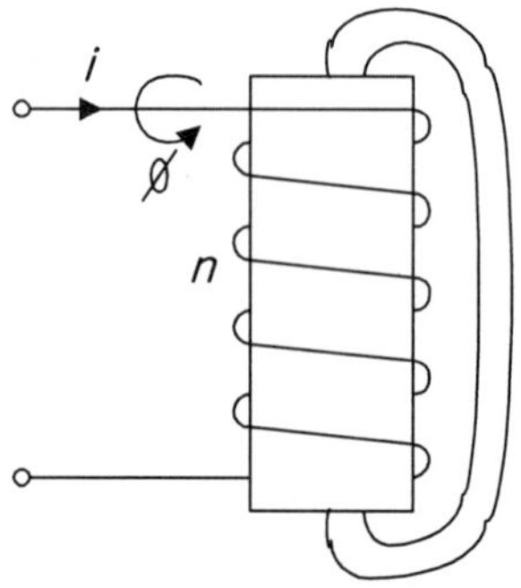

[그림 2-12] 코일과 자속의 쇄교

이다. 여기서 자속 Φ는 전류에 비례하여 변화하므로 권수 n이 일정한 경우라면, [그림 2-13]과 같이 자속쇄교수 λ도 어느 범위 내에서는 전류 i에 비례하게 된다.

즉, $\lambda \propto i$이다. 이때 비례상수를 자기 인덕턴스(self inductance) 또는 인덕턴스 L이라 하며 이는 전류와는 관계없이 코일 자체의 상태 및 매질에 따라 결정된다.

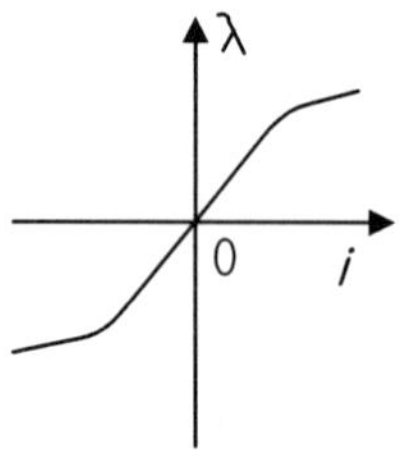

[그림 2-13] 자속쇄교수와 전류특성

$$\lambda = Li[\mathrm{WbT}] \tag{2-35}$$

$$L[\mathrm{H}] = \frac{\lambda}{\mathrm{i}} = \frac{\mathrm{n}\Phi[\mathrm{WbT}]}{\mathrm{i}[\mathrm{A}]} \tag{2-36}$$

인덕턴스 L의 단위로는 헨리[H]가 사용되며 1[H]는 1[A]의 전류가 흐를 때 1[WbT]의 쇄교자속이 발생하는 코일의 인덕턴스가 된다.

패러데이 법칙(Faraday's law)에 의하면 자속쇄교수의 시간에 따른 변화에 비례하여 유도기전력 e는

$$e = \frac{d\lambda}{dt}[\mathrm{V}] \qquad (2\text{-}37)$$

와 같이 표시된다. 따라서 식 2-35를 식 2-37에 대입하면

$$e = L\frac{di}{dt}[\mathrm{V}] \qquad (2\text{-}38)$$

가 되며 이로부터 1[H]는 매초 1[A]의 전류 변화로 그 양단에 1[V]의 전압이 유기되는 코일의 인덕턴스라고 정의할 수 있다.

이처럼 그 전기적인 성질이 주로 인덕턴스로 되는 것을 인덕터 또는 코일이라고 한다.

2) 인덕터에서의 유도기전력

자계 내에서 운동하는 도체에 흐르는 유도전류 또는 유도기전력의 방향은 자계의 방향과 직선 도체의 운동 방향이 직각일 때에는 플레밍의 오른손 법칙, 코일과 같은 도체에서의 유도 전기력의 방향은 렌츠의 법칙(Lenz's law)에 따라 결정된다.

렌츠의 법칙은 [그림 2-14]와 같은 실험을 통해서도 확인해 볼 수 있다.

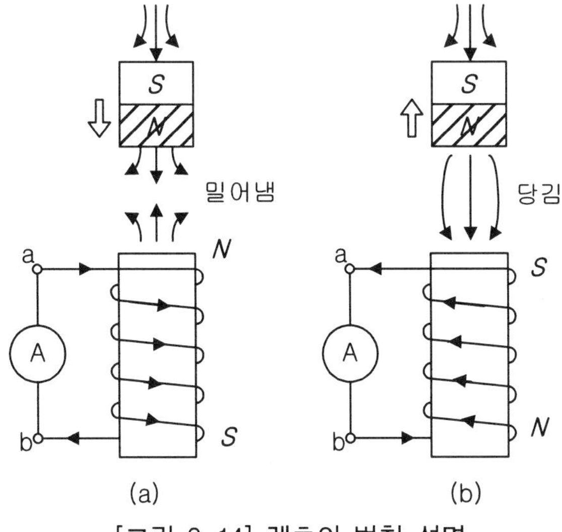

[그림 2-14] 렌츠의 법칙 설명

[그림 2-14](a)는 자석의 N극을 원통형 코일에 접근시킬 때 코일 양단에 형성되는 유도기전력의 방향과 이로 인해 코일에 흐르는 유도전류의 방향이다. [그림 2-14](b)는 원통형 코일에 근접해 있던 자석을 멀리할 때 원통형 코일에 형성되는 유도기전력 또는 유도전류의 방향은 자속의 새로운 변화에 저항하는 방향으로 나타난다.

[그림 2-15]와 같이 코일 내에 형성되는 유도기전력은 유입전류 i에 대해서 역기전력으로 작용하며 그 결과 유입전류가 코일을 지나는 동안 역기전력 크기의 전압강하가 나타난다.

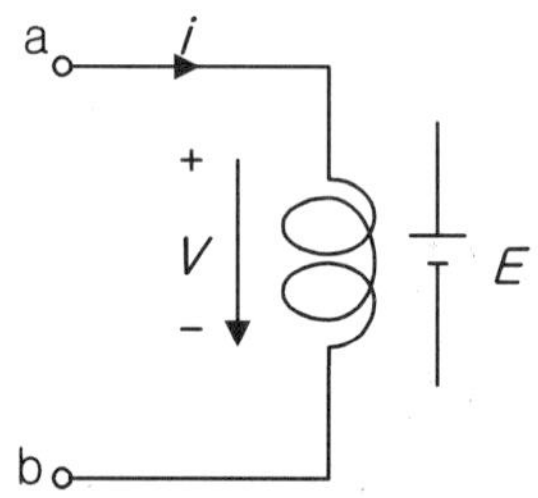

[그림 2-15] 유도기전력과 전압강하

L에서 유입전류 i에 대한 전압강하 v는

$$v = L\frac{di}{dt} \tag{2-39}$$

이며 이는 전류가 인덕턴스 L과 저항 R을 지날 때 전압강하에 의한 전위차가 형성됨을 의미한다. 식 2-39의 양변을 t에 대해 적분하면

$$i = \frac{1}{L}\int v\,dt \tag{2-40}$$

이며 이 식은 인덕턴스 L의 양단에 v라는 전압이 인가될 때 인덕턴스에 흐르는 전류를 나타낸다. 그림 2-13에서 유도기전력 e의 방향은 유입전류 i의 반대 방향이어서 회로 전원의 기전력을 정(+)으로 하면 유도기전력 또는 역기전력 e의 부호는 부(-)가 된다.

$$e = -L\frac{di}{dt} \tag{2-41}$$

[예제] 어떤 코일에 흐르는 전류가 0.001초 사이에 일정하게 50[A]에서 10[A]로 변할 때 40[V]의 유도기전력이 발생한다면 이때 코일의 자기 인덕턴스는?

유도기전력의 크기는 $e = L\frac{di}{dt}$로 부터

$$L = e \cdot \frac{dt}{di} = 40 \times \frac{0.001}{50-10} = 0.001[\mathrm{H}] = 5[\mathrm{mH}]$$

[예제] 자기 인덕턴스 2[H]의 코일에 5[A]의 전류가 흐르고 있을 때 축적되는 에너지 [J]는?

$$W = \frac{1}{2}LI^2 = \frac{1}{2} \times 2 \times 5^2 = 25[\mathrm{J}]$$

2-13 커패시턴스

절연체를 사이에 둔 두 도체 사이에 전위차가 존재하면 전위가 높은 도체에는 정전하가, 전위가 낮은 도체에는 같은 양의 부전하가 축적된다. 이때 축적되는 전하와 전위차가 [그림 2-16]과 같은 관계로 변하는 경우, 직선적인 부분에서는

$$q = Cv[\mathrm{C}] \tag{2-42}$$

된다. 여기서 C는 직선 부분의 기울기로 두 도체 사이의 정전용량을 커패시턴스(Capacitance)라고 한다.

정전용량의 단위는 Farad[F]인데 1쿨롬의 전하가 1볼트의 전위차의

판 사이에 존재할 때 1Farad의 용량을 가졌다고 한다.

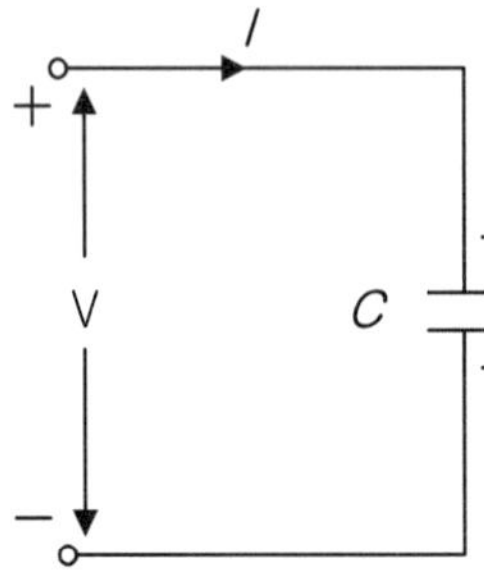

[그림 2-16] 커패시턴스 회로

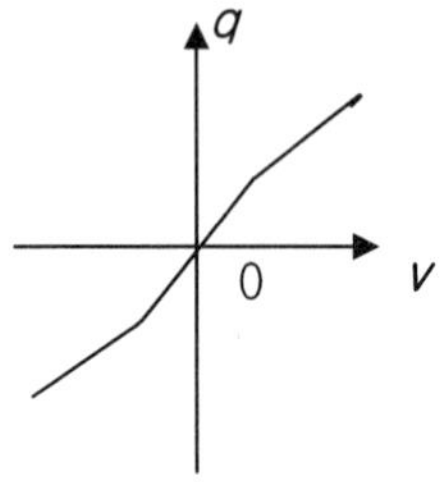

[그림 2-17] 커패시터의 전하와 전압관계

Farad라는 단위는 영국의 화학자이며 물리학자인 Michael Faraday로부터 따온 것인데 Farad 단위는 너무 큰 단위여서 일반적으로는 μF(microfarad : 10^{-6})나 $pF(Pico\,farad : 10^{-12})$를 사용하고 있다.

$$1[\mu\mathrm{F}] = 10^{-6}[\mathrm{F}], \quad 1[\mathrm{pF}] = 1[\mu\mu\mathrm{F}] = 10^{-12}[\mathrm{F}]$$

전기적 성질이 주로 커패시턴스로 되어있는 소자를 커패시터 또는 콘덴서(condenser)라고 한다.

콘덴서에서 전류 i 방향으로의 전압강하를 v 라고 하면

$$v = \frac{1}{C}\int i\,dt[\mathrm{V}] \tag{2-43}$$

$$i = C\frac{dv}{dt}[\mathrm{A}] \tag{2-44}$$

의 관계식을 얻을 수 있으며 $i = C\dfrac{dv}{dt}$ 이므로 콘덴서에 유입하는 전력은

$$p = vi = Cv\frac{dv}{dt} \tag{2-45}$$

가 되고, 시간 t_1과 t_2 사이에 유입한 에너지는 식 2-28을 적분하면

$$W_c = \int_{t_1}^{t_2} pdt = \int_{t_1}^{t_2} Cv \cdot \frac{dv}{dt} dt$$

$$= C\int_{t_1}^{t_2} vdv = \frac{1}{2}Cv_2^2 - \frac{1}{2}Cv_1^2 \qquad (2\text{-}46)$$

이 된다. 여기서 v_1, v_2는 각각 시간 t_1, t_2에서의 전압이다. t_1에서 전압이 0이고 임의의 시간 t에서의 콘덴서의 충전전압을 v라 할 때 콘덴서에 축적되는 에너지 W_c는

$$W_c = \frac{1}{2}Cv^2 \qquad (2\text{-}47)$$

이다. [그림 2-18]과 같이 평행한 콘덴서로 전극 면적 $S[\mathrm{m}^2]$, 전극 간격 $d[\mathrm{m}]$인 전극 판 사이에 전압 $V[\mathrm{V}]$를 인가하였을 때 콘덴서에 충전되는 전하량 q는

$$q = CV[\mathrm{C}] \qquad (2\text{-}48)$$

이고, 따라서 정전용량 C는

$$C = \frac{q}{V} = \frac{\epsilon_0}{d} S[F] \qquad (2\text{-}49)$$

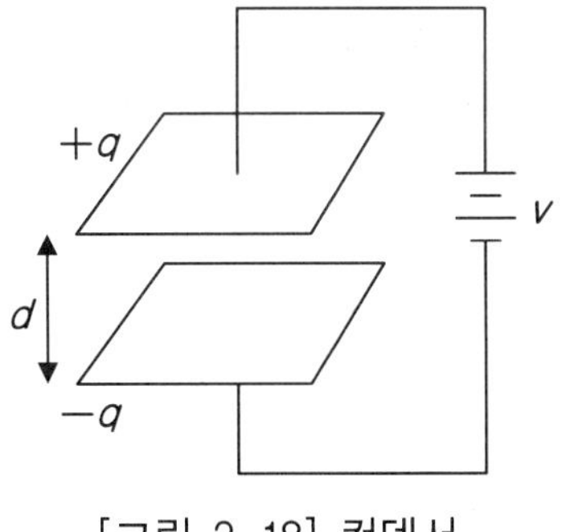

[그림 2-18] 컨덴서

가 된다. 이 식으로부터 정전용량 C를 크게 하려면 도체의 간격 d를

작게 하여야 하고 도체의 면적 S를 크게 하여야 한다.

[예제] 2[μF]의 콘덴서에 200[V]의 전압을 가했을 때 이에 축적되는 전하와 축적되는 에너지는 얼마인가?

$$q = cv = 2 \times 10^{-6} \times 200 = 4 \times 10^{-4}[\mathrm{C}]$$

$$W = \frac{1}{2}Cv^2 = \frac{1}{2} \times 2 \times 10^{-6} \times 200^2 = 4 \times 10^{-2}[\mathrm{J}]$$

[예제] $C = 30[\mu\mathrm{F}]$인 커패시터에 $v(t) = 5e^{-2t}[\mathrm{V}]$의 전압이 인가되면 커패시터에 흐르는 전류 $i(t)$는?

$$i = C\frac{dv}{dt} \text{ 로부터}$$

$$i(t) = 30 \times 10^{-6} \times \frac{d(5e^{-2t})}{dt}$$

$$= 30 \times 10^{-6} \times (-10)e^{-2t}$$

$$= -3 \times 10^{-4} \times e^{-2t}[\mathrm{A}]$$

2-14 절연체와 절연강도

1) 절연체

다양한 커패시턴스의 값은 두 판 사이의 절연체를 가지는 평행판구조에 따라서 변한다. [그림 2-19]에서 두 평행판 사이에 절연체가 존재할 때 전위차가 V볼트인 상태로 나타난다.

두 판 사이의 물질은 절연체이기 때문에 전자가 모(母) 원자에서 빠져나와 양극판으로 이동하기 어렵다.

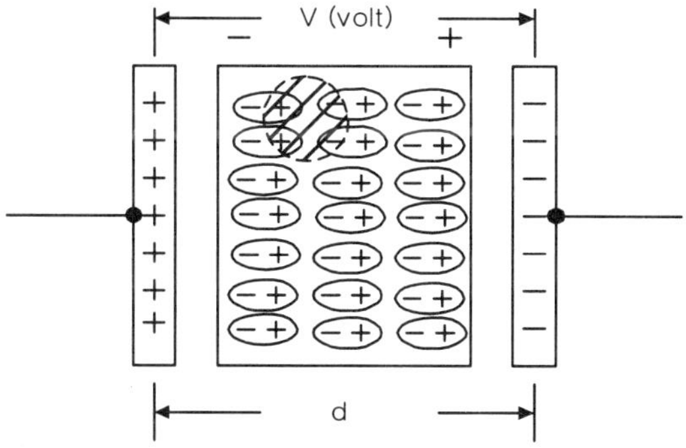

[그림 2-19]

그러나 각 원자의 양의 부분(proton)과 음의 부분(electron)은 변위하여 쌍극자(dipoles)를 만든다. 이렇게 그림과 같이 쌍극자가 정렬하게 될 때 이 물질은 분극화되었다고 한다. 이 물질 내의 분극화는 서로 중화되고 그림자 부분과 같이 양극층과 음극층은 중화되지 않고 남아 있게 된다. 그래서 절연체 내에는 [그림 2-20]과 같이 전계가 존재한다.

유전체의 목적은 두 판 사이에 존재하는 자유 전하로부터 생겨난 전계를 상쇄시키도록 전계를 발생시키는 것이다. 그러므로 판 사이에 존재하는 전계는 유전체를 삽입하면 감소한다.

유전체에서 전속 밀도가 전계의 세기에 대한 비율을 유전율(permittivity)이라고 한다. 유전율 ε는 전계의 세기가 E 이며 전속이 D 라면

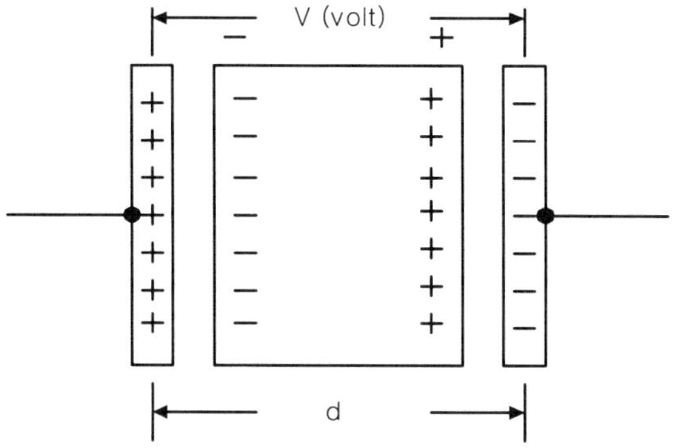

[그림 2-20]

$$\varepsilon = \frac{D}{E} \qquad (2\text{-}50)$$

로 유전율은 유전체가 전속을 통과시키는데 얼마나 쉬운지를 나타내는 값이다. 이 값이 클수록 전극 판에 존재하는 전하의 양이 많아진다.

진공의 유전율 ε_0는 $8.85 \times 10^{-12}\,[F/m]$이다. 어떤 유전체의 진공유전율에 대한 유전율의 값을 비유전율(Relative permittivity)라고 하며 ε_r로 나타낸다.

$$\varepsilon_r = \frac{\varepsilon}{\varepsilon_0} \qquad (2\text{-}51)$$

물질의 비유전율의 값은 다음 <표 2-2>와 같다.

〈표 2-2〉 물질의 비유전율

유전체	비유전율
진공	1.0
공기	1.0006
파라핀 종이	2.0
고무	2.5
변압기 오일	3.0
마이카	4.0
유리	7.5
세라믹	7500

2) 절연강도

어떤 유전체라도 절연이 파괴되어 전류를 흘리기 시작하는 전위가 있는데 이것을 절연 파괴 전압이라고도 한다. 유전체의 도전을 위해 단위길이 당 필요한 전압을 절연강도(dielectric Strength)라고 하고 절연

파괴가 일어났을 때 콘덴서는 도체와 같은 특성을 보인다. 전형적인 절연 파괴의 예는 번개로 구름과 대지의 전위가 절연체와 같은 대기를 통과할 만큼 높을 때 일어난다.

2-15 콘덴서의 접속

1) 직렬접속

정전용량 C_1, C_2, C_3인 3개의 콘덴서를 [그림 2-21]과 같이 직렬로 접속하였을 때 각 콘덴서의 단자에 걸리는 전압을 V_1, V_2, V_3라고 하면 단자 ab에 걸리는 전압 V는

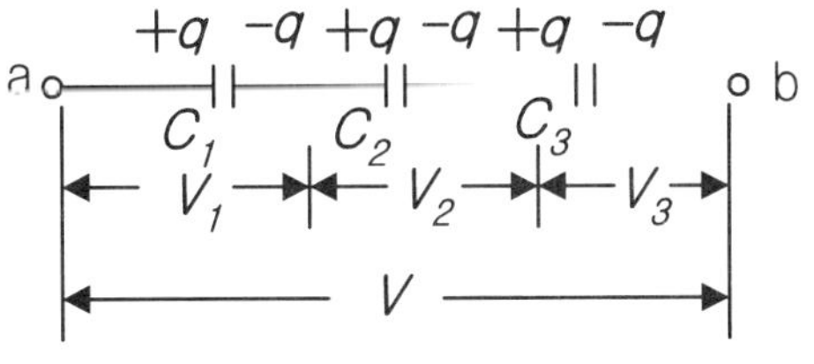

[그림 2-21] 직렬연결

$$V = V_1 + V_2 + V_3 \tag{2-52}$$

이다. 콘덴서 C_1의 한쪽 전극에 축적되는 전하를 $+q$라고 하면 다른 쪽 전극에는 $-q$가 유도되고, 이것과 접속된 C_2의 전극에는 $+q$가 유도된다. 같은 방식으로 C_3의 전극에 $-q$가 유도된다.

$$C_1 = \frac{q}{V_1}, \quad C_2 = \frac{q}{V_2}, \quad C_3 = \frac{q}{V_3} \tag{2-53}$$

이므로 식 2-53을 정리하면 다음 식이 된다.

$$V = q\left(\frac{1}{C_1} + \frac{1}{C_2} + \frac{1}{C_3}\right) \tag{2-54}$$

[그림 2-21]의 단자 ab에서 본 정전용량, 즉 합성 정전용량을 C라 하면, 전하는 $+q$와 $-q$이고 전압은 V이므로

$$C = \frac{q}{V} = \frac{1}{\dfrac{1}{C_1} + \dfrac{1}{C_2} + \dfrac{1}{C_3}} \tag{2-55}$$

또는

$$\frac{1}{C} = \frac{1}{C_1} + \frac{1}{C_2} + \frac{1}{C_3} \tag{2-56}$$

의 식을 구할 수 있다. 즉 콘덴서를 직렬로 접속하면 유전체의 두께를 더하는 것과 같다.

2) 병렬접속

[그림 2-22]와 같이 정전용량 C_1, C_2, C_3인 3개의 콘덴서를 병렬로 접속하고 단자 ab에 전압 V를 인가하면 각 콘덴서의 전극에 나타나는 전하는

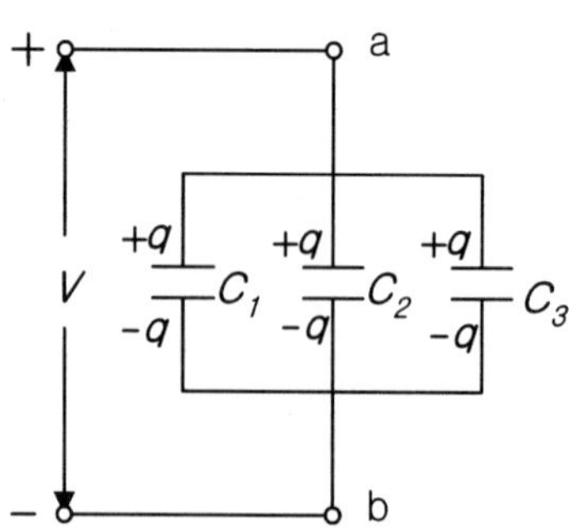

[그림 2-22] 병렬접속

$$q_1 = C_1 V, \quad q_2 = C_2 V, \quad q_3 = C_3 V \tag{2-57}$$

가 된다. 여기서 단자 ab에서 본 전하 q는

$$q = q_1 + q_2 + q_3 \tag{2-58}$$

이고, 전압은 V이므로 단자 ab에서 본 합성 정전용량 C는

$$C = \frac{q}{V} = \frac{q_1 + q_2 + q_3}{V} = \frac{1}{V}(C_1 V + C_2 V + C_3 V) \tag{2-59}$$

$$= C_1 + C_2 + C_3$$

이다. 즉, 콘덴서를 병렬로 접속하면 전극 판의 면적을 더해서 넓어진 것과 같으므로 합성 정전용량은 각 콘덴서의 정전용량을 합한 것과 같다.

콘덴시의 용도

① 에너지 축적용 : 충격전압 발생장치
② 필터용 : 정류 파에 포함된 교류 성분 제거
③ 결합용, 저지용 : 직류성분 저지 결합 콘덴서, 블로킹 콘덴서
④ 동조용, 발진용 : 동조회로, 발진회로
⑤ 이상용, 조상용 : 이상용 콘덴서, 조상용 콘덴서

[예제] 정전용량이 같은 콘덴서 2개를 병렬로 접속했을 때의 합성용량 C_p는 직렬로 접속했을 때의 합성용량 C_s의 몇 배인가? (콘덴서의 정전용량은 C_0라 한다.)

병렬일 때 : $C_p = C_0 + C_0 = 2C_0$

직렬일 때 : $C_s = \dfrac{C_0 \cdot C_0}{C_0 + C_0} = \dfrac{C_0}{2}$

$$\therefore \frac{C_p}{C_s} = \frac{2C_0}{\dfrac{C_0}{2}} = 4$$

[예제] [그림 2-23]과 같이 용량이 10, 20, 30[μF]인 콘덴서가 직렬접속된 회로에 220[V]의 직류전압이 인가되어 있을 때

① 콘덴서의 합성용량 C_0[μF]은?

② 각 콘덴서의 단자 전압 V_1, V_2, V_3를 구하라.

③ 전원으로부터 콘덴서로 유입된 총 전하량 q_0[C]을 구하라.

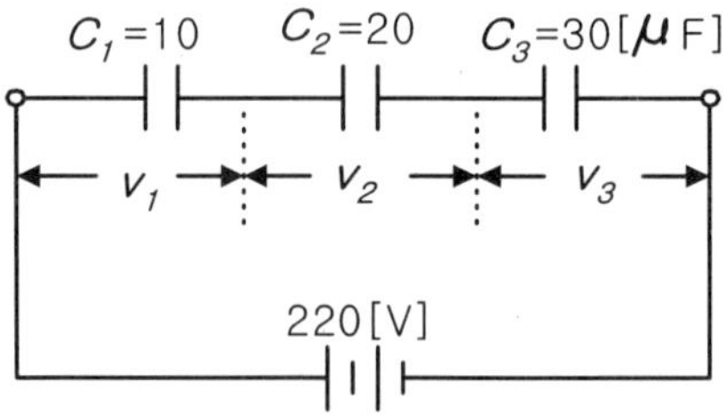

[그림 2-23]

② $V_1 : V_2 : V_3 = \dfrac{1}{C_1} : \dfrac{1}{C_2} : \dfrac{1}{C_3} = 6:3:2$

$$\therefore V_1 = 220 \times \frac{6}{11} = 120\,[\text{V}]$$

$$V_2 = 220 \times \frac{3}{11} = 60\,[\text{V}]$$

$$V_3 = 220 \times \frac{2}{11} = 40\,[\text{V}]$$

③ $q_0 = C_0 V = \dfrac{60}{11} \times 10^{-6} \times 220 = 1.2 \times 10^{-3}\,[\text{C}]$

2-16 고유저항과 온도계수

1) 고유저항

도체의 저항 R은 그 길이 l에 비례하고, 단면적 S에 반비례한다.

$$R = \rho \frac{l}{S} [\Omega] \qquad (2\text{-}57)$$

에서 ρ는 비례상수로 도체의 고유저항(resistivity)이다.

〈표 2-3〉 고유저항

금속의 종류	20℃($10^{-8}\Omega \cdot m$)	금속의 종류	20℃($10^{-8}\Omega \cdot m$)
은(Ag)	1.62	니켈(Ni)	6.9
구리(Cu)	1.69	철(Fe)	10
금(Au)	2.40	백금(Pt)	10.5
알루미늄(Al)	2.62	망간(Mn)	34
텅스텐(W)	5.48	수은(Hg)	95.8

고유저항 ρ의 단위는 옴·미터[Ω·m]이다. ρ의 역수인 $\frac{1}{\rho}$를 σ로 표시하고 도전율(conductivity)이라 하며 단위는 [℧/m]이다.

2) 온도계수

일반적으로 금속 도체의 전기저항은 온도의 영향을 많이 받는다. 온도가 0[℃]일 때의 저항을 $R_0[\Omega]$, 온도가 t[℃]로 올라간 후의 저항을 R_t[ohm]이라 하면 다음과 같은 관계가 성립한다.

$$R_t = R_0\{1 + \alpha_0 t\}[\Omega] \qquad (2\text{-}58)$$

여기서 α_0는 각 금속에 따라 정해지는 정수로서 0[℃]에서 1[℃]의 온도 상승에 대한 저항의 증가 비율을 나타내며, 이것을 저항의 온도계수라 한다.

t[℃]일 때의 저항을 $R_t[\Omega]$, t[℃]에서 저항 온도계수를 α_t, 온도가 T[℃]에서의 저항을 $R_T[\Omega]$이라 하면

$$R_T = R_t\{1 + \alpha_t(T - t)\}[\Omega] \qquad (2\text{-}59)$$

$$\alpha_t = \frac{\alpha_0}{1 + \alpha_0 t} \qquad (2\text{-}60)$$

이다. 여기에서 표준 연동의 0[℃]에서의 저항 온도계수 α_0는 $\alpha_0 = \dfrac{1}{234.5}$이다.

온도계수 α는 다음 3가지 종류가 있다.

① $\alpha > 0$: 대부분의 금속 도체
② $\alpha < 0$: 반도체, 전해액, 절연체(부성 저항재료)
③ $\alpha = 0$: 망간, 콘스탄탄(표준 저항재료)

[예제] 길이 l 인 도선이 있다. 이것을 늘려 길이가 nl 인 도선으로 만들었을 때 전기저항은 몇 배로 되는가?

$R_1 = \rho\dfrac{l_1}{s_1}$에서 $R_2 = \rho\dfrac{l_2}{s_2}$로 되는 경우는

$\dfrac{R_2}{R_1} = \dfrac{\rho\dfrac{l_2}{s_2}}{\rho\dfrac{l_1}{s_1}} = \dfrac{l_2 s_1}{l_1 s_2}$이 되고, 체적은 불변이므로 $l_1 s_1 = l_2 s_2$이

다. 여기서 $l_2 = nl_1$이므로 $s_2 = \frac{1}{n}s_1$이 된다.

따라서 $\frac{R_2}{R_1} = \frac{n\,l_1\,s_1}{\frac{1}{n}\,l_1\,s_1} = n^2$[배]

[예제] 0[℃]에서 2,000[Ω]인 연동선이 있다. 80[℃]에서의 저항을 구하라. 단, $\alpha_0 = \frac{1}{234.5}$[1/℃]이다.

$$R = R_0(1 + \alpha_0 t = 2{,}000(1 + \frac{1}{234.5} \times 80)$$

$$\fallingdotseq 2682.3[\Omega]$$

[예제] 10[℃]에서 저항이 0.3[Ω]인 구리선은 70[℃]에서는 몇 [Ω]이 되는가? 여기서, 구리의 온도계수는 $\alpha_0 = \frac{1}{234.5}$이다.

$R_{t_2} = R_{t_1}\left\{1 + \alpha_{t_1}(t_2 - t_1)\right\}$에서

$$R_{70} = 0.3\left\{1 + \frac{1}{234.5 + 10} \times (70 - 10)\right\}$$

$$= 0.37[\Omega]$$

연습문제

[문제 2-1] $i = 3000(2t + 3t^2)$ [A]로 표시되는 전류가 도선에 2초 동안 흘렀을 때 통과한 전 전기량은 몇[C]인가?

[문제 2-2] 반지름이 30[cm]이고, 원판 전극의 간격이 0.2[cm]인 콘덴서의 정전용량은 몇[μF]인가? 단, 유전체의 비유전율은 8.0이다.

[문제 2-3] 굵기가 일정한 도체에서 체적은 변하지 않고 지름을 $\frac{1}{n}$배로 늘렸다면 저항은 몇 배가 되겠는가?

[문제 2-4] 그림과 같은 회로에서 Y_L에 소비하는 전력은 몇[W]인가?

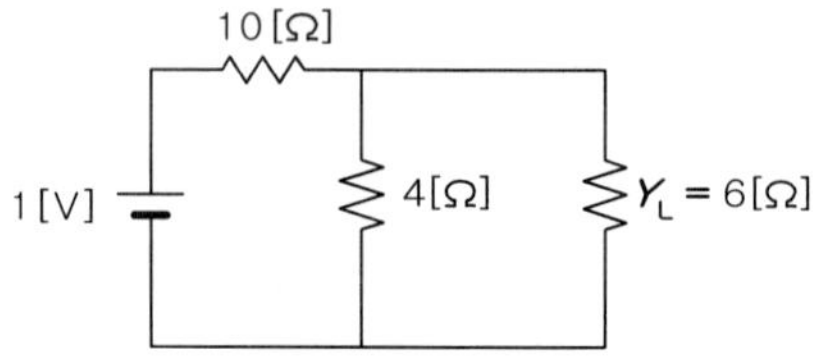

[문제 2-5] 그림과 같은 회로에서 저항 R_4가 소비하는 전력은 몇[W] 인가?

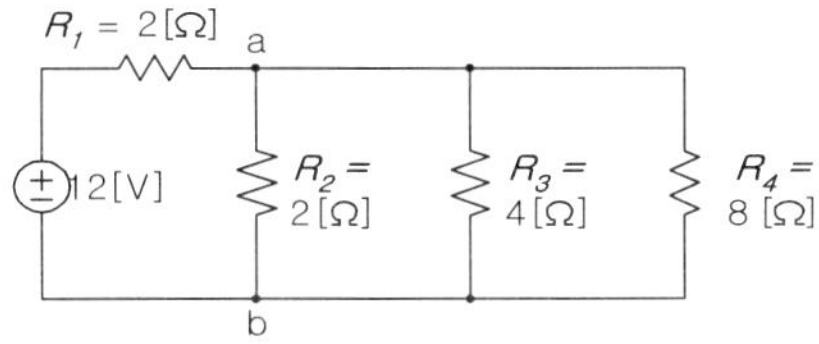

[문제 2-6] 정격 전압에서 1 [kW]의 전력을 소비하는 저항에 정격의 70 [%]인 전압을 가할 때의 전력[W]은?

[문제 2-7] 어떤 코일의 임피던스를 측정하고자 직류전압 100[V]를 가했더니 500[W]가 소비되었고, 교류전압 150[V]를 가했더니 720[W]가 소비되었다. 이 코일의 저항[Ω]과 리액턴스[Ω]는?

[문제 2-8] 내부 임피던스가 50[ohm]인 정전압 전원의 출력단자에 50 [Ω]의 저항을 연결할 때 단자 전압이 6[V]이었다면 같은 전원에 100 [Ω]의 저항을 연결했을 때 단자 전압은 얼마인가?

[문제 2-9] 분류기를 사용하여 전류를 측정하는 경우 전류계의 내부저항 0.12[Ω], 분류기의 저항이 0.04[Ω]이면 그 배율은?

[문제 2-10] 최대 눈금이 50[V]의 직류 전압계가 있다. 이 전압계를 써서 150[V]의 전압을 측정하려면 몇[Ω]의 저항을 배율기로 사용하여야 하는가? (단, 전압계의 내부저항은 5000[Ω]이다.)

[문제 2-11] 직류 15[V]의 전압을 측정하려고 10[V]용의 두 전압계를 직렬로 연결하였을 때 전압계 V_1의 지시는 몇[V]인가? (단, 전압계 V_1, V_2의 내부저항은 각각 12[KΩ] 및 3[KΩ]이다.)

[문제 2-12] 다음 그림에서 a,b 단자에 200[V]를 가할 때 저항 2[Ω]에 흐르는 전류 I_1는?

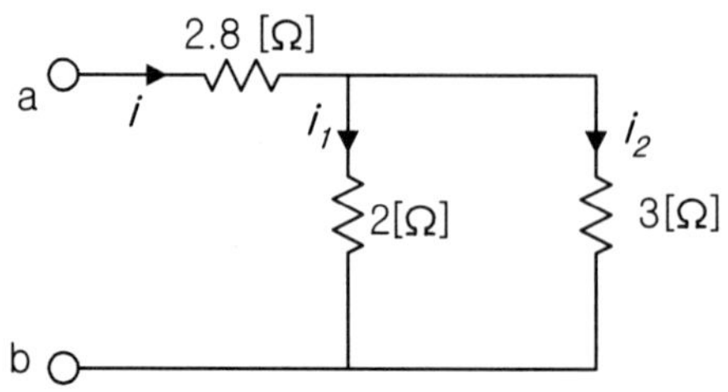

제 3 장

정현파 교류

교류는 우리들의 일상생활이나 각종 산업용으로 가장 널리 사용되는 전원방식이다. 교류는 직류에 비해 전압을 비교적 쉽게 변화시킬 수 있으며 대전력의 발생과 송전 및 배전이 경제적이고 효율이 좋은 장점이 있다.

또한, 교류의 성질을 이용하면 여러 정보 신호를 원거리까지 충실하게 전송할 수 있어 라디오, TV 등 전기통신의 정보전달 매체로서도 광범위하게 이용된다.

교류는 직류에서 취급한 각종 현상이나 작용 외에 교류 특유의 성질이 있어 회로의 취급이나 해석이 다소 복잡하여 교류회로의 해석은 직류에서 취급한 각종 정리나 법칙을 확장하여 적용하며 시간적 개념과 벡터를 도입해서 해석한다.

3-1 정현파 교류

시간에 대하여 크기와 방향이 주기적이고 규칙적으로 변화하는 전압과 전류를 총칭하여 일반적으로 교류(Alternating Current : AC)라고 부른다.

정현파 교류는 일반적으로 시간적 변화가 정현 함수에 비례하는 교류이며 시간적 변화 형태가 삼각파, 구형파, 톱니파 등의 교류도 있다.

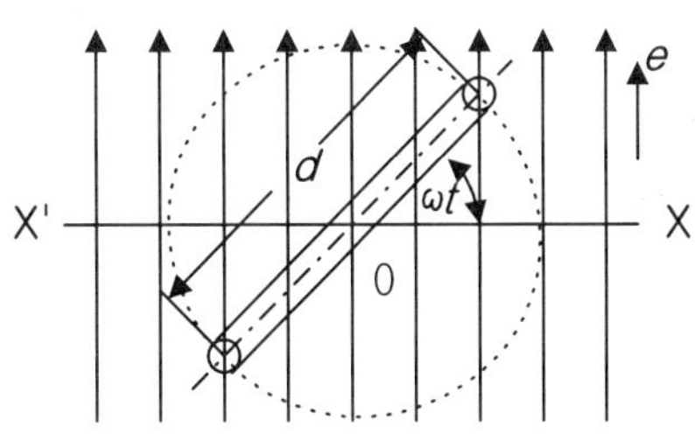

(a) 교류발전기

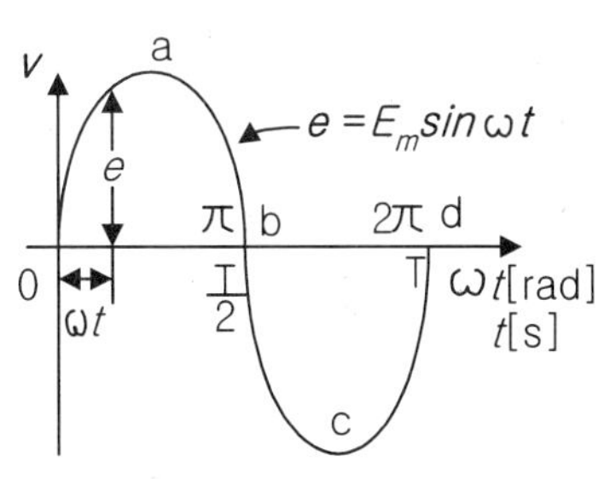

(b) 정현파 교류

[그림 3-1] 교류발전기와 정현파 교류

정현파 교류는 그 형상이 R, L 및 C소자의 응답 특성에 따라 영향을 받지 않는 유일한 교류 파형이다.

정현파 기전력의 파형은 [그림 3-1]과 같이 교류발전기로부터 얻을 수 있다.

3-2 주파수와 주기

[그림 3-1]과 같이 시간에 따라 정현적으로 변하는 파형은 수학적으로

$$v = V_m \sin\omega t \tag{3-1}$$

로 표현할 수 있다.

이 식에서 v는 각 순간에서의 전압이므로 전압의 순시값이라고 하며, V_m은 최대전압을 나타내므로 최대값이라고 한다.

이 정현파는 주기파이므로 파형이 양, 음의 변화를 완전히 한 다음 주기의 처음으로 돌아갈 때까지의 변화를 1 사이클(cycle)이라 한다.

[그림 3-1](a)에서 $oabcd$까지 파형의 변화가 1 사이클이다. 1초간에 포함되는 사이클의 수를 주파수(frequency)라 하고, 단위는 [Hz]이다. 헤르츠의 단위는 교류 전류 및 전압 그리고 기본 R, L 및 C 소자에 대해서 그들의 영향을 처음 연구한 독일의 Hertz의 이름을 따서 명명하였다. 우리나라와 북미의 표준주파수는 60[Hz]이고, 반면 유럽에서는 거의 50[Hz]를 사용하고 있다.

파형이 1 사이클 변하는 시간을 주기(period)라 하며 주기 T와 주파수 f사이에는 다음 관계가 있다.

$$T = \frac{1}{f}[\mathrm{s}] \tag{3-2}$$

예로 60[Hz]의 교류의 주기는 $T = \frac{1}{60} = 0.01667$초이다.

라디안은 호도법이라고 하며 원주상의 호의 길이가 원의 반지름과 같은 것으로 각도로는 57.296°이다.

식 3-1에서 ωt 는 라디안(radian)으로 표시되는 각이며 시간에 따라 균일하게 증가한다. 따라서 ω는 1초간의 각의 증가를 나타내며 이것을 각 주파수라 한다. 각 주파수의 단위는 [rad/s]이다. 1주기 T초 간에 각은 2π[rad] 만큼 증가하므로 1초간에는 $\frac{2\pi}{T}$[rad]만큼 증가한다. 따라서

$$\omega = \frac{2\pi}{T}[\text{rad/s}] \tag{3-3}$$

의 관계가 있다. ωt를 rad대신에 도(度)로 표시할 때가 있다.

[그림 3-1](b)에는 횡축의 변수를 각으로 취하여 두 가지 단위를 써서 정현파를 그린 것이다. f, T, ω 간의 상호관계는

$$T = \frac{1}{f} = \frac{2\pi}{\omega}[\text{s}],\ f = \frac{1}{T} = \frac{\omega}{2\pi}[\text{Hz}],\ \omega = \frac{2\pi}{T} = 2\pi f[\text{rad/s}] \tag{3-4}$$

이다. 이것으로부터 정현파에 대한 표시식은

$$E = E_m \sin\omega t = E_m \sin 2\pi f t = E_m \sin\frac{2\pi}{T}t \tag{3-5}$$

이다. 상용되는 전력주파수는 대개 60[Hz]이므로 $v = V_m \sin 377t$ 와 같이 표시된다. 정현파를 그래프로 그릴 때는 횡축의 변수가 [그림 3-1](b)와 같이 시간 t 인지 아니면 각 주파수 ωt 인지를 명시해야 한다.

[예제] $i = 220\sin 1000t$[A]로 표시되는 정현파 전류의 최대값, 각 주파수, 주파수, 주기는 얼마인가?

전류의 최대치는 220[A]

각 주파수는 1,000[rad/s]

주파수는 $\frac{1,000}{2\pi} = 318.3[Hz]$

주기는 $\frac{1}{318.3} = 0.00314 = 3.14[ms]$이다.

3-3 위상과 위상차

식 3-3과 같이 교류 기전력의 일반식에서 θ를 위상(phase) 또는 위상각(phase angle)이라 한다. 따라서 각 상의 순시치가 각각

$$e_1 = E_m \sin \omega t$$

$$e_2 = E_m \sin(\omega t + \theta)$$

$$e_3 = E_m \sin(\omega t - \delta)$$

라고 할 때 각 순시 기전력의 위상과 파형을 나타내면 [그림 3-2]와 같다. [그림 3-2]에서 e_1의 위상을 기준으로 할 때 e_2의 위상은 e_1의 위상보다 θ[rad] 만큼 앞선다(lead)고 하며, e_3의 위상은 e_1의 위상보다 δ[rad]만큼 뒤진다(lag)고 한다.

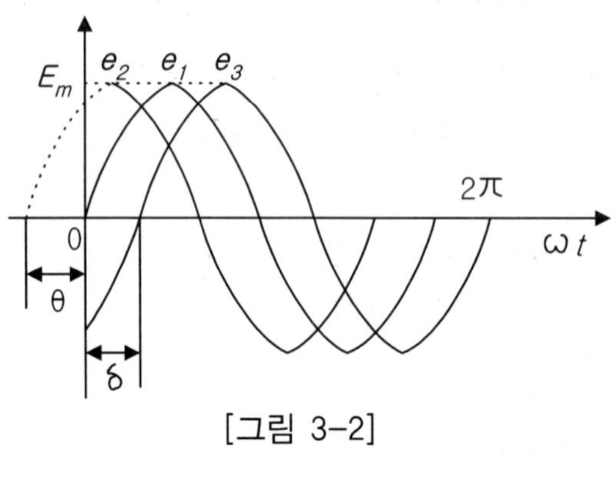

[그림 3-2]

최대치와는 관계없이 두 정현파 교류의 위상이 일치하면 동상이라 하고 두 교류의 위상이 어긋나면 위상차가 있다고 한다. 이때 주의할 점은 동일 주파수의 정현파에 대해서만 위상차를 말할 수 있다.

[예제] $i_1 = I_m \sin\omega t$ 와 $i_2 = I_m \cos\omega t$ 의 두 교류 전류의 위상차는 몇 도인가?

$i_1 = I_m \sin\omega t$

$i_2 = I_m \cos\omega t = I_m \sin(\omega t + 90^\circ)$

$\therefore$ 위상차 $\theta = 90^\circ$ (i_2가 i_1보다 90° 앞선다)

[예제] $e = 100\sqrt{2}\,sin(\omega t + \frac{\pi}{6})$와 $i = 5\sqrt{2}\,cos(\omega t - \frac{2}{3}\pi)$와의 위상차는 얼마인가?

$$i = 5\sqrt{2}\,cos(\omega t - \frac{2}{3}\pi) = 5\sqrt{2}\,sin(\omega t - \frac{2}{3}\pi + \frac{\pi}{2})$$
$$= 5\sqrt{2}\,sin(\omega t - \frac{\pi}{6})$$

위상차는 $\theta = \frac{\pi}{6} - (-\frac{\pi}{6}) = \frac{\pi}{3} = 60^\circ$

[예제] $i = 10\sin(\omega t - \frac{\pi}{6})$[A]로 표시되는 전류보다 위상이 45° 만큼 앞서며 같은 주파수의 100[V]인 전압 v의 표시식을 쓰고 v, i의 그래프를 그려라.

$$v = 100\sin(\omega t - \frac{\pi}{6} + \frac{\pi}{4}) = 100\sin(\omega t + \frac{\pi}{12})$$

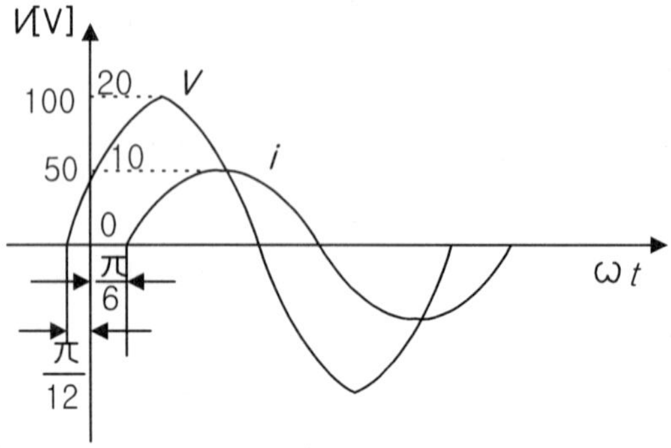

[그림 3-3]

3-4 교류의 수량적 표시

시시각각으로 크기가 변화하는 교류를 임의의 시점에서 표현하는 순시값은 실용상 취급이 불편하고 가산, 감산 등을 포함하는 복잡한 회로의 계산에는 적당하지 않다. 이에 대해, 최대값은 교류의 크기를 표시하는 가장 간단한 방법이지만 교류전력이나 열 효과 등의 실효적인 값을 구하기에는 불편한 점이 있다.

따라서 교류에서는 이들 순시 값과 최대값 외에 사용 목적에 따라 평균값, 실효값, 첨두-첨두값을 정의하고 이 값으로부터 교류 파형의 성격을 수량적으로 표시한다.

교류 파형의 순시 값이 부(-)에서 정(+)으로 이동하는 순시의 시간 t를 기점으로 하며 주기 T[s]인 교류 전압과 전류의 순시값을 나타내면

$$f(t) = i \text{ 또는 } f(t) = e \quad (0 \le t \le T[\text{s}]) \qquad (3\text{-}6)$$

이고, $f(t)$가 정현파의 전압과 전류이면

$$f(t) = i = I_m \sin\omega t[\text{A}] \qquad (3\text{-}7)$$

$$f(t) = e = E_m \sin\omega t[\text{V}] \qquad (3\text{-}8)$$

1) 평균값

일반적으로 정(+)파와 부(-)파의 파형이 대칭인 교류의 1주기 동안의 평균값은 0이 되므로 평균값은 다음 식으로 정의한다.

$$I_{av} = \frac{1}{(T/2)}\int_0^{T/2} f(t)\,dt = \frac{2}{T}\int_0^{T/2} i\,dt[\mathrm{A}] \qquad (3\text{-}9)$$

따라서 정현파 교류 전류의 평균값은 식 3-9에 식 3-7을 대입하여

$$I_{av} = \frac{2}{T}\int_0^{T/2} I_m \sin\omega t\,dt = \frac{2}{T}\frac{I_m}{\omega}[-\cos\omega t]_0^{T/2}$$

$$= \frac{I_m}{\pi}\left[\left(-\cos\frac{\omega T}{2}\right) - (-\cos 0)\right] = \frac{I_m}{\pi}[-\cos\pi + \cos 0]$$

$$= \frac{2}{\pi}I_m[\mathrm{A}] \quad (\because \omega = 2\pi \mathrm{f},\ \mathrm{T} = 1/\mathrm{f}) \qquad (3\text{-}10)$$

즉, 정현파의 평균값은 최대값의 $\frac{2}{\pi}(\fallingdotseq 0.637)$배가 된다.

2) 실효값

교류에서 직류일 때와 같은 전력효과(열작용)를 갖는 크기를 실효값(effective value, 또는 root mean square value ;rms)이라고 한다. $|I|$는

$$|I| = \sqrt{\frac{1}{T}\int_0^T [f(t)]^2\,dt} = \sqrt{\frac{1}{T}\int_0^T i^2\,dt} \qquad (3\text{-}11)$$

이다. 정현파 교류 전류의 실효값은 식 3-11에 식 3-7을 대입하면

$$|I|^2 = \frac{1}{T}\int_0^T I_m^2 \sin^2\omega t\,dt = \frac{I_m^2}{2T}\int_0^T (1-\cos 2\omega t)dt$$

$$= \frac{I_m^2}{2T}[t - \frac{1}{2\omega}sin2\omega t]_0^T = \frac{I_m^2}{2T} \times T = \frac{I_m^2}{2} \quad (3\text{-}12)$$

$$\therefore |I| = \frac{I_m}{\sqrt{2}} = 0.707 I_m \quad (3\text{-}13)$$

이 되어 정현파의 실효값은 최대값 $\frac{1}{\sqrt{2}}(\fallingdotseq 0.707)$배가 된다.

정현파 교류에서는 일반적으로 최대값보다도 실효값을 사용한다.

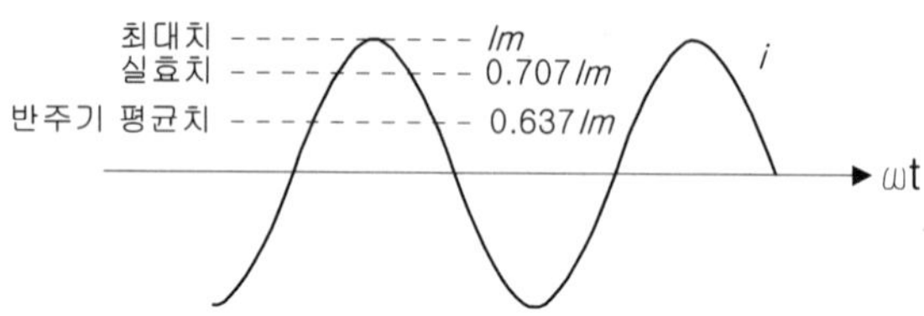

[그림 3-4] 정현파의 최대치, 실효치, 반주기평균치의 관계

[예제] [그림 3-5]와 같은 파형을 갖는 전류의 평균값과 실효값을 구하라.

정현파와 같이 정.부 대칭형이므로 반파에 대한 평균값 및 실효값을 구한다.

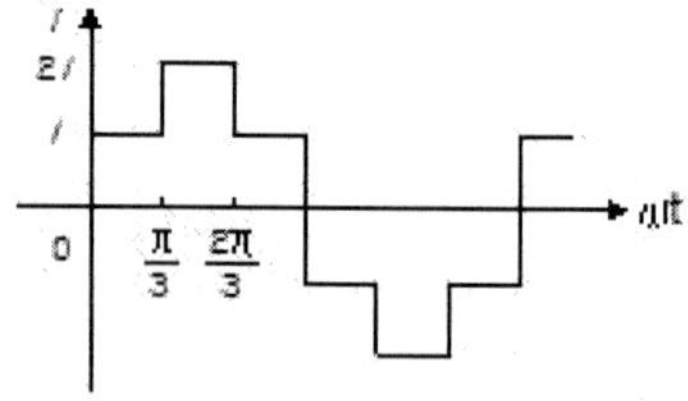

[그림 3-5]

$$평균값 = \frac{(I + 2I + I)\frac{\pi}{3}}{\pi} = \frac{4}{3}I$$

$$실효값 = \frac{\sqrt{[I^2 + (2I)^2 + I^2]\frac{\pi}{3}}}{\pi}$$

$$= \sqrt{\frac{I^2 + 4I^2 + I^2}{3}} = \sqrt{\frac{6I^2}{3}} = \sqrt{2}\,I$$

[예제] [그림 3-6]과 같은 $v = V_m \sin\omega t$[V]인 정현파 교류의 전파정류(a) 및 반파정류(b) 파형의 평균값과 실효값을 구하라.

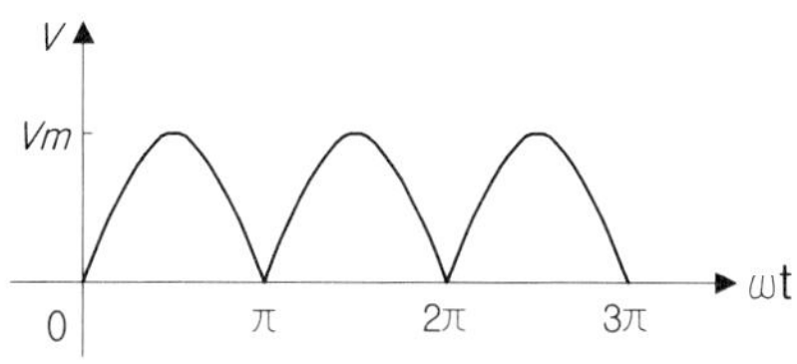

(a) 전파정류

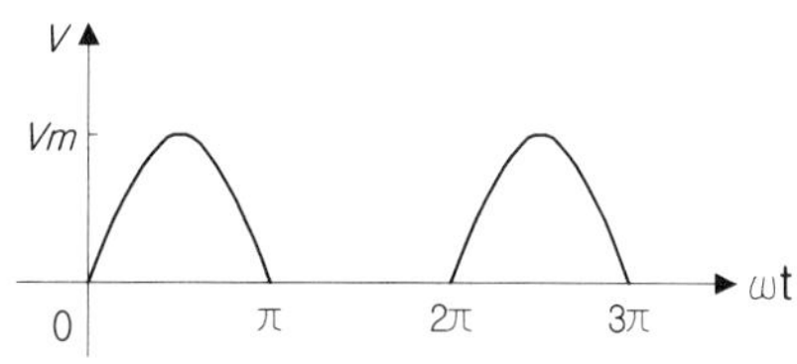

(b) 반파정류

[그림 3-6]

① 전파정류 : 정현파의 평균값과 실효값은 반파만 계산한다.

$$V_{av} = \frac{2}{\pi} V_m, \quad V = \frac{V_m}{\sqrt{2}}$$

② 반파정류

$$V_{av} = \frac{1}{2\pi}\int_0^{\pi} V_m \sin\theta\, d\theta = \frac{V_m}{2\pi}[-\cos\theta]_0^{\pi} = \frac{V_m}{\pi}$$

$$V = \sqrt{\frac{1}{2\pi}\int_0^{\pi} (V_m \sin\theta)^2 d\theta}$$

$$= \sqrt{\frac{V_m^2}{2\pi}\left[\frac{\theta}{2} - \sin 2\frac{\theta}{2}\right]_0^{\pi}} = \sqrt{\frac{V_m^2}{4}} = \frac{V_m}{2}$$

3-5 파고율과 파형률

교류의 크기는 보통 실효치로 나타내는데 실효치는 파형을 알 수 없어 파형의 대략을 알기 위해서 파고율(crest factor)과 파형률(form factor)을 사용한다.

$$\text{파고율} = \frac{\text{최대치}}{\text{실효치}} \tag{3-14}$$

$$\text{파형률} = \frac{\text{실효치}}{\text{평균치}} \tag{3-15}$$

정현파 교류에서

$$\text{파고율} = \frac{E_m}{E} = \frac{E_m}{E_m/\sqrt{2}} = 1.414$$

$$\text{파형율} = \frac{E}{E_{av}} = \frac{E_m/\sqrt{2}}{\frac{2}{\pi}E_m} = 1.11$$

이며, 각종 파형의 파고율과 파형률의 관계는 <표 2-1>과 같다.

〈표 3-1〉 파형의 실효치 파고율 파형율의 관계

명칭	파형	실효치	파고율	파형율
4각파	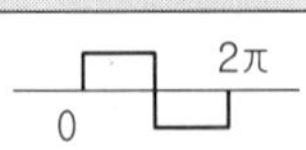	E_m	1	1
반원파	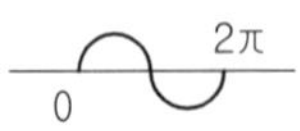	$\frac{E_m}{\sqrt{3/2}} = 0.816E_m$	$\sqrt{3/2} = 1.225$	$\frac{4}{\pi}\sqrt{2/3} = 1.040$
정현파		$\frac{E_m}{\sqrt{2}} = 0.707E_m$	$\sqrt{2} = 1.414$	$\frac{\pi}{2\sqrt{2}} = 1.11$
3각파		$\frac{E_m}{\sqrt{3}} = 0.577E_m$	$\sqrt{3} = 1.732$	$\frac{\pi}{2\sqrt{3}} = 1.155$

[예제] 정현파 교류 $i = 3.14\ \sin\omega t[\mathrm{A}]$의 평균치를 구하라.

$$I_{av} = \frac{2}{\pi} I_m \text{에서 } I_m = 3.14 \text{이므로}$$

$$I_{av} = \frac{2}{\pi} \times 3.14 = 2[\mathrm{A}]$$

[예제] 최대값이 E_m인 반파정류 정현파의 실효치를 구하라.

$$E = \sqrt{\frac{1}{T}\int_0^T e^2\,dt} = \sqrt{\frac{1}{2\pi}\int_0^\pi e^2\,d(\omega t)}$$

$$= \sqrt{\frac{1}{2\pi}\int_0^\pi E_m^2 \sin^2\omega t\, d(\omega t)}$$

$$= \sqrt{\frac{E_m^2}{2\pi}\int_0^\pi E_m^2 \frac{1-\cos 2\omega t}{2} d(\omega t)} = \frac{E_m}{2}$$

[예제] [그림 3-7]과 같은 구형파의 파고율은 얼마인가?

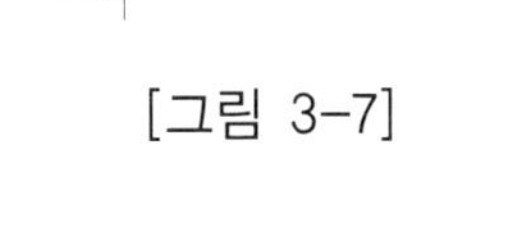

[그림 3-7]

구형파의 실효치, 최대치 및 평균치는 모두 같으므로

$$\text{파고율} = \frac{\text{최대치}}{\text{실효치}} = 1$$

3-6 복소수 표시방법

복소수(complex number)는 정상상태에 대한 교류회로의 기호식 해석법으로써 기하학적인 회전 벡터(페이저)를 대수적으로 다룬다는 점에서 대단히 편리하다. 수에는 크게 실수와 허수가 있고 전기 분야에서 허수는 $\sqrt{-1}$을 단위로 하는 수이다. 수학에서 $\sqrt{-1}$을 i라는 기호로서 표시하지만, 전기 분야에서는 i를 전류의 기호로 사용하므로 i대신 j라는 기호로서 허수단위를 표시한다.

지금 a, b를 각각 정(+)의 실수라고 할 때

$$Z = a + jb, \quad j = \sqrt{-1} \tag{3-16}$$

의 형으로 표시되며, 실수부(real part)와 허수부(imaginary part)의 합으로 구성되는 Z를 '복소수Z'라 한다. 여기에서 a, b는 각각 실수부와 허수부의 크기를 표시하는 것으로,

$$a = Re\{Z\}, \quad b = Im\{Z\} \tag{3-17}$$

로 표현한다.

따라서 복소수 Z는 그림 3-8과 같이 직교좌표축을 포함하는 평면상에서 X축을 실축 a로 하고, Y축을 허축 b로 하는 벡터 $\overline{0Z}$로 표현하며 크기$|Z|$ 및 위상각 θ는,

$$|Z| = r = \sqrt{a^2 + b^2}$$

이다. 여기서 $\theta = \angle Z = \tan^{-1}\dfrac{b}{a}$의 관계가 성립한다. 그러므로 벡터는 복소수의 형식으로 표시할 수 있고 계산도 복소수 계산방법에 따라 대수적으로 할 수 있어서 취급이 간편해진다.

이와 같은 계산방법을 벡터 기호법 또는 복소 계산법이라고 하며

복소수를 표시하는 [그림 3-8]의 평면을 복소평면 또는 가우스 평면(Gauss plane)이라고 한다.

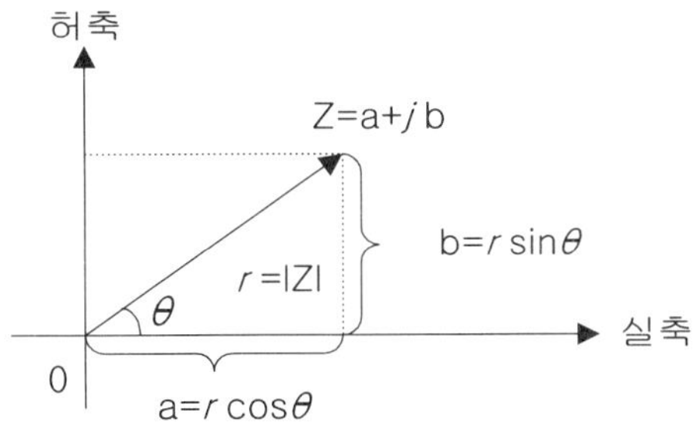

[그림 3-8] 복소수 Z의 표시

1) 직각좌표 표시

[그림 3-8]의 복소평면으로부터 알 수 있는 바와 같이

$$a = r\cos\theta, \qquad b = r sin\theta \tag{3-19}$$

가 되므로 복소수 Z는 다시 다음의 형식으로도 표시할 수 있다.

$$Z = a + jb = r\cos\theta + jr\sin\theta = r(\cos\theta + j\sin\theta) \tag{3-20}$$

이처럼, 복소수를 삼각함수를 써서 표현하는 방법을 복소수의 직각좌표 표시라고 부른다.

2) 지수함수 표시

복소수에 대한 오일러(Euler)의 공식은 다음 식과 같이 지수함수로 정의된다.

$$\epsilon^{\pm j\theta} = \cos\theta \pm j\sin\theta \tag{3-21}$$

따라서 식 3-20에 공식 3-21을 적용하면 복소수 Z는

$$Z = r\epsilon^{j\theta} \tag{3-22}$$

$$Z = a - jb = r(\cos\theta - j\sin\theta) = r\epsilon^{-j\theta} \text{(허수부가 -일 때)} \tag{3-23}$$

이다. 여기에서, $r = \sqrt{a^2 + b^2}$, $\theta = \tan^{-1}\dfrac{b}{a}$ 이며, 이 표시법을 복소수의 지수함수 표시라고 한다.

3) 극좌표 표시

복소수 Z를 절대값 r과 실축과 이루는 반시계방향의 각도 θ를 사용하여

$$Z = r\angle\theta \tag{3-24}$$

로 표시한다. 허수부가 부(-)로 되면 $Z = r\angle -\theta$ 또는 $Z = -r\angle\theta$로 쓴다. 마찬가지로, 지수함수 표현의 $Z\epsilon^{j\theta}$의 $\epsilon^{j\theta}$는 $\angle\theta$로 표시할 수 있으며 이와 같은 표시방법을 극좌표 표시라고 부른다.

[예제] 다음의 복소수를 절대값과 편각을 구하고, 극좌표 표시로 나타내어라.

(a) $Z_1 = 3 + j3$ (b) $Z_2 = -\sqrt{2} + j\sqrt{2}$

(c) $Z_3 = -\sqrt{2} - j\sqrt{2}$

(a) 절대값 : $|Z_1| = \sqrt{3^2 + 3^2} = 3\sqrt{2}$

위상각 : $\theta_1 = \tan^{-1}\left(\dfrac{3}{3}\right) = 45°$ $\therefore 3\sqrt{2}\angle 45°$

(b) 절대값 : $|Z_2| = \sqrt{(-\sqrt{2})^2 + (\sqrt{2})^2} = 2$

위상각 : $\theta_2 = \tan^{-1}\left(\dfrac{\sqrt{2}}{-\sqrt{2}}\right) = 45° + 90° = 135°$

$\therefore 2\angle 135°$

단, 실수부가 부(-), 허수부가 정(+)이므로 제 2상한이 된다.

(c) 절대값 : $|Z_3| = \sqrt{(-\sqrt{2})^2 + (-\sqrt{2})^2} = 2$

위상각 : $\theta_3 = \tan^{-1}\left(\frac{-\sqrt{2}}{-\sqrt{2}}\right) = 45°$

단, 실수부, 허수부가 모두 -1이므로 제 3상한 45° 이다.

따라서, $2\angle 225°$ 또는 $2\angle -135°$ 로 표시된다.

[예제] 다음의 복소수를 복소평면 상에 그려라.

$Z_1 = 20\angle -30°$, $Z_2 = 10 - j10$, $Z_3 = 20\epsilon^{j\frac{\pi}{3}}$

Z_1, Z_2를 복소수 형태로 고치면,

$Z_1 = 20(\cos 30° - j\sin 30°) = 10\sqrt{3} - j10$

$Z_3 = 20\left(\cos\frac{\pi}{3} + j\sin\frac{\pi}{3}\right) = 10 + j10\sqrt{3}$

또, Z_2의 크기 및 위상각은

$|Z_2| = \sqrt{10^2 + 10^2} = 10\sqrt{2}$

$\theta_2 = \tan^{-1}\left(\frac{10}{-10}\right) = 45° + 90° = 135°$

$\therefore Z_2 = 10\sqrt{2}\angle 135° = 10\sqrt{2}\,\epsilon^{j\frac{3}{4}\pi}$으로 그림 3-9와 같다.

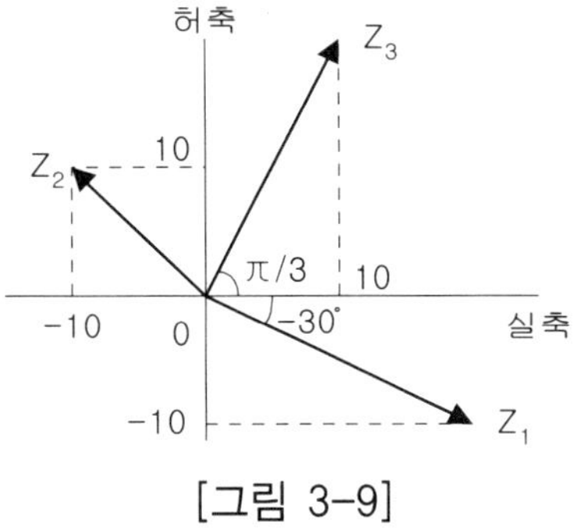

[그림 3-9]

3-7 복소수 사칙연산

$Z_1 = a_1 + jb_1 = r_1\epsilon^{j\theta_1}$, $Z_2 = a_2 + jb_2 = r_2\epsilon^{j\theta_2}$로 표시되는 2개의 복소수가 있을 때 복소수의 가감산은 직각좌표로 표시하고 승제산은 극좌표로 표시하는 것이 편리하다.

1) 복소수의 덧셈

$$Z = Z_1 + Z_2 = a_1 + jb_1 + a_2 + jb_2 \tag{3-25}$$

$$= a_1 + a_2 + j(b_1 + b_2)$$

$$= a + jb$$

그러므로 $a = a_1 + a_2$, $b = b_1 + b_2$ 와 같이 실수는 실수끼리 허수는 허수끼리의 합으로 구한다. 이때의 합 Z는 [그림 3-10]과 같이 각각의 실수부의 합 a와 허수부의 합 b를 2변으로 하는 사변형의 대각선이다. 따라서 크기를 나타내는 절대값 $|Z|$와 X축이 이루는 위상각 θ는 다음식으로 나타낸다.

$$|Z| = \sqrt{(a_1 + a_2)^2 + (b_1 + b_2)^2}, \quad \theta = \tan^{-1}\frac{b_1 + b_2}{a_1 + a_2} \tag{3-26}$$

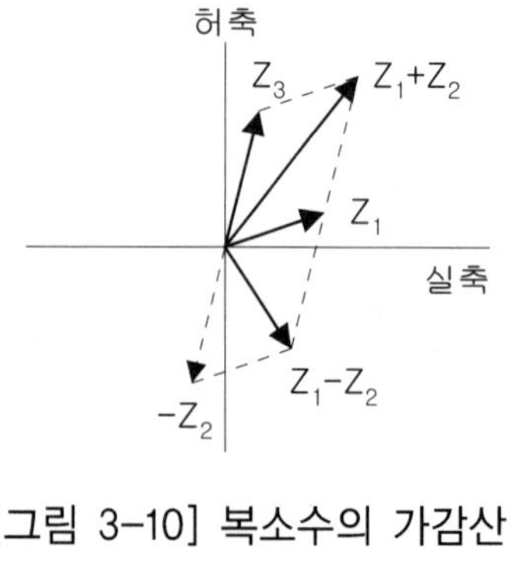

[그림 3-10] 복소수의 가감산

[예제] 절대값이 5이고, 허수축과 30°의 위상각을 갖는 복소수를 구하라. 또 이 복소수보다 위상각이 30°더 큰 복소수를 구하고, 이 들의 합을 구하라.

임의의 복소수 Z는 $Z=a+jb=r(\cos\theta+j\sin\theta)$의 형식으로 표시되므로 $r_1=5$, $\theta_1=30°$라고 하면,

$$a_1=r_1\cos\theta_1=5\cos30°=5(\frac{\sqrt{3}}{2})=4.3$$

$$b_1=r_1\sin\theta_1=5\sin30°=5(\frac{1}{2})=2.5$$

따라서 구하는 복소수 $Z_1=4.3+j\,2.5$로 된다.

다음에 위상각이 30°더 큰 복소수를 Z_2라고 하면,

$$Z_2=a_2+jb_2=2r(\sin\theta_2+j\cos\theta_2)$$

$$r_2=5,\ \theta_2=30°+30°=60°$$

$$a_2=r_2\cos\theta_2=5\cos60°=5(\frac{1}{2})=2.5$$

$$b_2=r_2\sin\theta_2=5\sin60°=5(\frac{\sqrt{3}}{2})=4.3$$

따라서, 구하는 복소수 $Z_2=2.5+j\,4.3$이다. 이들의 합은

$$(a_1+jb_1)+(a_2+jb_2)=(a_1+a_2)+j(b_1+jb_2)=6.8+j6.8$$

절대값 : $r_0=\sqrt{6.8^2+6.8^2}=9.59$

위상각 : $\theta=\tan^{-1}\left(\frac{6.8}{6.8}\right)=45°$

2) 복소수의 뺄셈

$$Z=Z_1-Z_2=a_1+jb_1-(a_2+jb_2)=a_1-a_2+j(b_1-b_2)$$

로 되어 [그림 3-10]에 보인 바와 같이 $Z_1+(-Z_2)$를 연산한 결과와

같아서 절대값 $|Z|$와 위상각 θ는 다음과 같다.

$$|Z| = \sqrt{(a_1 - a_2)^2 + (b_1 - b_2)^2}, \qquad \theta = \tan^{-1}\frac{b_1 - b_2}{a_1 - a_2} \tag{3-28}$$

[예제] 두 개의 복소수 $Z_1 = 20 + j40$, $Z_2 = 15 + j10$이 있다. 합과 차로 얻어지는 복소수의 절대값과 위상각을 각각 구하라.

합과 차의 복소수를 각각 Z' 및 Z''라고 하면,

$Z' = Z_1 + Z_2 = (20 + 15) + j(40 + 10) = 35 + j\,50$

절대값 : $|Z'| = \sqrt{35^2 + 50^2} = 61$

위상각 : $\theta' = \tan^{-1}\left(\frac{50}{35}\right) = 55^\circ$

$Z'' = Z_1 - Z_2 = (20 - 15) + j(40 - 10) = 5 + j30$

절대값 : $|Z''| = \sqrt{5^2 + 30^2} = 30.4$

위상각 : $\theta'' = \tan^{-1}\left(\frac{30}{5}\right) = 80.6^\circ$

3) 복소수의 곱셈

① j 연산자

복소수에서 사용하는 허수 j와 정수 1을 복소수 j평면상에 표시하면 그림 3-11과 같이 된다. 또, 1에 j를 곱하면 대수적으로는 $1 \times j = j$로 된다. 삼각함수 표현으로 물리적 의미를 알아보면

$$j = \cos\frac{\pi}{2} + j\sin\frac{\pi}{2} = 0 + j \tag{3-29}$$

$$1 \times j = 1 \times \left(\cos\frac{\pi}{2} + j\sin\frac{\pi}{2}\right) = 1 \times (0 + j) = j \tag{3-30}$$

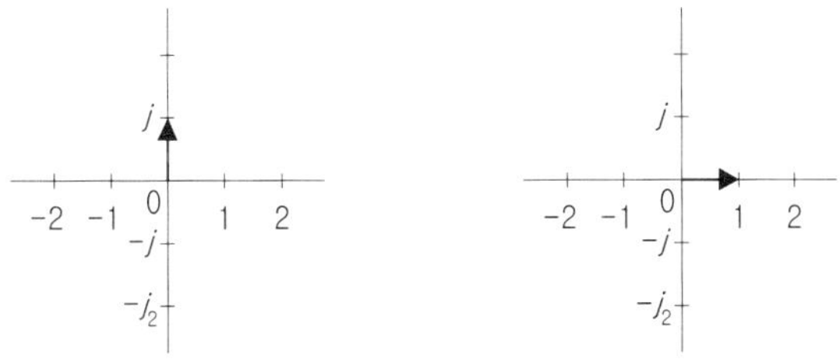

[그림 3-11] 허수j와 정수1의 표현

즉, $1 \times j$는 [그림 3-12]에 보인 바와 같이 복소 평면상의 1을 $\frac{\pi}{2}$ 만큼 반시계방향으로 회전시킨 것이다. 이것은 임의의 복소수에 j를 거듭 곱하면 계속하여 $\frac{\pi}{2}$씩 반시계방향으로 회전하므로 j를 연산자(operator)라고 부른다. j를 거듭 곱셈한 결과는 다음과 같다.

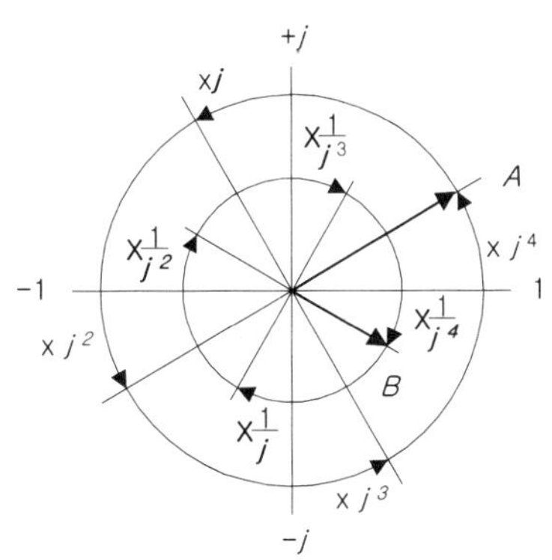

[그림 3-12] 연산자의 작용

$$j = \sqrt{-1} \qquad j^2 = j \times j = -1 \tag{3-31}$$

$$j^3 = j \times j \times j = -j \qquad j^4 = j \times j \times j \times j = 1$$

또한 $\left(\frac{1}{j}\right)$을 거듭 곱셈한 결과는 j로 나누어 준 것과 같은 결과이다.

$$\frac{1}{j}=j^{-1}=-j,\quad \frac{1}{j^2}=-1,\quad \frac{1}{j^3}=j,\quad \frac{1}{j^4}=1 \tag{3-32}$$

② 복소수와 정수의 곱셈

임의의 복소수 Z와 정수 a와의 곱 Z'는

$$Z' = aZ = a|Z|(\cos\theta + j\sin\theta) \tag{3-33}$$

이 된다. 즉, 복소수 Z에 정수 a를 곱하면 [그림 3-13]과 같이 절대값 $|Z|$만을 a배 하는 것으로 위상각은 변하지 않는다.

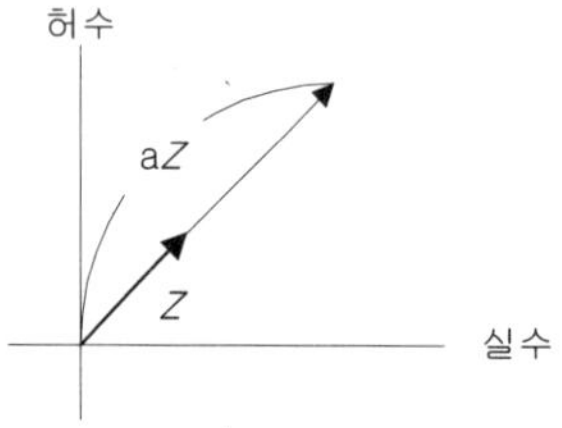

[그림 3-13] 복소수와 정수a의 곱

③ 복소수와 허수의 곱셈

임의의 복소수 Z에 j를 곱한 복소수 Z'는

$$\begin{aligned} Z' &= jZ = j|Z|(\cos\theta + j\sin\theta) \\ &= |Z|(j\cos\theta + j^2\sin\theta) \\ &= |Z|(-\sin\theta + j\cos\theta) \\ &= |Z|(\cos(\theta + \frac{\pi}{2}) + j\sin(\theta + \frac{\pi}{2}) \end{aligned} \tag{3-34}$$

또 이것을 지수함수로 표현하면 다음 식으로 된다.

$$jZ = j(a+jb) = -b+ja = jr\epsilon^{j\theta} = r\epsilon^{j(\theta+\frac{\pi}{2})} \tag{3-35}$$

복소수 Z에 j를 곱하면 절대값은 변하지 않고 위상각만 $\pi/2$만큼 반시계방향으로 회전하여 앞서게 된다. 역으로 j 로 나누면 위상이 $\pi/2$늦어진다. 즉, 오일러의 공식 3-21에 $\theta=\pi/2$를 대입하면

$$\epsilon^{j\frac{\pi}{2}} = \cos\frac{\pi}{2} + j\sin\frac{\pi}{2} = j \tag{3-36}$$

인 관계가 있다.

④ 복소수와 복소수의 곱셈

임의의 복소수끼리 곱셈은 삼각함수를 이용하여 계산할 수 있으나 지수함수를 이용하면 간단히 계산된다.

$$Z = Z_1 Z_2 = r_1\epsilon^{j\theta_1} r_2\epsilon^{j\theta_2} = r_1 r_2 \epsilon^{j(\theta_1+\theta_2)} \tag{3-37}$$

$$|Z_1 Z_2| = r_1 r_2 = |Z_1||Z_2|$$

$$\angle Z_1 Z_2 = \theta_1 + \theta_2 = \angle Z_1 + \angle Z_2 \tag{3-38}$$

즉, 복소수의 곱셈은 [그림 3-14]에 보인 바와 같이 절대값은 각 복소수의 절대값의 곱과 같고, 위상각은 각 복소수의 위상각의 합과 같다.

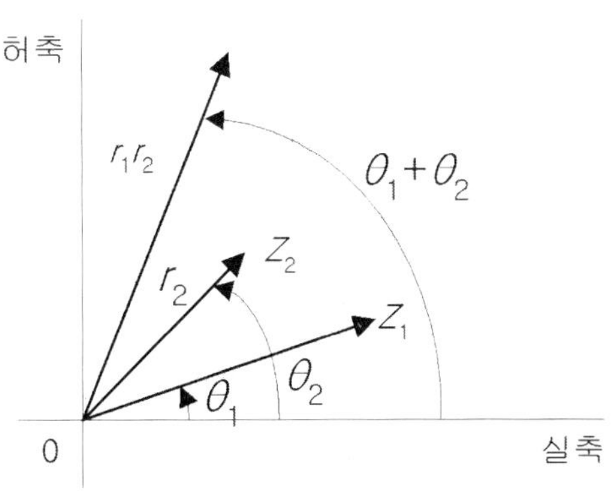

[그림 3-14] 복소수의 곱셈

[예제] $Z_1 = a_1 + jb_1$, $Z_2 = a_2 + jb_2$일 때 $Z = \overline{Z_1 Z_2}$의 실수부와 허수부를 각각 구하라.

$$Z_1 Z_2 = (a_1 + jb_1)(a_2 + jb_2) = a_1 a_2 - b_1 b_2 + j(a_1 b_2 + a_2 b_1)$$

$$\therefore \overline{Z_1 Z_2} = a_1 a_2 - b_1 b_2 - j(a_1 b_2 + a_2 b_1)$$

이로부터

$$\mathrm{Re}\{\overline{Z_1 Z_2}\} = a_1 a_2 - b_1 b_2, \quad \mathrm{Im}\{\overline{Z_1 Z_2}\} = -(a_1 b_2 + a_2 b_1)$$

4) 복소수의 나눗셈

① 공액복소수

복소수 $Z = a + jb$와 $\overline{Z} = a - jb$는 실수와 허수부의 크기는 같으나, 허수부의 부호가 다르다. 이때, $\overline{Z}$를 Z의 공액복소수(conjugate complex number ; 켤레복소수)라고 한다. 공액복소수를 벡터로 나타내면 [그림 3-15]와 같이 실수 축에 대하여 대칭이며 $\overline{Z}$는 다음 식과 같이 표현한다.

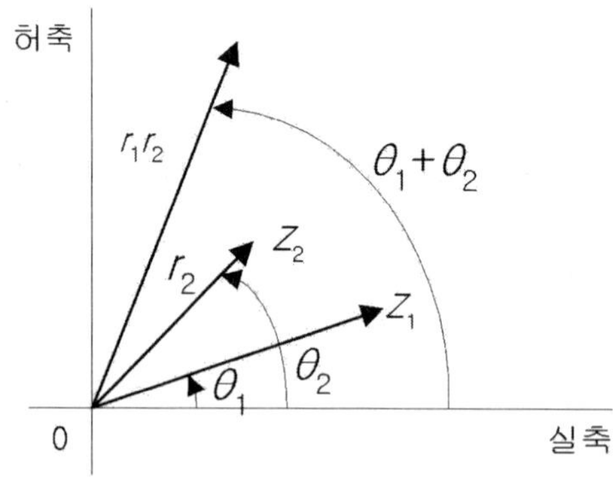

[그림 3-15] 복소수의 가감산

$$\overline{Z} = a - jb = r(\cos\theta - j\sin\theta)$$
$$= r\epsilon^{-j\theta} \qquad (3\text{-}39)$$

② 복소수의 유리화

복소수의 나눗셈은 분모에 허수가 포함되어 있으므로, 대수적으로 계산하기가 곤란하므로 나눗셈을 하기 전에 분모의 복소수를 실수로 변환시킨다. 이를 위해 분모의 복소수 Z와 공액인 복소수 $\overline{Z}$를 분모와 분자에 각각 곱해주어도 등식은 성립한다.

$$\frac{Z_1}{Z_2}=\frac{a_1+jb_1}{a_2+jb_2}=\frac{(a_1+jb_1)(a_2-jb_2)^*}{(a_2+jb_2)(a_2-jb_2)^*} \tag{3-40}$$

$$=\frac{a_1a_2+b_1b_2+j(b_1a_2-a_1b_2)}{a_{2^2}+b_2^2}$$

$$=\frac{r_1\epsilon^{j\theta_1}}{r_2\epsilon^{j\theta_2}}=\frac{r_1}{r_2}\epsilon^{j(\theta_1-\theta_2)}$$

여기서 *는 Z_2의 공액복소수이다. 그러므로

$$\left|\frac{Z_1}{Z_2}\right|=\frac{r_1}{r_2}=\frac{|Z_1|}{|Z_2|}$$

$$\angle\frac{Z_1}{Z_2}=\theta_1-\theta_2=\angle Z_1-\angle Z_2 \tag{3-41}$$

로 됨을 알 수 있다. 복소수의 나눗셈은 그림 3-17과 같이 절대값이 각 복소수의 절대값의 나누기와 같고, 위상각이 분자 복소수의 위상각에서 분모 복소수의 위상각을 뺀 값으로 표시된다.

나눗셈은 식 3-40과 같이 분모의 공액복소수 Z_2를 분모와 분자에 모두 곱하면, 분모로부터 허수부가 제거되어 실수만 남게 되므로 계산이 간편하다. 이 과정을 복소수의 유리화라고 한다.

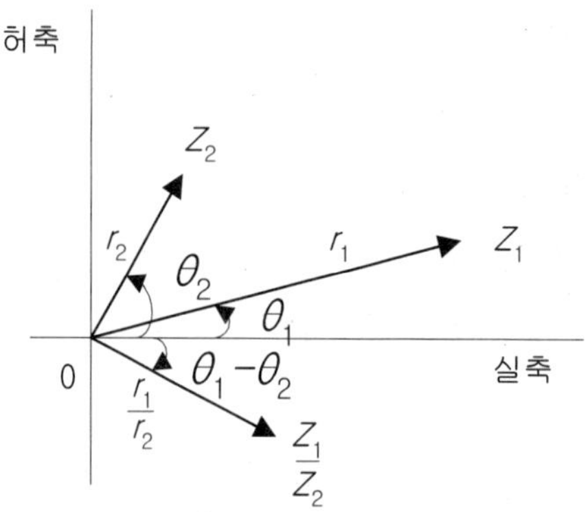

[그림 3-16] 복소수의 나눗셈

[예제] Z_1, Z_2, Z_3가 다음 식으로 주어질 때 $\frac{Z_1 Z_2}{Z_3}$를 구하라.

$$Z_1 = 2(-1-j\sqrt{3}),\quad Z_2 = \epsilon^{j\frac{\pi}{2}},\quad Z_3 = \sqrt{3}+j$$

복소수로 계산하면, $Z_2 = \epsilon^{j\frac{\pi}{2}} = j$이므로,

$$\frac{Z_1 Z_2}{Z_3} = \frac{2(-1-j\sqrt{3})j}{\sqrt{3}+j} = \frac{2(\sqrt{3}-j)(\sqrt{3}-j)}{(\sqrt{3}+j)(\sqrt{3}-j)} = \frac{2(2-j2\sqrt{3})}{4}$$

$$= 1-j\sqrt{3}$$

이다. 또 극좌표 형식으로 구해보면

$$Z_1 = 4^{j\frac{4\pi}{3}},\quad Z_3 = 2\epsilon^{j\frac{\pi}{6}}\text{이므로,}$$

$$\frac{Z_1 Z_2}{Z_3} = \frac{4^{j\frac{4\pi}{3}}\epsilon^{j\frac{\pi}{2}}}{2\epsilon^{j\frac{\pi}{6}}} = 2\epsilon^{j\left(\frac{4}{3}+\frac{1}{2}-\frac{1}{6}\right)\pi} = 2\epsilon^{j\frac{5\pi}{3}}$$

로 되어 복소수로 표시하면 $1-j\sqrt{3}$이 되어 앞의 결과와 일치한다.

3-8 정현파 교류의 합과 차

1) 정현파 교류의 합

정현파 교류의 합을 구하는 방법으로는 [그림 3-18]과 같이 두 가지 방법이 있다. 정현파 교류 전압을 각각

$$e_1 = E_{m1}\sin\theta_1 = \sqrt{2}\,E_1\sin\theta_1$$

$$e_2 = E_{m2}\sin\theta_2 = \sqrt{2}\,E_2\sin\theta_2$$

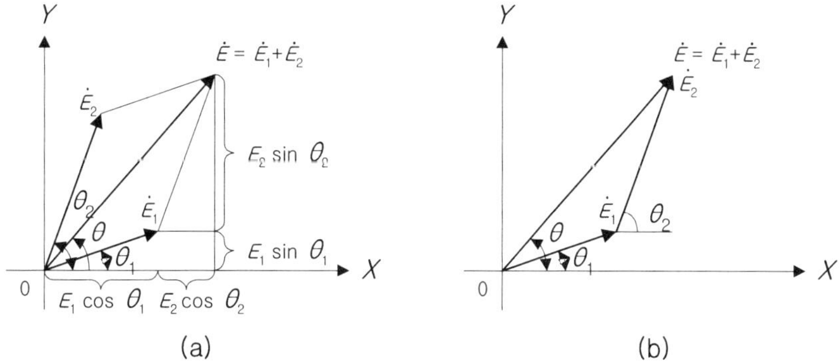

[그림 3-18]

라고 할 때, 전압의 합은

$$e = e_1 + e_2 = \sqrt{2}\,E\sin\theta[\mathrm{V}]$$

이다. 여기서 실효치 E는

$$E = \sqrt{(E_1\cos\theta_1 + E_2\cos\theta_2)^2 + (E_1\sin\theta_1 + E_2\sin\theta_2)^2}$$

$$= \sqrt{E_1^2 + E_2^2 + 2E_1E_2\cos(\theta_1 - \theta_2)}\,[V] \qquad (3\text{-}42)$$

$$\theta = \tan^{-1}\frac{E_1\sin\theta_1 + E_2\sin\theta_2}{E_1\cos\theta_1 + E_2\cos\theta_2}[\mathrm{rad}]$$

2) 정현파 교류의 차

정현파 교류의 차를 구하려면 빼고자 하는 벡터의 반대 방향 벡터를 합하면 되므로 [그림 3-19]에서 E_1벡터에서 E_2벡터를 빼려면 $E = E_1 - E_2 = E_1 + (-E_2)$와 같이 E_2벡터의 반대 방향 벡터인 $-E_2$ 벡터를 E_1벡터에 합하면 된다.

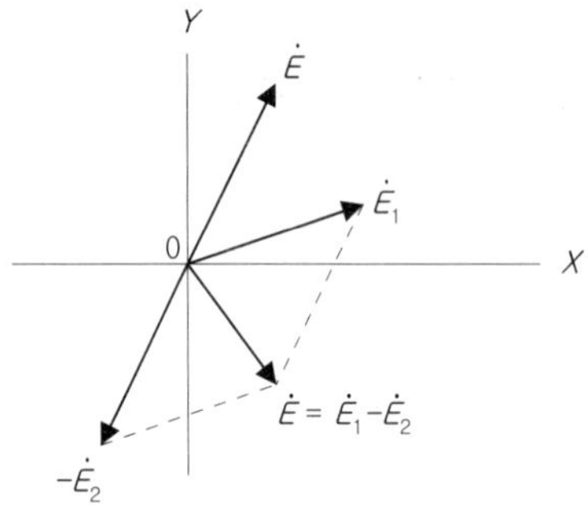

[그림 3-19]

전압의 차를 $e = e_1 - e_2 = \sqrt{2}\,E\sin\theta$라고 할 때 실효치 E는

$$E = \sqrt{(E_1\cos\theta_1 - E_2\cos\theta_2)^2 + (E_1\sin\theta_1 - E_2\sin\theta_2)^2}$$
$$= \sqrt{E_1^2 + E_2^2 - 2E_1E_2\cos(\theta_1 - \theta_2)}\ [V] \qquad (3\text{-}45)$$
$$\theta = \tan^{-1}\frac{E_1\sin\theta_1 - E_2\sin\theta_2}{E_1\cos\theta_1 - E_2\cos\theta_2}\ [\mathrm{rad}]$$

[예제] $e_1 = 50\sqrt{2}\,sin\omega t$, $e_2 = 30\sqrt{2}\,sin(\omega t + 60^\circ)$일 때 e_1과 e_1의 합성전압의 실효치 [V]를 구하라.

$e_1 = 50\sqrt{2}\,sin\omega t$ 의 위상 각 $\theta_1 = 0$

$e_2 = 30\sqrt{2}\,sin(\omega t + 60^\circ)$의 위상 각 $\theta_2 = 60^\circ$

위상차 $\theta = \theta_1 - \theta_2 = 0 - 60° = -60°$

$\cos\theta = \cos(60°) = \frac{1}{2}$

$$\therefore E = \sqrt{E_1^2 + E_2^2 + 2E_1E_2\cos\theta}$$

$$= \sqrt{50^2 + 30^2 + 2 \times 50 \times 30 \times \frac{1}{2}}$$

$$= \sqrt{4900} = 70[V]$$

연습문제

[문제 3-1] 최대치가 10[A], 주파수가 10[Hz], $t=0$에서 순시치가 5[A]인 교류 전류식은?

[문제 3-2] 최대치 1[V]인 정현파 교류 전압의 평균치는 몇 [V]인가?

[문제 3-3] 3각파의 최대치가 1이라면 실효치, 평균치는 각각 얼마인가?

[문제 3-4] $|E_1|=4$[V]인 전압보다 위상이 90°앞선 실효 전압 $|E_2|$ =3[V]인 합성전압의 실효치 $|E|$는?

[문제 3-5] 두 전류의 실효치가 각각 $|I_1| = 5$[A], $|I_2| = 10$[A]이고, I_2가 I_1보다 30° 앞서 있을 때 합성 전류[A]는?

[문제 3-6] 톱니파에서 파형률은?

[문제 3-7] $a + a^2$의 값은? 단, $a_1 = e^{j120}$

[문제 3-8] $v_1 = 10\sin\left(\omega t + \frac{\pi}{3}\right)$[V] 와 $v_2 = 20\sin\left(\omega t + \frac{\pi}{6}\right)$[V] 의 합성 전압의 순시치는 약 몇[V]인가?

[문제 3-9] $v = 200\sin\omega t$[V]이고 $i = 4\sin\left(\omega t - \frac{\pi}{3}\right)$ 일 때 평균전력 [W]은?

제 4 장

기본교류회로

4-1 기본교류회로

1) 저항 회로

[그림 4-1](a)와 같이 저항 R인 회로에 $v = V_m \sin\omega t[\mathrm{V}]$인 전압을 인가하였을 때 흐르는 순시전류는 옴의 법칙에 의하여

$$i = \frac{V_m}{R} sin\omega t[\mathrm{A}]$$
$$= I_m \sin\omega t[\mathrm{A}] \qquad (4\text{-}1)$$

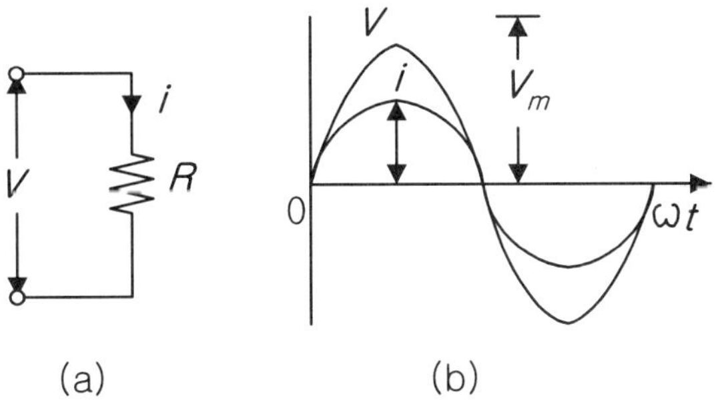

[그림 4-1] 저항회로

단, 전류의 최대치 $I_m = \dfrac{V_m}{R}$으로 된다. 이것을 그림으로 표시하면 [그림 4-1](b)와 같고 v와 i는 동상이다.

이 전압과 전류의 실효치를 [그림 4-2]와 같이 V 및 I라 하면 $V_m = \sqrt{2}\,V$, $I_m = \sqrt{2}\,I$의 관계가 성립하므로

$$\sqrt{2}\,I = \frac{\sqrt{2}\,V}{R} \qquad \therefore\ I = \frac{V}{R} \qquad (4\text{-}2)$$

이며 저항 회로의 전압 V와 전류 I는 동상이다.

$$V = RI \quad \therefore \; R = \frac{V}{I} \tag{4-3}$$

따라서 기호법으로 저항을 취급할 때에는 실수로 한다.

〈표 4-1〉 전압과 전류의 관계

회로방식	방정식	$R[ohm]$	위상	벡터도
저항회로	$v = V_m \sin\omega t$ $i = I_m \sin\omega t$	V/I (또는 V_m/I_m)	v 와 i 는 동상	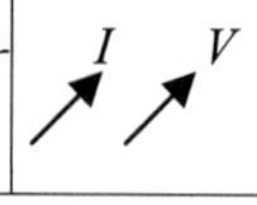

[예제] 저항 $R_1 = 10[\Omega]$, $R_2 = 40[\Omega]$이 직렬로 접속된 회로에 100[V], 60[Hz]의 교류를 인가할 때 이 회로에 흐르는 전류 i 와 R_2 양단의 전압을 구하라.

교류 100[V]는 실효치이므로 전압방정식은

$v = \sqrt{2} \cdot 100\sin\omega t = \sqrt{2} \cdot 100\sin 2\pi \cdot 60t = \sqrt{2} \cdot 100\sin 377t$

가 된다. 따라서 전류 i 는

$$i = \frac{v}{R_1 + R_2} = \frac{\sqrt{2} \cdot 100\sin 377t}{10 + 40} = \sqrt{2} \cdot 2\sin 377t$$

R_2 양단의 전압 v_2 는

$v_2 = R_2 i = 40 \times \sqrt{2} \cdot 2\sin 377t = \sqrt{2} \cdot 80\sin 377t$

전류, 전압의 크기는 실효치이며 실효값 $= \dfrac{\text{최대값}}{\sqrt{2}}$ 이므로

회로전류 $I = \dfrac{\sqrt{2} \cdot 2}{\sqrt{2}} = 2[\text{A}]$

R_2 양단 전압 $V_2 = \dfrac{\sqrt{2} \cdot 80}{\sqrt{2}} = 80[\text{V}]$

가 된다. 이 값은 앞의 순시값 표시식인 I와 v_2로부터 직접 구할 수도 있다.

4-2 유도회로

[그림 4-2](a)와 같이 인덕턴스(inductance) L[H]인 코일로 된 유도 회로에 $i = I_m \sin\omega t$[A]인 정현파 교류가 흐를 때 인덕턴스에 의하여 생기는 전압강하는

$$v = L\frac{di}{dt} = L\frac{d}{dt}(I_m \sin\omega t) = LI_m \frac{dsin\omega t}{dt}$$

$$= LI_m \frac{dsin\omega t}{d\omega t} \cdot \frac{d\omega t}{dt} = \omega LI_m \cos\omega t = \omega LI_m \sin\left(\omega t + \frac{\pi}{2}\right)$$

$$= V_m \sin\left(\omega t + \frac{\pi}{2}\right)[\mathrm{V}] \qquad (4\text{-}4)$$

로 되며, [그림 4-2](b)에 나타난 바와 같이 전압 v의 위상은 전류 i의 위상보다 $\frac{\pi}{2}$[rad]앞선다.

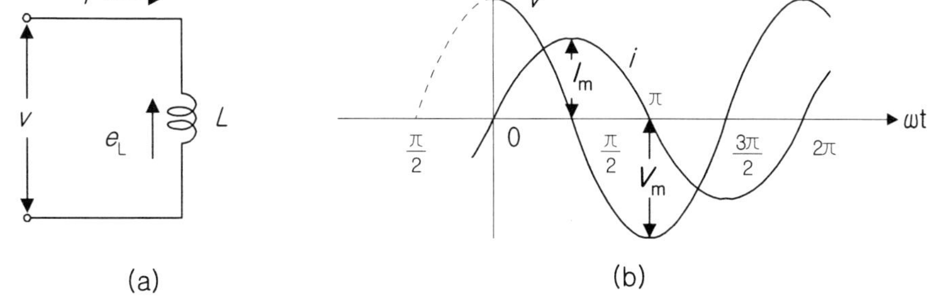

[그림 4-2] 유도회로와 전압, 전류의 파형

전압과 전류의 최대치 및 실효치는 $V_m = \omega L \cdot I_m$, $V = \omega L \cdot I$ 이며 전압과 전류의 최대치 및 실효치의 비는 ωL로 결정된다. 이 ωL을 유도성 리액턴스(inductive reactance)라 하며 X_L로 표시하고 인가되는 교류 전압의 주파수 ω에 따라 저항값이 결정된다. 이 값은 순수한 교류저항이라고 할 수 있으며 단위는 옴$[\Omega]$을 사용한다.

$$X_L = \omega L = 2\pi f L\,[\Omega] \tag{4-6}$$

$$\therefore\ V = X_L \cdot I[\mathrm{V}] \tag{4-7}$$

식 4-6에서 알 수 있는 바와 같이 유도성 리액턴스 X_L은 주파수가 높을수록 그 값이 커진다. 유도회로의 전압과 전류의 관계는 <표 4-2>와 같다.

〈표 4-2〉 전압과 전류의 관계

회로방식	방정식	$X_L = \omega L[\mathrm{ohm}]$	위상	벡터도
유도회로	$v = V_m \sin\left(\omega t + \frac{\pi}{2}\right)$ $i = I_m \sin \omega t$	V/I(또는 V_m / I_m)	i는 v보다 $\frac{\pi}{2}$만큼 뒤짐	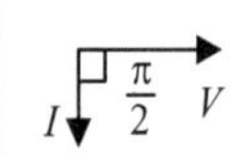

벡터 기호법에서 어느 벡터의 위상을 $\frac{\pi}{2}$[rad]만큼 앞서게 하려면 그 벡터에 회전연산자 j를 곱하면 되므로

$$V = iX_L I = j\omega L I$$

$$\therefore\ \frac{V}{I} = jX_L = j\omega L \tag{4-8}$$

로 표시한다. 기호법으로 유도성 리액턴스를 표시하려면 유도성 리액턴스 X_L에 j를 곱하여 $jX_L(= j\omega L)$이라고 한다.

[예제] 40[mH]인 코일이 있다. 이 코일에 100[V], 60[Hz]의 교류를 인가할 때 코일의 리액턴스 및 전류의 실효치를 구하라.

$$X_L = \omega L = 2\pi f L = 2\times 3.14\times 60\times 40\times 10^{-3} = 15.06[\Omega]$$

$$I = \frac{V}{X_L} = \frac{100}{15.06} = 6.64[\mathrm{A}]$$

[예제] $L = 40$ [mH]의 코일에 $v = \sqrt{2}\cdot 200\sin 100\pi t$[V]의 전압이 인가될 때 이 코일의 리액턴스, 전류의 실효값 및 순시값 표시식을 구하라.

$$X_L = \omega L = 2\pi f L = 2\times 3.14\times 50\times 40\times 10^{-3} = 12.56[\Omega]$$

$$I = \frac{V}{X_L} = \frac{200}{12.56} = 15.92[\mathrm{A}]$$

이 경우 i는 v보다 위상이 $\frac{\pi}{2}$뒤지므로 순시값 표시식은

$$i = \sqrt{2}\cdot 15.92\sin(100\pi t - \frac{\pi}{2})[\mathrm{A}]$$

[예제] 인덕턴스가 큰 초크코일은 직류는 쉽게 통과시키고 교류의 통과는 억제하는 데 사용된다. 60[Hz]이상에서 1,000[Ω]이상의 리액턴스를 가지려면 초크코일의 인덕턴스는 최소한 얼마이어야 하는가?

$X_L = \omega L = 2\pi f L$ 로부터

$$L \geqq \frac{X_L}{2\pi f} = \frac{1000}{2\times 3.14\times 60} = 2.65[\mathrm{H}]$$

4-3 커패시턴스회로

[그림 4-3](a)와 같이 커패시턴스만으로 된 용량성 회로에 정현파 교류 전압 $v = V_m \sin\omega t$[V]을 인가하였을 때 흐르는 전류를 구하면

정전 용량 C에 축적되는 전하 q는

$$q = Cv = CV_m \sin\omega t, \qquad i = \frac{dq}{dt}\text{이므로}$$

$$i = \frac{dq}{dt} = \frac{d(Cv)}{dt} = \frac{d(CV_m \sin\omega t)}{dt} = \frac{d(CV_m \sin\omega t)}{d\omega t} \cdot \frac{d(\omega t)}{dt}$$

$$= \omega CV_m \cos\omega t = \omega CV_m \sin\left(\omega t + \frac{\pi}{2}\right)$$

$$= I_m \sin\left(\omega t + \frac{\pi}{2}\right) \qquad (4\text{-}9)$$

로 되어, [그림 4-3](b)에 나타난 바와 같이 전류 i는 전압 v보다 위상이 $\frac{\pi}{2}$[rad]앞선다. 전압과 전류의 최대치 및 실효치는

$$V_m = \frac{1}{\omega C} I_m \ , \qquad V = \frac{1}{\omega C} I \qquad (4\text{-}10)$$

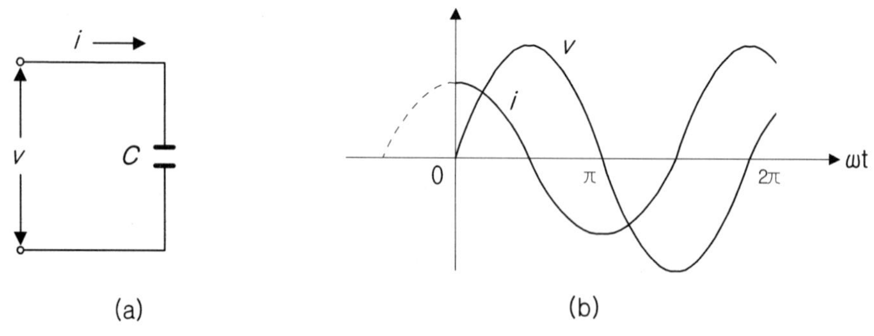

[그림 4-3] 용량회로와 전압, 전류의 파형

이 되며, 이 식으로부터 전압과 전류의 최대치 및 실효치의 비는 $\frac{1}{\omega C}$ 로 결정된다는 것을 알 수 있다.

이 $\frac{1}{\omega C}$을 용량성 리액턴스(capacitive reactance)라 하며 X_C로 표시하고 단위는 옴[Ω]을 사용한다. 따라서

$$X_C = \frac{1}{\omega C} = \frac{1}{2\pi f C}[\Omega]$$

$$\therefore\ V = X_C \cdot I\ [\mathrm{V}] \tag{4-11}$$

식 4-11에서 알 수 있는 바와 같이 용량성 리액턴스는 유도성 리액턴스와는 반대로 주파수가 높아질수록 그 값은 작아지며 용량성 회로의 전압과 전류의 관계는 <표 4-3>과 같다.

〈표 4-3〉 전압과 전류의 관계

회로방식	방정식	$V/I(V_m/I_m)$	위상	벡터도
용량회로	$v = V_m \sin\left(\omega t - \frac{\pi}{2}\right)$ $i = I_m \sin\omega t$	$X_C = -\frac{1}{\omega C}$	i 는 v보다 $\frac{\pi}{2}$ 만큼 앞섬	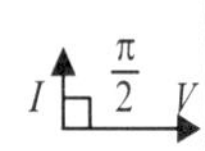

기호법으로 표시하면 식 4-10의 관계로부터 I는 V를 ωC배로 하여 $\frac{\pi}{2}$[rad]앞서게 하면 되므로

$$V = -jX_C I = -j\frac{1}{\omega C}I$$

$$\therefore\ \frac{V}{I} = -jX_C = -j\frac{1}{\omega C} \tag{4-12}$$

로 되므로 벡터 기호법으로 용량성 리액턴스를 표시하려면, 용량성 리

액턴스 X_C에 $-j$를 곱하여 $-jX_C\left(=-j\dfrac{1}{\omega C}\right)$라고 하면 된다.

[예제] 정전용량 0.01 [μF]인 콘덴서가 있다. 이 콘덴서에 100[V], 60[Hz]의 교류 전압을 인가했을 때 리액턴스 및 전류의 실효치를 구하라.

$$X_C = \frac{1}{2\pi fC} = \frac{1}{2\times 3.14\times 60\times 0.01\times 10^{-6}} = 265,392[\Omega]$$

$$\fallingdotseq 265\,[\mathrm{k}\Omega]$$

$$I = \frac{V}{X_C} = \frac{100}{265\times 10^3} \fallingdotseq 0.75\times 10^{-3} = 0.75[\mathrm{mA}]$$

[예제] 100[μF]의 정전용량의 콘덴서에 60[Hz], $V=60-j80$[V]로 나타내는 전압을 인가할 때 흐르는 전류를 구하여라. 또 전압, 전류를 벡터 그림으로 그려라.

$$I = \frac{V}{Z} = \frac{V}{-JX_C} = \frac{V}{-J\dfrac{1}{\omega C}}$$

$$= j\omega CV = j2\pi fCV$$

$$= j2\pi\times 60\times 100\times 10^{-6}\times(60-j80)$$

$$\fallingdotseq 3.016 + j2.262\,[\mathrm{A}]$$

$$\therefore\ I = \sqrt{3.016^2 + 2.262^2} = 3.77[\mathrm{A}]$$

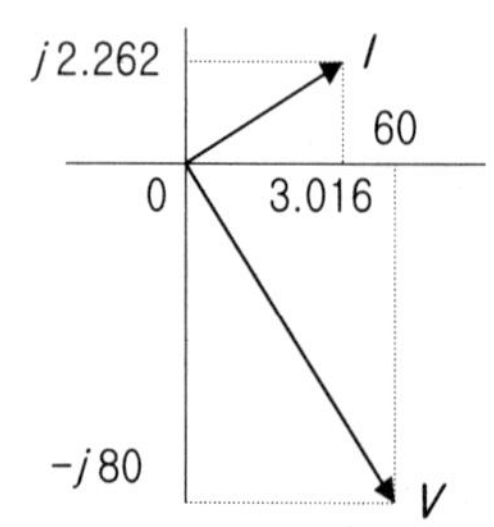

[그림 4-4]

4-4 RL 직렬회로

두 개 이상의 수동소자가 직렬로 접속된 회로에서의 전압과 전류의 관계를 알아보기 위해 [그림 4-5](a)의 회로에 $i = I_m \sin\omega t$[A]의 정현파 전류가 흐르고 있을 때의 단자 전압을 구해보면

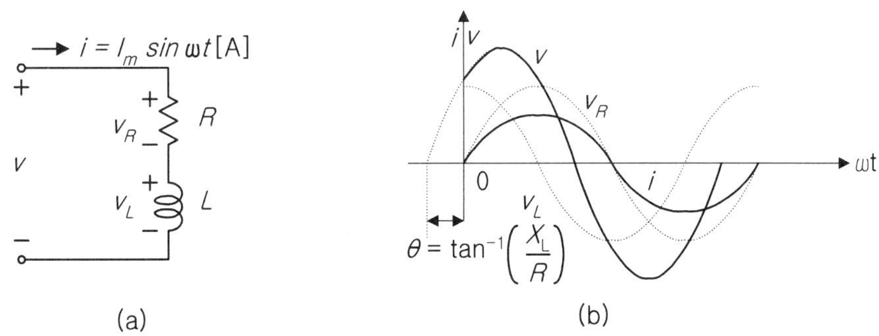

[그림 4-5] RL 직렬회로의 전압, 전류 관계

각 소자의 전류 방향에 대한 전압강하를 각각 v_R, v_L전체 전압강하를 v라 하면

$$v = v_R + v_L \tag{4-13}$$

이며, v_R, v_L은 각각

$$v_R = Ri = RI_m \sin\omega t$$

$$v_L = L\frac{di}{dt} = \omega L I_m \cos\omega t = X_L I_m \cos\omega t$$

이므로 식 4-13은 다음 식으로 쓸 수 있다.

$$v = v_R + v_L = I_m(R\sin\omega t + X_L\cos\omega t) \tag{4-14}$$

식 4-14는 다시 [그림 4-6]과 같은 삼각함수 합성법에 따라 간단히

쓸 수 있다. 즉,

$$v = I_m \sqrt{R^2 + X_L^2}\, sin(\omega t + \theta)[V] \tag{4-15}$$

$$\text{단, } \theta = \tan^{-1}\frac{X_L}{R} = \tan^{-1}\frac{\omega L}{R} \tag{4-16}$$

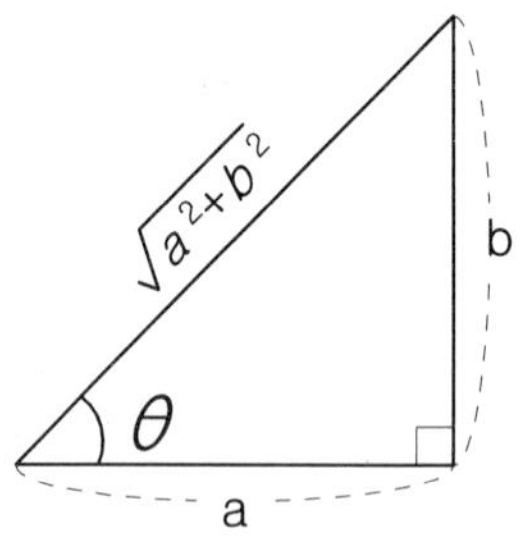

[그림 4-6] 삼각함수 합성법

식 4-15에서 v의 최대값은

$$V_m = \sqrt{R^2 + X_L^2}\, I_m \tag{4-17}$$

이 된다. 이로부터 전체 전압과 전류의 실효값 사이에는 다음 관계가 성립한다.

$$V = \sqrt{R^2 + X_L^2}\, I$$

$$I = \frac{V}{\sqrt{R^2 + X_L^2}} \tag{4-18}$$

[그림 4-5](b)는 이때의 i, v, v_R, v_L사이의 관계이며, 그 특징을 요약해 보면 다음과 같다.

i) v, i 모두 동일 주파수의 정현파이다.

ii) v는 i보다 위상이 $\theta\left(= \tan^{-1}\frac{\omega L}{R}\right)$ 만큼 앞선다.

여기에서 θ는 R과 X_L값에 따라서 결정되며, $0° \leqq \theta \leqq 90°$

의 범위를 갖는다.

$\theta=0°$는 R만이 존재할 때이며, $\theta=90°$는 L만이 존재할 때로 R에 비해 X_L이 클수록 회로는 유도성 회로이다.

ⅲ) v와 i의 최대값 및 실효값의 비는 $\sqrt{R^2+X_L^2}$이다.

여기에서 $\sqrt{R^2+X_L^2}$은 순저항 R과 교류저항 X가 합성되어 이루어진 합성 저항으로 회로의 임피던스(impedance)라 하여 Z로 표시한다. 즉,

$$Z=\sqrt{R^2+X_L^2}\ [\Omega] \tag{4-19}$$

회로 임피던스는 식 4-18과 [그림 4-8]에서 보는 바와 같이 부하에 대한 단자 전압과 부하에 유입되는 전류의 비와 같다.

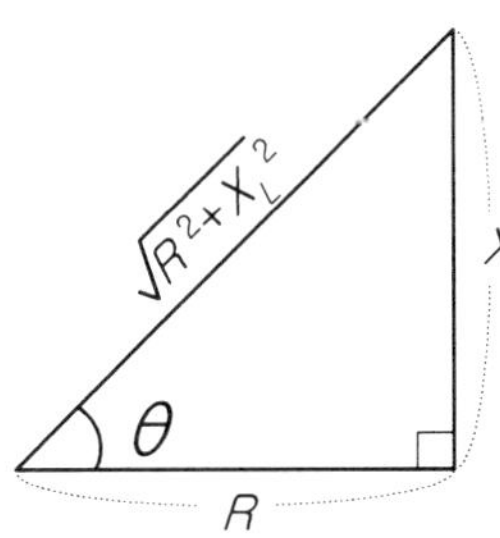

[그림 4-7] RL 직렬회로의 임피던스 삼각도

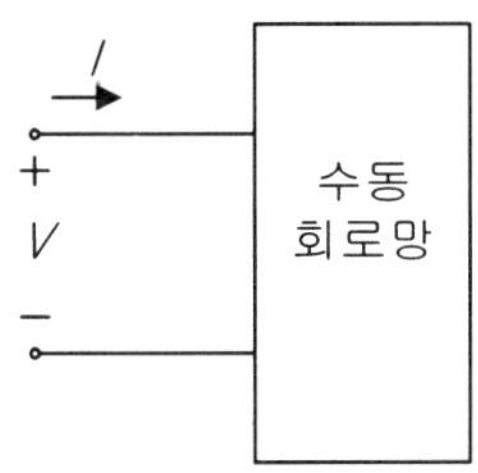

[그림 4-8]

[그림 4-7]은 회로의 임피던스 크기 Z 및 전체 전압과 전류의 위상차 θ를 나타내기 때문에 이와 같은 삼각도를 임피던스 삼각도라 하며 회로를 해석할 때 매우 유용하게 쓰인다.

이상을 정리해 보면 임피던스의 크기 Z 및 임피던스 각 θ는 각각

$$Z=\frac{V_m}{I_m}=\frac{V}{I}=\sqrt{R^2+X_L^2} \tag{4-19}$$

$$V_m=ZI_m,\quad V=ZI$$

$$\theta = (\text{전압의 위상}) - (\text{전류의 위상}) = \tan^{-1}\frac{X_L}{R} \qquad (4\text{-}20)$$

으로 식 4-19는 합성 회로의 옴의 법칙이라 할 수 있으며 임피던스 각은 반드시 전압의 위상에서 전류의 위상을 뺀 각을 나타낸다.

어드미턴스는 임피던스의 역 개념으로 임피던스 Z가 전류의 흐름을 저해한다는 저항 R과 유사한 개념임에 비해 어드미턴스 Y는 전류의 흐름을 허용한다는 의미로서 컨덕턴스 G와 유사한 의미이다.

[예제] 저항 10[Ω], 유도 리액턴스 $10\sqrt{3}$[Ω]인 직렬회로에 교류 전압을 인가할 때 전압과 이 회로에 흐르는 전류와의 위상차는 몇 도인가?

임피던스 $Z = R + jX_L$이므로 임피던스 삼각형에 의하여

$$\therefore \theta = \tan^{-1}\frac{X_L}{R} = \tan^{-1}\frac{10\sqrt{3}}{10} = \tan^{-1}\sqrt{3} = 60°$$

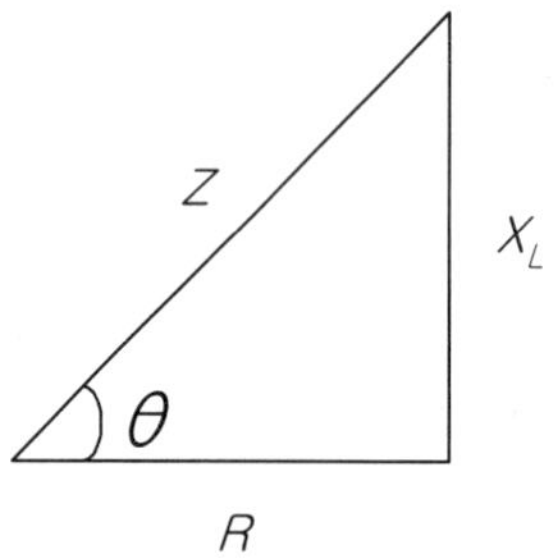

[그림 4-9]

[예제] RL 직렬회로에 10[V]의 교류 전압을 인가하였을 때 저항에 걸리는 전압이 8[V]라면 인덕턴스에 유기되는 전압은 몇 [V]인가?

$V = 10$ [V], $V_R = 8$[V]이므로

$V_R = IR, \ V_L = j\omega LI$

$V = V_R + V_L = IR + j\omega LI = I(R + j\omega L)$

$$\therefore\ V = \sqrt{V_R^2 + V_L^2}$$

따라서 V_L은

$$V_L = \sqrt{V_R^2 - V_L^2} = \sqrt{10^2 - 8^2} = \sqrt{100 - 64}$$

$$= \sqrt{36} = 6[V]$$

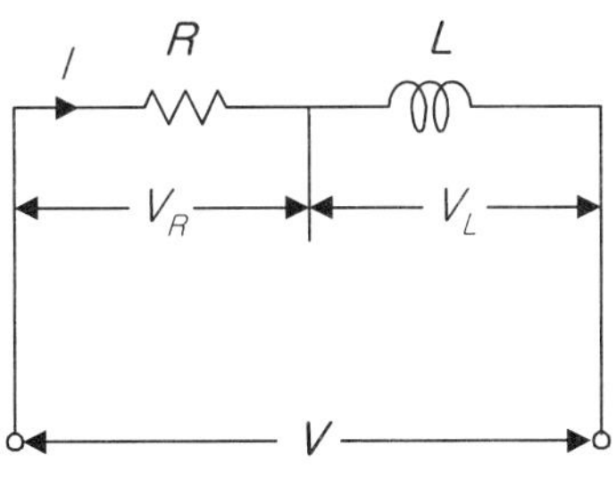

[그림 4-10]

4-5 RC 직렬회로

[그림 4-11](a)와 같은 $R-C$ 직렬회로에 $i = I_m \sin\omega t$[A]의 전류가 흐르고 있을 때 단자 전압 v는

$$v = v_R + v_C \qquad (4\text{-}21)$$

v_R, v_C는 각각

$$v_R = RI_m \sin\omega t$$

$$v_C = \frac{1}{C}\int i\,dt = -\frac{1}{\omega C} I_m \cos\omega t = X_C I_m \cos\omega t$$

이므로, 식 4-21은

$$v = v_R + v_C = RI_m \sin\omega t + X_C I_m \cos\omega t$$

$$= I_m (R sin\omega t + X_C \cos\omega t)$$

$$= I_m \sqrt{R^2 + X_C^2}\, sin(\omega t + \theta)[V] \quad (4\text{-}22)$$

$$단, \theta = \tan^{-1}\frac{X_C}{R} = \tan^{-1}\frac{-\frac{1}{\omega C}}{R} = -\tan^{-1}\frac{1}{R\omega C} \quad (4\text{-}23)$$

이때의 i, v, v_R, v_C 사이의 관계는 [그림 4-11](b)와 같다.

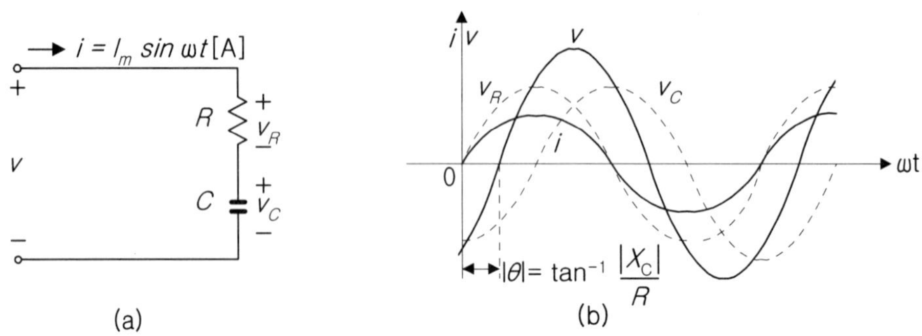

[그림 4-11] RC 직렬회로의 전압, 전류 관계

또한 식 4-22에서 v의 최대값을 V_m이라 하면,

$$V_m = \sqrt{R^2 + X_C^2}\, I_m \quad (4\text{-}24)$$

이 되며 이로부터 전압, 전류의 실효값 사이에는 다음 관계가 성립한다.

$$V = \sqrt{R^2 + X_C^2}\, I$$

$$I = \frac{V}{\sqrt{R^2 + X_C^2}} \quad (4\text{-}25)$$

회로 전체에 대한 임피던스 Z는 식 4-24, 식 4-25로부터

$$Z = \sqrt{R^2 + X_L^2} = \sqrt{R^2 + (-\frac{1}{\omega C})^2} \quad (4\text{-}26)$$

이 된다. 임피던스 각 θ의 부호는 부(-)가 된다. 따라서 임피던스 삼각도는 [그림 4-12]와 같이 나타내어지며 전압이 전류보다 위상이 $|\theta|$만큼 뒤지게 된다. 이때 θ의 범위는 $-90^\circ \leqq \theta \leqq 0^\circ$이다.

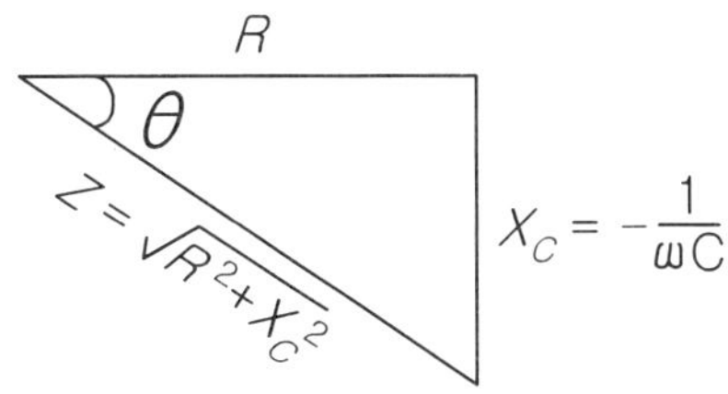

[그림 4-12] RC 직렬회로의 임피던스 삼각도

여기서 $\theta=0^\circ$는 R만의 회로를, $\theta=-90^\circ$는 C만의 회로를 의미한다. 따라서 R에 비해 X_C의 크기가 클수록 회로는 용량성 회로가 된다.

[예제] $R=50[\Omega]$, $C=10[\mu\text{F}]$ 의 직렬회로에 200[V], 60[Hz]의 교류 전압을 인가할 때의 임피던스를 구하여라.

$$Z=\sqrt{R^2+\left(-\frac{1}{\omega C}\right)^2}=\sqrt{50^2+\left(\frac{1}{2\times 3.14\times 60\times 10\times 10^{-6}}\right)^2}$$

$$=270.06[\Omega]$$

4-6 RLC 직렬회로

[그림 4-13]과 같은 RLC 직렬회로에 $i=I_m\sin\omega t$의 정현파 전류가 흐르고 있을 때 전체 전압강하 v는

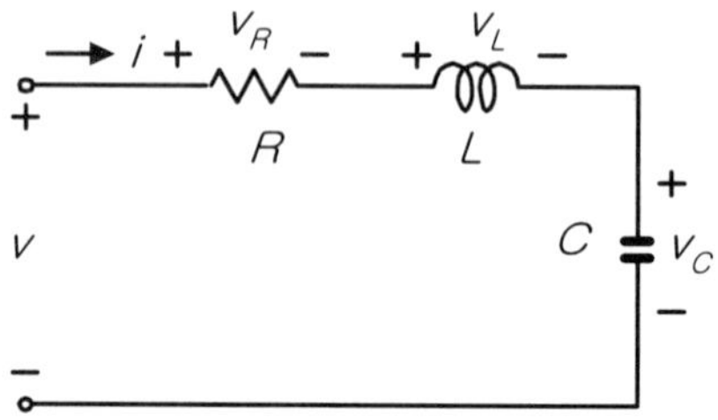

[그림 4-13] RLC 직렬회로

$$
\begin{aligned}
v &= v_R + v_L + v_C \\
&= Ri + L\frac{di}{dt} + \frac{1}{C}\int idt \\
&= RI_m \sin\omega t + X_L I_m \sin(\omega t + 90°) - X_C I_m \sin(\omega t - 90°) \\
&= RI_m \sin\omega t + X_L I_m \cos\omega t + X_C I_m \cos\omega t \\
&= I_m\{R\sin\omega t + (X_L + X_C)\cos\omega t\} \qquad (4\text{-}27)
\end{aligned}
$$

여기서 $X_L + X_C$를 합성 리액턴스 X라하면

$$X = X_L + X_c = \omega L - \frac{1}{\omega C} \qquad (4\text{-}28)$$

이다.

$$v = I_m\{R\sin\omega t + Xcos\omega t\} = I_m\sqrt{R^2 + X_C^2}\, sin(\omega t + \theta) \qquad (4\text{-}29)$$

$$\text{단,}\theta = \tan^{-1}\frac{X}{R} = -\tan\frac{X_L + X_C}{R} = \tan^{-1}\frac{\omega L - \frac{1}{\omega C}}{R} \qquad (4\text{-}30)$$

이므로 $I_m\sqrt{R^2 + X^2}$은 역시 최대값 전압이 된다. 즉,

$$V_m = \sqrt{R^2 + X^2}\, I_m \qquad (4\text{-}31)$$

이로부터 전압, 전류의 실효값 사이에는

$$V = \sqrt{R^2 + X^2}\, I \qquad I = \frac{V}{\sqrt{R^2 + X^2}} \tag{4-32}$$

인 관계가 성립되며, 회로 전체에 대한 임피던스의 크기 Z는

$$Z = \sqrt{R^2 + X^2} = \sqrt{R^2 + (X_L + X_C)^2} = \sqrt{R^2 + \left(\omega L - \frac{1}{\omega C}\right)^2} \tag{4-33}$$

이다. 이 경우의 임피던스 각 θ의 부호는 합성 리액턴스 X의 부호에 따라 결정된다. 이를 구분해 보면

i) $X = \omega L - \dfrac{1}{\omega C} > 0$ 즉, $\omega L > \dfrac{1}{\omega C}$인 경우

임피던스 삼각도는 [그림 4-14](a)와 같으며 임피던스 각 θ의 부호는 정(+)가 되어 회로는 유도성(전압의 위상이 전류보다 앞섬)을 보인다.

ii) $X = \omega L - \dfrac{1}{\omega C} < 0$ 즉, $\omega L < \dfrac{1}{\omega C}$인 경우

임피던스 삼각도는 [그림 4-14](b)와 같으며 임피던스 각 θ의 부호는 부(-)가 되어 회로는 용량성(전류의 위상이 전압보다 앞섬)을 보인다.

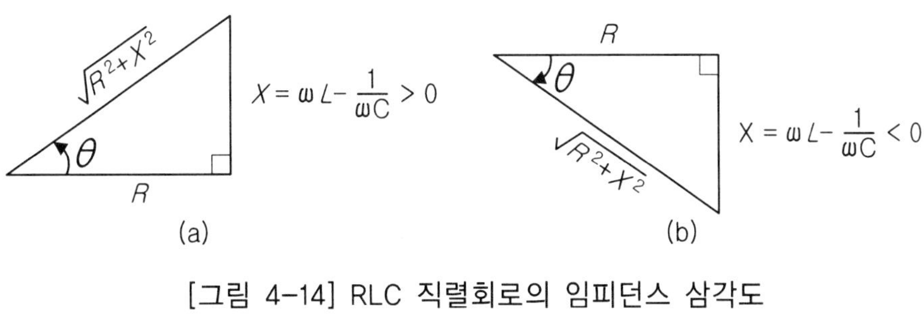

[그림 4-14] RLC 직렬회로의 임피던스 삼각도

iii) $X = \omega L - \dfrac{1}{\omega C} = 0$ 즉, $\omega L = \dfrac{1}{\omega C}$인 경우

X_L과 X_C가 상쇄되어 합성 리액턴스는 $X=0$이 되기 때문에 임피던스 삼각도를 그릴 수 없으며 이는 전압과 전류의 위상차가 없는 동상이다. 이 경우에 회로의 임피던스가 $Z=\sqrt{R^2+X^2}=R$이 되어 회로는 순저항 R만의 회로가 된다. 이같이 리액턴스 성분이 0이 되어 전압과 전류가 동상이 되는 것을 공진(resonance)이라 한다.

[예제] $R=100[\Omega]$, $L=25.3[\text{mH}]$, $C=100[\mu\text{F}]$인 RLC 직렬회로에 $v=\sqrt{2}\cdot 200\sin 628t[\text{V}]$인 전압이 인가될 때 회로 임피던스의 크기, 임피던스 각 회로 전류의 순시값 표시식을 구하라.

1) $\omega=2\pi f=628[\text{rad/s}]$로부터 $f=100[\text{Hz}]$이므로 유도 리액턴스와 용량 리액턴스는 각각

$$X_L=\omega L=628\times 25.3\times 10^{-3}\fallingdotseq 15.9[\Omega]$$

$$X_C=-\frac{1}{\omega C}=-\frac{1}{628\times 100\times 10^{-6}}\fallingdotseq 15.9[\Omega]$$

이므로 리액턴스는 $X=X_L+X_C=0$ 이 되어 회로 임피던스의 크기 $Z=\sqrt{R^2+X^2}=R=100[\Omega]$이다.

2) $X=0$이므로 임피던스 각은 $\theta=\tan^{-1}\frac{X}{R}=0°$이다.

3) 회로 전류의 크기가 $I=\frac{V}{Z}=\frac{200}{100}=2[\text{A}]$이며, 전압과 전류간에 위상차가 없으므로 순시값은 $i=\sqrt{2}\cdot 2\sin 628t[\text{A}]$이다.

[예제] $R=10[\Omega]$, $L=20[\text{mH}]$, $C=100[\mu\text{F}]$인 RLC 직렬회로에 $v=\sqrt{2}\cdot 100\sin 100\pi t[\text{V}]$인 전압이 인가되었을 때 회로 전류 및 이의 순시값을 구하라.

$$X_L = \omega L = 100\pi \times 20 \times 10^{-3} \fallingdotseq 6.28[\Omega]$$

$$X_C = -\frac{1}{\omega C} = -\frac{1}{100\pi \times 100 \times 10^{-6}} = -\frac{100}{\pi} \fallingdotseq -31.8[\Omega]$$

이므로 회로 리액턴스는

$X = X_L + X_C = 6.28 - 31.8 \fallingdotseq -25.5[\Omega]$(용량성)이다.

이로부터 임피던스의 크기는 및 각은

$$Z = \sqrt{R^2 + X^2} = \sqrt{10^2 + (-25.5)^2} \fallingdotseq 27.4\ [\Omega]$$

$$\theta = \tan^{-1}\frac{X_C}{R} = \tan^{-1}\left(\frac{-25.5}{10}\right) = -68.6°$$

따라서 회로전류의 크기와 순시값 표시식은

$$I = \frac{V}{Z} = \frac{100}{27.4} \fallingdotseq 3.65[\mathrm{A}]$$

$$i = \sqrt{2} \cdot 3.65\sin(100\pi t + 68.6°)[\mathrm{A}]$$

4-7 공진회로

1) 일반적인 직렬 공진

[그림 4-15]와 같이 RLC를 직렬 접속한 회로의 임피던스 Z는

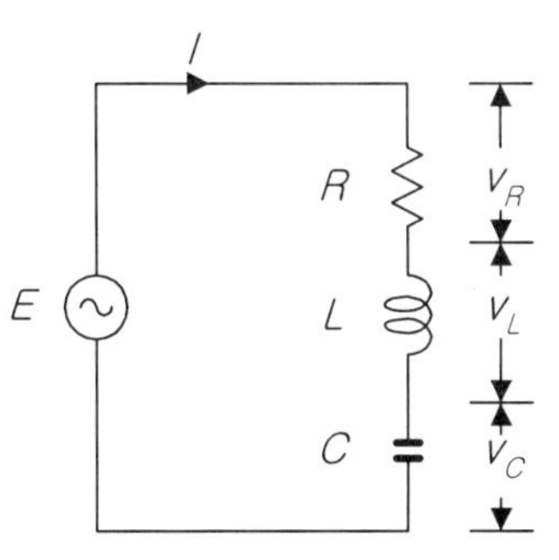

[그림 4-15] RLC 직렬회로

$$Z = R + j\left(\omega L - \frac{1}{\omega C}\right)$$

$$= \sqrt{R^2 + \left(\omega L - \frac{1}{\omega C}\right)^2} \qquad \theta = \tan^{-1}\frac{\left(\omega L - \frac{1}{\omega C}\right)}{R} \tag{4-34}$$

로 된다. 각 주파수 ω를 0에서 ∞까지 변화시키면, 리액턴스 $X = \omega L - \dfrac{1}{\omega C}$는 [그림 4-16]과 같이 -∞로부터 +∞까지 변화하므로 임피던스 Z의 궤적은 [그림 4-17]과 같이 허수축에 평행한 직선이다. 여기에서 리액턴스 X가 0으로 되는 각 주파수 ω_0는

$$X = \omega_0 L - \frac{1}{\omega C} = 0 \qquad \therefore\ \omega_0 = \frac{1}{\sqrt{LC}} \tag{4-35}$$

이므로, 이 ω_0를 공진 각주파수라고 한다. 만약 이 회로에 전압 E를 가하면, 전류 I는

$$I = \frac{E}{R + j\left(\omega L - \frac{1}{\omega C}\right)} = \frac{E}{\sqrt{R^2 + \left(\omega L - \frac{1}{\omega C}\right)^2}} \tag{4-36}$$

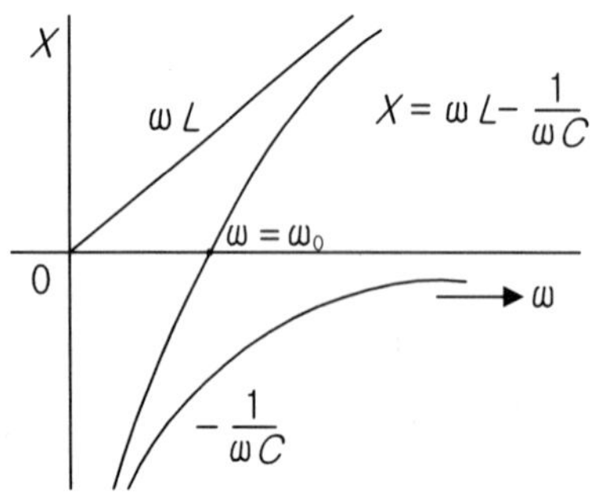

[그림 4-16] 주파수 특성

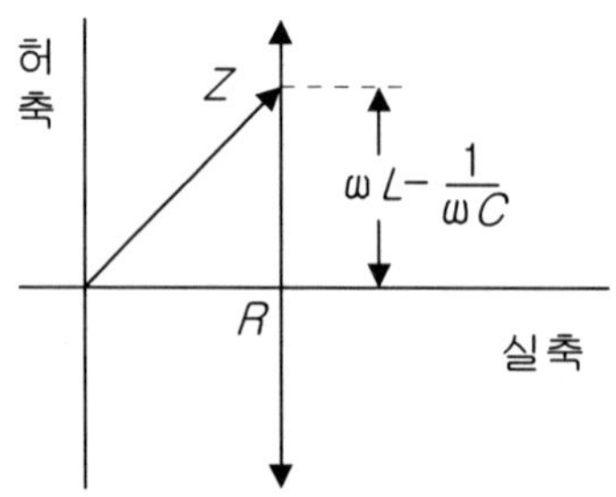

[그림 4-17] 임피던스 궤적

로 된다. 각 주파수 ω와 전류의 실효값 $|I|$와의 관계를 그림으로 그리면 [그림 4-18]과 같이 변화한다. 이 그림을 공진 곡선이라 하며 공진시에는 임피던스가 최소로 되므로 이때의 전류 I_0는 최대로 된다.

$$I_0 = \frac{E}{R} \tag{4-37}$$

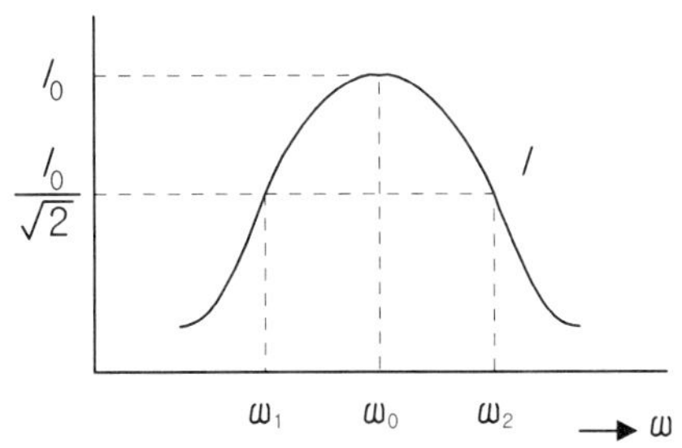

[그림 4-18] 공진곡선

공진시의 전류 I_0와 각 주파수 ω일 때 전류의 실효값$|I|$와의 비를 구하려면 공진시의 관계식 4-35를 사용하여

$$\frac{|I|}{I_0} = \frac{R}{\sqrt{R^2+\left(\omega L-\dfrac{1}{\omega C}\right)^2}} = \frac{1}{1+\left(\dfrac{\omega_0 L}{R}\right)^2\left(\dfrac{\omega}{\omega_0}-\dfrac{\omega_0}{\omega}\right)^2} \tag{4-38}$$

로 쓸 수 있다. 여기에서 $|I| = \dfrac{I_0}{\sqrt{2}}$로 될 때의 각 주파수는,

$$\frac{\omega_0 L}{R}\left(\frac{\omega}{\omega_0}-\frac{\omega_0}{\omega}\right) = \pm 1 \tag{4-39}$$

을 만족해야 하므로 이것을 각각 ω_1, ω_2라고 하면 식 4-39로부터

$$\omega_1 = \frac{1}{2} - \left(\frac{R}{L} + \sqrt{\left(\frac{R}{L}\right)^2 + 4\omega_0^2}\right)$$

$$\omega_2 = \frac{1}{2}(\frac{R}{L} + \sqrt{(\frac{R}{L})^2 + 4\omega_0^2}) \tag{4-40}$$

$$\omega_1\omega_2 = \omega_0^2, \qquad \omega_2 - \omega_1 = \frac{R}{L} \tag{4-41}$$

이 된다. 이로부터 다음의 관계가 성립한다.

$$Q = \frac{\omega_0}{\omega_2 - \omega_1} = \frac{\omega_0 L}{R} = \frac{1}{\omega_0 CR} \tag{4-42}$$

여기에서 정의되는 Q는 양호도(quality factor)라 하며 공진 곡선의 뾰쪽한 정도를 나타낸다. 또 f_1를 저역 차단주파수, f_2를 고역 차단주파수라고 하며, $\Delta f = f_2 - f_1$을 대역폭이라고 한다.

공진시의 R, L, C의 단자전압 V_R, V_L, V_C는 각각 식 4-39, 4-42로부터

$$V_R = RI_0 = E \tag{4-43}$$

$$V_L = j\omega_0 LI_0 = j\omega_0 \leq /R = jQE \tag{4-44}$$

$$V_C = I_0/j\omega_0 C = E/j\omega_0 CR = -jQE \tag{4-45}$$

이 된다. 공전시의 V_L과 V_C는 역 위상이므로 $V_L + V_C = 0$으로 되나 각 실효값 $|V_L|$, $|V_C|$는 가해주는 전원 전압보다도 Q배 큰 전압을 얻을 수 있다. Q를 전압 확대율이라고도 부른다.

[예제] $R = 4[\text{ohm}]$, $L = 1.6[\text{mH}]$, $C = 4[\mu\text{F}]$의 직렬회로에서 공진각주파수 ω_0와 양호도 Q를 구하라. 또 이 회로의 전원 전압 $E = 100[\text{V}]$일 때 커패시턴스 C의 양단전압 $|V_C|$를 구하라.

식 4-35에 의해 공진각 주파수는

$$\omega_0=\frac{1}{\sqrt{LC}}=\frac{1}{\sqrt{1.6\times10^{-3}\times4\times10^{-6}}}=12.5[\mathrm{rad/s}]$$

또 식 4-42에 의해

$$Q=\frac{\omega_0 L}{R}=\frac{12.5\times10^{3}\times1.6\times10^{-3}}{4}=5$$

따라서 커패시턴스의 단자전압 $|V_C|$는 식 4-45로부터

$|V_C|=QE=5\times100=500[\mathrm{V}]$이다.

2) RLC 병렬회로

[그림 4-19](a)와 같이 RLC소자를 병렬로 접속하고 교류 전압 V를 가했을 때, 각각 흐르는 전류를 I_R, I_L, I_C라 하면

$$I_R=\frac{V}{R},\quad I_L=\frac{V}{j}\omega L,\quad I_C=\frac{V}{-j\frac{i}{\omega}C}=j\omega LV$$

가 된다.

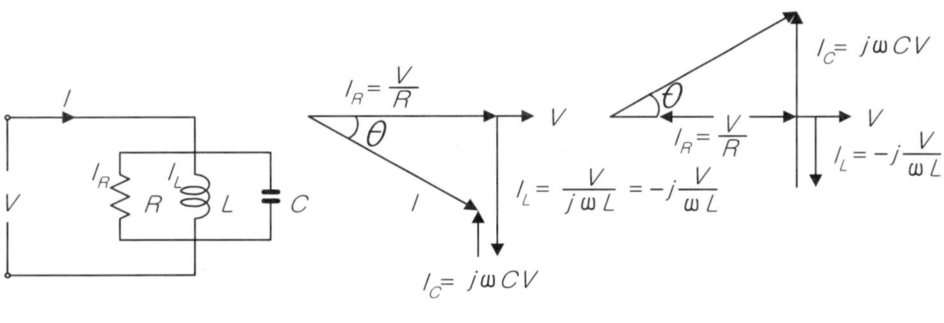

[그림 4-19] RLC 병렬회로

따라서 전 전류 I는

$$I=I_R+I_L+I_C$$

$$=\frac{V}{R}+\frac{V}{j\omega L}+\frac{V}{-j\frac{1}{\omega C}}=V\left(\frac{1}{R}+\frac{1}{j\omega L}+\frac{1}{-j\frac{1}{\omega C}}\right)$$

$$\therefore I = \frac{V}{\dfrac{1}{\dfrac{1}{R} - j\left(\dfrac{1}{\omega L} - \omega C\right)}} = \frac{V}{Z}\,[\mathrm{A}] \tag{4-46}$$

$$\text{단,} \quad Z = \frac{1}{\dfrac{1}{R} - j\left(\dfrac{1}{\omega L} - \omega C\right)}\,[\Omega]$$

[그림 4-19](b), (c)는 전압 V를 기준 벡터로 하여 전류 I를 나타낸 다.

일반적으로 임피던스 Z의 역수 Y를 어드미턴스(admittance)라 하고 단위로는 [℧ : moh]를 사용한다. 또한, 벡터 임피던스 Z의 역수 Y는 역시 벡터형이 되므로 특히 벡터 어드미턴스 또는, 어드미턴스라 한다. 식 4-46을 벡터 어드미턴스를 사용하면

$$I = \left\{\frac{1}{R} - j\left(\frac{1}{\omega L} - \omega C\right)\right\} V = \frac{V}{Z} = YV$$

$$Y = \frac{1}{Z} = \frac{1}{R} - j\left(\frac{1}{\omega L} - \omega C\right) \tag{4-47}$$

일반적으로 벡터 어드미턴스가 $Y = G + jB$ 로 표시될 때, 실수부 G를 콘덕턴스(conductance), 허수부 B를 서셉턴스(susceptance)라 한다. 식 4-46의 전류 I에 대해서는

$\dfrac{1}{\omega L} > \omega C,\quad \omega L < \dfrac{1}{\omega C}$일 때 : 유도성 회로로 뒤진 전류

$\dfrac{1}{\omega L} < \omega C,\quad \omega L > \dfrac{1}{\omega C}$일 때 : 용량성 회로로 앞선 전류

$\dfrac{1}{\omega L} = \omega C$일 때 : 병렬공진 상태로 전압과 전류는 동상이다.

3) 이상적인 병렬공진

[그림 4-20](a)와 같이 LC 병렬회로에 교류 전압 V를 가했을 때

흐르는 전류를 I, 회로의 전류를 I_L, I_C라 하면

$$I = I_L + I_C = \frac{V}{j\omega L} + j\omega CV$$

$$= j\left(\omega C - \frac{1}{\omega L}\right)V = YV$$

$$\therefore\ I = \left(\omega C - \frac{1}{\omega L}\right)V$$

로 된다. 만일, $\omega C = \frac{1}{\omega L}$이라면 어드미턴스 $Y=0$이며, 임피던스 $Z = \frac{1}{Y}$는 무한대가 되어 합성 전류 I는 0이 된다. 전류 I가 0이 되는 것은 병렬공진 때로, 그림 (c)와 같이 I_C와 I_L은 그 절대값이 같고 위상이 정반대이므로 상쇄되어 0이 된다. 이것은 또 그림 (a)의 I_C에 대하여 그림 (b)와 같은 전류의 정방향을 반대로 하여 I_C'라 하면 그림 (d)와 같이 $I_C = I_C'$로 되어 그림 (b)와 같이 I_L의 전류가 순환될 뿐이고, 전원으로부터 전류 I는 공급되지 않는다.

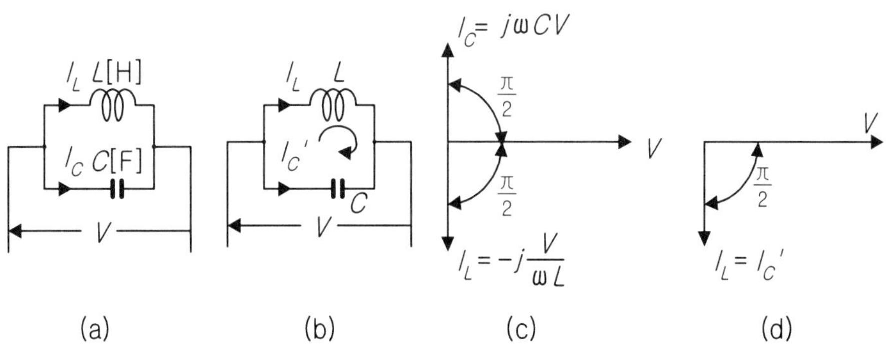

[그림 4-20]

이때의 LC 병렬공진회로를 탱크 회로 또는 반공진(anti resonance)이라 한다. 반공진 때의 공진 각주파수를 ω, 주파수를 f_r 이라면

$\omega_r C = \dfrac{1}{\omega_r L}$의 관계로부터

$$\omega_r = \frac{1}{\sqrt{LC}}, \quad f_r = \frac{1}{2\pi\sqrt{LC}} \tag{4-50}$$

로 직렬 공진 때와 같은 모양이다. [그림 4-21]은 LC병렬회로의 공급전압을 일정하게 하고 주파수를 변화시켰을 때의 전류 변화이다.

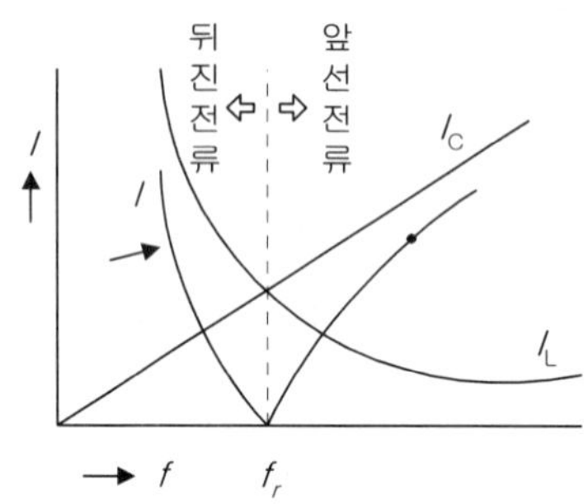

[그림 4-21]

연습문제

[문제 4-1] 0.1[H]인 코일의 리액턴스가 377[Ω]일 때 주파수는 몇 [Hz]인가?

[문제 4-2] $L=2$[H]인 인덕턴스에 $i(t)=20e^{-2t}$[A]의 전류가 흐를 때 L의 단자전압[V]는?

[문제 4-3] 어떤 코일에 흐르는 전류를 0.5[msec]동안에 5[A] 변화시키면 20[V]의 선압이 생긴다. 자세인딕틴스[mH]는?

[문제 4-4] 정전용량 C만의 회로에100[V], 60[Hz]의 교류를 가하니 60[mA]의 전류가 흐른다. C는 얼마인가?

[문제 4-5] 60[Hz]에서 3[Ω]의 리액턴스를 갖는 자기인덕턴스 및 정전용량을 구하라.

[문제 4-6] 저항 $R=12$[Ω], 인덕턴스 $L=13.3$[mH]인 RL직렬회로

에 실효값 130[V], 주파수 60[Hz]인 전압을 인가했을 때 이 회로의 무효전력 [kVar]은?

[문제 4-7] RC 병렬회로에, 60[Hz],100[V]의 전압을 인가했더니 유효전력이 800[W], 무효전력이 600[Var]이었다. 저항 $R[\Omega]$과 정전용량 $C[\mu F]$의 값은?

[문제 4-8] 50[μF]의 콘덴서에 100[V], 60[Hz]의 교류 전압을 인가할 때 무효전력 [Var]은?

[문제 4-9] 22[kVA]의 부하가 역률 0.8이라면 무효전력 [kVar]은?

[문제 4-10] 어느 회로의 유효전력이 80[W], 무효전력이 60[Var]이면 역률[%]은?

[문제 4-11] 그림과 같은 회로에서 각 계기의 지시값은 다음과 같다. Ⓥ는240[V], Ⓐ는5[A], Ⓦ는 720[W]이다. 이때 인덕턴스 L[H]는?
(단, 전원 주파수는 60[Hz]이다.)

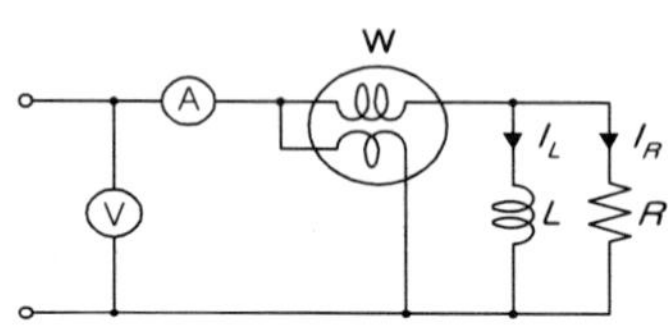

[문제 4-12] 그림과 같은 회로에서 전압계 3개로 단상 전력을 측정하고자 할 때 유효전력은?

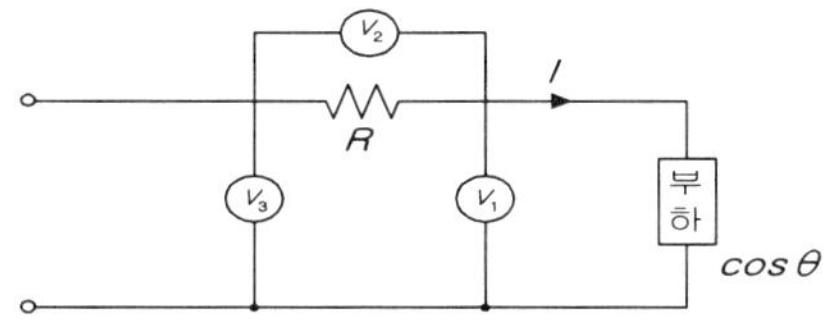

[문제 4-13] 어떤 부하에 $100\angle 30°$[V]의 전압을 인가했을 때 $10\angle 60°$[A]의 전류가 흘렀다. 이 부하의 유효전력[W]과 무효전력[Var]은 각각 얼마인가?

[문제 4-14] 어떤 회로에 $V = 100 + j20$[V]인 전압을 가했을 때, $I = 4 + j3$[A]인 전류가 흘렀다. 이 회로의 임피던스[Ω] 및 소비전력[VA]은?

[문제 4-15] 그림과 같은 회로에서 $I_1 = 2e^{-j\frac{\pi}{3}}$[A], $I_2 = 5e^{j\frac{\pi}{3}}$[A], $I_3 = 1$[A]이다. 이 단상 회로의 평균전력[W] 및 무효전력[Var]은?

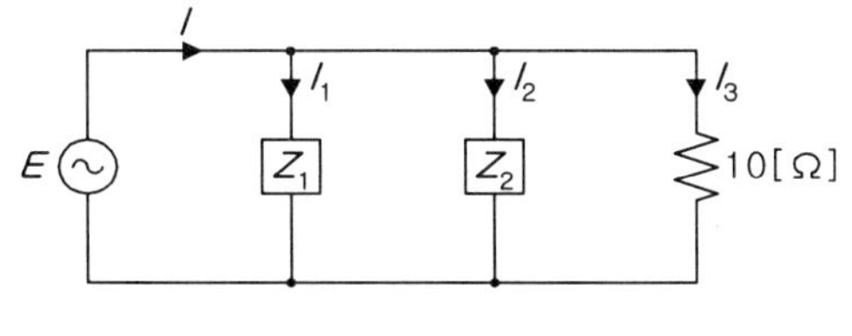

제 5 장

교류전력

5-1 저항에서의 전력

[그림 5-1](a)와 같은 회로에 $v = \sqrt{2}\,V\sin\omega t$로 표시되는 정현파 교류 전압이 인가되면 회로 전류는 전압과 동상이므로 $i = \sqrt{2}\,I\sin\omega t$로 표시되며 [그림 5-1](b)와 같다.

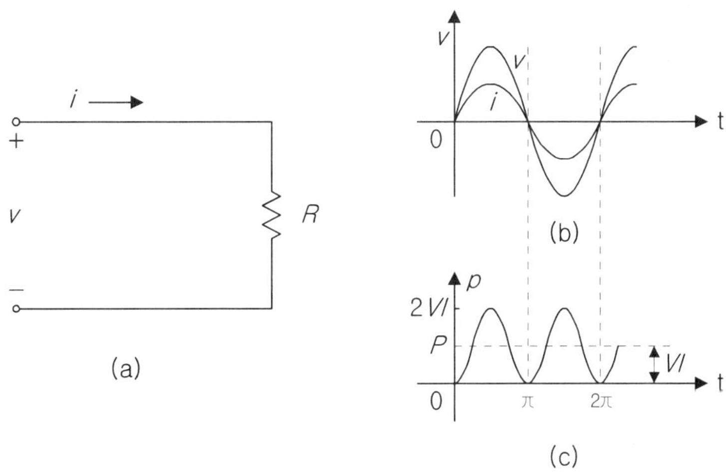

[그림 5-1] 저항 회로에서의 전력 및 에너지

따라서 저항에서의 순시전력 p는

$$p = vi = 2VIsin^2\omega t = VI(1 - \cos 2\omega t) \qquad (5\text{-}1)$$

가 되며, [그림 5-1](c)와 같이 순시전력의 주파수는 전압이나 전류 주파수의 2배가 됨을 알 수 있다.

평균전력 P는 순시전력 p의 한 주기간의 평균값이므로

$$P = \frac{1}{T}\int_0^T p\,dt = \frac{1}{T}\int_0^T VI(1 - \cos 2\omega t)dt$$

$$P = VI = I^2R = V^2G \qquad (5\text{-}2)$$

이다. 식 5-2에서 $\cos 2\omega t$는 정현항이므로 한 주기간의 평균값은 0이 되어 무시한다.

5-2 인덕터에서의 전력

유도성 소자만의 인덕터에 $i = \sqrt{2} Isin\omega t$ 의 전류가 흐를 때 전압은 90° 앞서므로 $v = \sqrt{2}\, V\sin(\omega t + 90^\circ) = \sqrt{2}\, Vcos\omega t$ 로 표시된다. 이 때 인덕터에 공급되는 순시전력은

$$p = vi = 2\,VI\sin\omega t cos\omega t = VI\sin 2\omega t \tag{5-3}$$

가 된다. 또 평균전력은

$$P = \frac{1}{T}\int_0^T p\,dt = \frac{1}{T}\int_0^T vidt \tag{5-4}$$

$$= \frac{1}{2\pi}\int_0^{2\pi} VI\sin 2\omega t\; d(\omega t) = 0$$

$$p = vi = 2\,VI\sin\omega t \cdot \cos\omega t = VI\sin 2\omega t \tag{5-5}$$

가 되어 [그림 5-2](c)와 같이 된다. 평균전력은 정현파이므로

$$P = \frac{1}{T}\int_0^T p\,dt = \frac{1}{T}\int_0^T VI\sin 2\omega t\,dt = 0 \tag{5-6}$$

식 5-5에서 순시전력 p는 [그림 5-2](c)에서 보는 바와 같이 주파수가 전압 또는 전류의 2배가 되는 2ω정현파로서 주기적으로 그 부호가 변한다. $p > 0$인 때는 전원으로부터 인덕터에 전력이 공급되고 $p < 0$인 때는 인덕터로부터 전원 측으로 전력을 반환하고 있어서 인덕

터 자체에서는 전력 소모가 없다. 이것은 식 5-6에서 평균전력이 $P=0$이 된다는 사실로도 뒷받침된다.

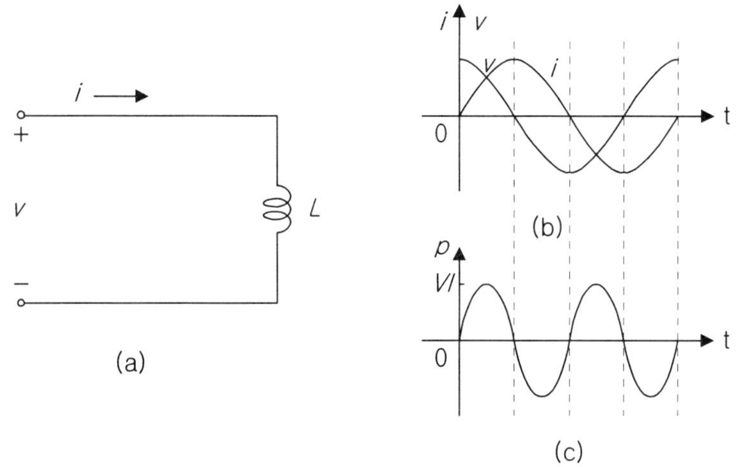

[그림 5-2] 인덕터 회로에서의 전력

인덕터 L은 저항 R처럼 전원으로부터 공급받은 전력을 공급받음과 동시에 소비하지 않고 전력을 공급받는 동안과 공급받은 전력을 다시 전원부로 모두 반환하기까지 에너지의 형태로 인덕터 자체에 축적된다.

인덕터 L에 축적되는 에너지는 자기에너지이며 전류가 흐름으로써 인덕터 주위에 형성되는 자계(magnetic field)에 축적된다.

5-3 커패시터에서의 전력

용량성 소자만으로 된 회로 [그림 5-3](a)에 $v=\sqrt{2}\,Vsin\omega t$인 전압이 인가되면 회로전류 $i=\sqrt{2}\,Isin\left(\omega t+\frac{\pi}{2}\right)=\sqrt{2}\,Icos\omega t$가 되어 [그림 5-3](b)와 같고, 커패시터에 공급되는 순시전력은

$$p = vi = 2VI\sin\omega t \cdot \cos\omega t = VI\sin 2\omega t \tag{5-7}$$

으로 [그림 5-3](c)와 같다. 평균전력 P는 식 5-6과 마찬가지로 역시 0이다.

$$P = \frac{1}{T}\int_0^T p dt = \frac{1}{T}\int_0^T VI\sin 2\omega t\, dt = 0 \tag{5-8}$$

따라서 커패시터에서도 인덕터에서와 같은 해석이 가능하다. 즉, [그림 5-3](c)와 같이 $p > 0$인 때는 전원으로부터 커패시터에 전력이 공급되고 있고, $p < 0$인 경우는 커패시터로부터 전원 측으로 전력이 반환되고 있어서 커패시터 C자체에서 전력 소모가 없다고 할 수 있다.

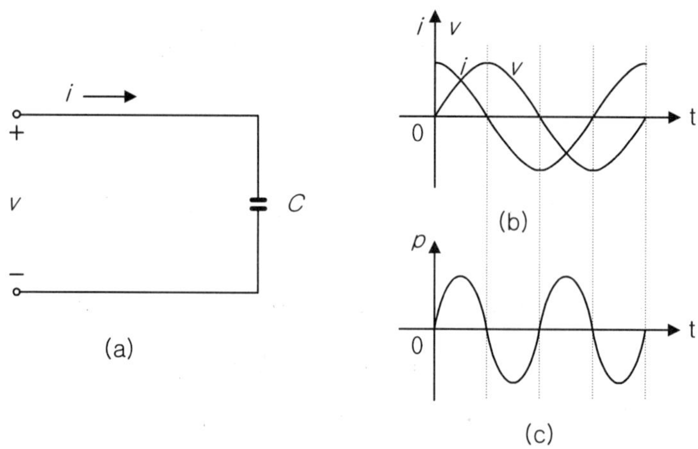

[그림 5-3] 커패시턴스 회로에서의 전력

커패시터도 전원으로부터 공급받은 전력은 다시 전원부로 반환하기까지 어떤 에너지의 형태로든 커패시터 자체에 축적되어 있어야만 한다. 커패시터 C에 축적되는 에너지는 커패시터 양 극판 간의 전위차에 의하여 형성되는 전계(electric field)에 정전 에너지로서 축적된다.

흔히 커패시터의 양 단자를 접속시킬 때 발생하는 스파크는 커패시터에 축적되었던 정전 에너지 때문에 발생한다.

5-4 일반회로에서의 전력

회로소자가 순저항이 아닐 때 전압 $v = \sqrt{2}\,V sin\omega t$를 인가하면 전류 i는 일반적으로 $i = \sqrt{2}\,I\sin(\omega t - \theta)$가 되며, θ의 부호는 용량성인지 아니면 유도성인지에 의해 결정된다. 이 경우의 순시전력은

$$p = vi = 2\,VI\sin\omega t\sin(\omega t - \theta) \tag{5-9}$$

로 여기에 $2\sin x\sin y = \cos(x-y) - \cos(x+y)$의 관계식을 이용하면

$$p = VI\cos\theta - VI\cos(2\omega t - \theta) \tag{5-10}$$

가 된다. 이 식의 제1항은 시간과 관계없는 일정한 값이며, 제2항은 전압이나 전류의 2배 각 주파수로 변화하는 항으로 이루어진다. 이때 평균전력은

$$P = \frac{1}{T}\int_0^T p\,dt = \frac{1}{2\pi}\int_0^{2\pi}\{VI\cos\theta - VI\cos(2\omega t - \theta)\}d(\omega t)$$

$$P = VI\cos\theta \tag{5-11}$$

5-5 역 률

식 5-11에서 직류회로의 전력계산에서는 전압과 전류의 곱이지만 교류회로의 전력계산에서는 전류와 전압이 동상인 경우를 제외하고는 반드시 전압과 전류의 실효치에 $\cos\theta$의 계수를 곱해야 한다. 이 계수를 역률(power factor)이라고 하며 보통 $p.f$로 나타낸다.

$$p.f = \cos\theta = \frac{P}{VI} \tag{5-12}$$

$$p.f = \frac{P}{VI} \times 100[\%] \tag{5-13}$$

여기에서 VI는 피상전력 또는 공급전력이며 θ는 전압과 전류의 위상차이다. 저항 회로와 같이 단자전압과 전류가 동상일 경우에는 $\theta = 0$, $P = VI$가 된다.

또 리액턴스 회로와 커패시턴스 회로와 같이 단자 전압과 전류가 $90°$ 위상차를 가질 때는 $\theta = \pm 90°$, $p.f = 0$, $P = 0$이 된다. $\theta > 0$이면 전류가 전압보다 위상이 늦으므로 이때의 역률을 지상 역률(lagging power factor)이라 하고, $\theta < 0$이면 전류가 전압보다 위상이 앞서므로 이때의 역률을 진상 역률(leading power factor)이라 한다.

식 5-11과 식 5-12에서 평균전력 및 역률을 단자 전압과 전류의 실효치와 그 위상차로서 표시하였으나 등가 임피던스 또는 등가 어드미턴스를 알고 있을 때는 [그림 5-4]로부터

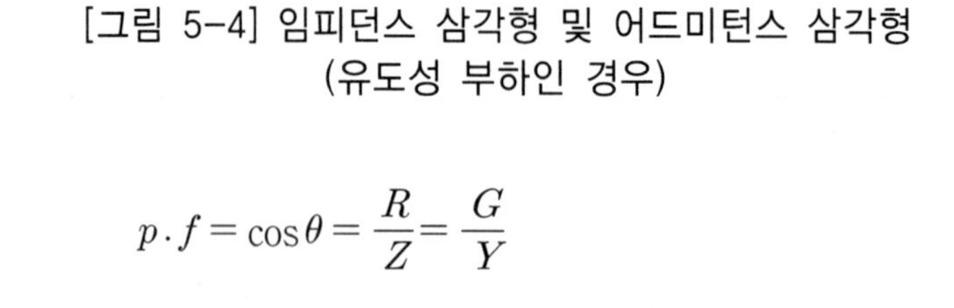

[그림 5-4] 임피던스 삼각형 및 어드미턴스 삼각형
(유도성 부하인 경우)

$$p.f = \cos\theta = \frac{R}{Z} = \frac{G}{Y} \tag{5-14}$$

와 같이 표시할 수 있다. 또 평균전력은

$$P = VI\cos\theta = VI \cdot \frac{R}{Z} = RI^2 = VI \cdot \frac{G}{Y} = GV^2 \tag{5-15}$$

로 표시한다. 평균전력은 단순히 전력이라고도 부르며 단위는 와트 [W]를 사용한다.

[예제] $R = 30$[ohm], $L = 0.127$[H]의 직렬회로에
$v = \sqrt{2} \cdot 200 \sin 100\pi t$[V]의 전압이 인가되었을 때

① 회로역률 $p.f$를 구하라.
② 회로에 공급되는 순시전력 p의 최대값 및 이의 평균값, 평균전력 P를 구하라.
③ 저항 R에서의 평균 소비전력을 구하라.
④ 인덕턴스 L에 공급되는 최대전력을 구하라.

L에서의 리액턴스 및 임피던스는 각각

$X_L = \omega L = 100\pi \times 0.127 \fallingdotseq 40$[ohm]

$Z = \sqrt{R^2 + X_L^2} = 50[\Omega]$ 이므로

① $p.f = \cos\theta = \dfrac{R}{Z} = \dfrac{30}{50} = 0.6$

② 회로전류 $I = \dfrac{V}{Z} = \dfrac{200}{50} = 4$[A]이므로 식 5-10의

$p = VI\cos\theta - VI\cos(2\omega t + \theta)$로부터 p의 최대값을 구하면

$p_{\max} = VI\cos\theta + VI = VI\cos(\theta + 1)$

$= 200 \cdot 4(0.6 + 1) = 640$[W]

평균전력은 $P = VI\cos\theta = 200 \times 4 \times 0.6 = 480$[W]

또는 회로 임피던스가 $Z = R + jX = 30 + j40$[ohm]이므로

$P = I^2 R = 4^2 \cdot 30 = 480$[W]

③ R에서의 평균 소비전력은

$P_R = I^2 R = 4^2 \cdot 30 = 480$[W]

④ L에 공급되는 최대전력은 식 5-5로부터

$P_{L\max} = VI = V_L I = (X_L I) = X_L \cdot I^2 = 40 \times 4^2 = 640$[W]

5-6 유효전력과 무효전력

[그림 5-5]와 같이 전압과 전류가 θ의 위상차가 있을 때, 전류를 전압과 동상인 성분과 90°위상차를 갖는 성분으로 나누어 보면 $I\cos\theta$는 V와 동상인 성분이고, $I\sin\theta$는 V와 90°의 위상차를 갖는 성분이다.

$I\cos\theta$는 V와 동상이므로 이 성분에 의하여 회로에 공급되는 평균전력은 $VI\cos\theta$이고, $I\sin\theta$는 V와 90°의 위상차를 가지므로 이 성분에 의하여 회로에 공급되는 평균전력은 0이다.

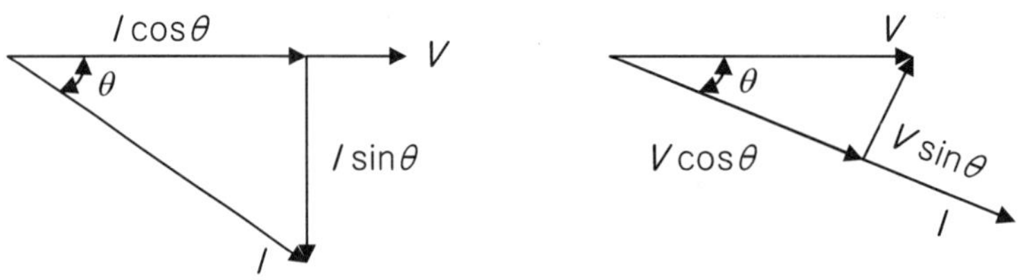

[그림 5-5] 유효성분과 무효성분

즉, $I\cos\theta$는 회로의 평균전력과 관계있으나 $I\sin\theta$는 평균전력과 관계없으므로 $I\cos\theta$를 유효전류, $I\sin\theta$를 무효전류라고 한다.

또한 전류에 공급전압을 곱한 값인 $VI\cos\theta$를 유효전력(active power)이라 하고, $VI\sin\theta$를 무효전력(reactive power)이라 한다.

유효전력(평균전력 또는 전력)의 단위는 와트[Watt]이고, 무효전력의 단위는 바[Var]이다.

무효전력의 계수 $\sin\theta$를 무효율(reactive factor)이라고 하며 보통 $r.f$로 표시한다.

$$r.f = \sin\theta \tag{5-16}$$

역률과 무효율은 $\sin^2\theta + \cos^2\theta = 1$로부터 $\sin\theta = \sqrt{1-\cos^2}$ 이므로

$$r.f = \sqrt{1-(p.f)^2} \tag{5-17}$$

로 표시된다. 2단자망의 임피던스 또는 어드미턴스를 알고 있을 때는 [그림 5-5]로부터

$$r.f = \sin\theta = \frac{X}{Z} = \frac{B}{Y} \tag{5-18}$$

와 같은 식을 구할 수 있다. 또 이 식을 이용하면 무효전력 P_r은

$$P_r = VI\sin\theta = VI \cdot \frac{X}{Z} = VI \cdot \frac{B}{Y} = BV^2 \tag{5-19}$$

로 표시된다.

5-7 피상전력

전압의 실효치와 전류의 실효치의 곱을 피상전력이라 하며 단위로는 볼트·암페어(volt ampere : [VA])를 사용한다.

유효전력 P, 무효전력 P_r, 피상전력 P_a의 관계는 다음과 같다.

$$P = VIcos\theta, \qquad P_r = VIsin\theta, \qquad P_a = VI$$

$$P^2 + P_r^2 = (VI\cos\theta)^2 + (VI\sin\theta)^2 = (VI)^2 \tag{5-20}$$

$$\therefore \text{ 피상전력} = \sqrt{(\text{유효전력})^2 + (\text{무효전력})^2} \tag{5-21}$$

[그림 5-6]은 이들의 관계를 나타낸 전력 삼각형(power triangle)이다. 이것은 [그림 5-5]의 임피던스 삼각형에 I^2, 어드미턴스 삼각형에 V^2을 곱하여서 얻은 것이다.

$$P = VI\cos\theta = RI^2 = GV^2[\text{W}] \tag{5-22}$$

$$P_r = VI\sin\theta = XI^2 = BV^2[\text{Var}]$$

$$P_a = VI = ZI^2 = YV^2[\text{VA}]$$

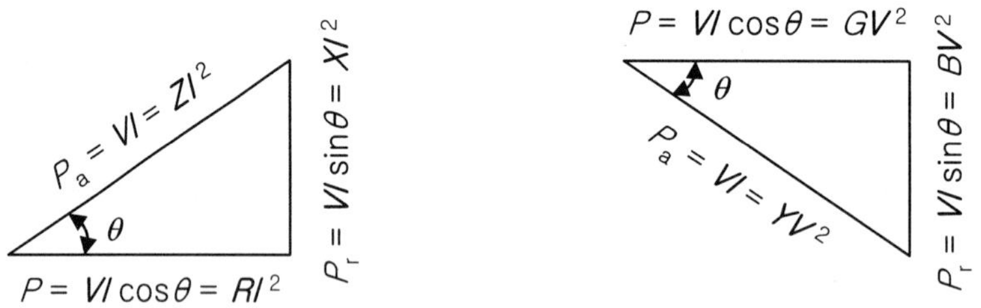

[그림 5-6] 전력 삼각도

[예제] 30[Ω]의 저항에 최대값 120[V]의 정현파 전압을 인가했을 때 이 저항에서 소비되는 유효전력을 구하라.

전압의 실효치는 최대치의 $1/\sqrt{2}$이므로 $V = \frac{120}{\sqrt{2}}[\text{V}]$

전류 $I = \frac{V}{R} = \frac{\frac{120}{\sqrt{2}}}{30} = \frac{4}{\sqrt{2}}[\text{A}]$

$\therefore P = V \cdot I\cos\theta = \frac{120}{\sqrt{2}} \times \frac{4}{\sqrt{2}} \times 1 = \frac{480}{2} = 240[\text{W}]$

[예제] [그림 5-7]의 회로에서 다음 값들을 구하라.

① 회로의 역률과 무효율

② 회로에 공급되는 유효전력, 무효전력, 피상전력

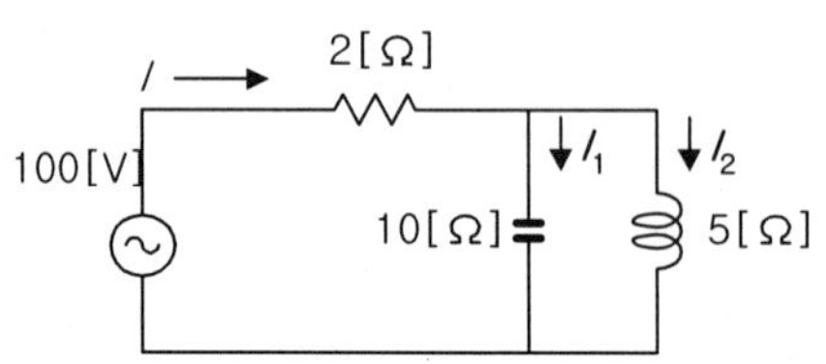

[그림 5-7]

① 임피던스 $Z=2+\dfrac{j5(-j10)}{j5-j10}=2+\dfrac{50}{-j5}=2-j10$

$=10.2\angle\tan^{-1}-5$

역률 $p.f=\dfrac{R}{Z}=\dfrac{2}{10.2}=0.196$

무효율 $r.f=\dfrac{X}{Z}=\dfrac{5}{10.2}=0.49$

② 전력은 문제에서 전원 전압이 주어져 있으므로
어드미턴스를 구하는 것이 편리하다.

$$Y=\frac{1}{Z}=\frac{1}{2-j10}=0.019-j0.096=0.098\angle\tan^{-1}-5$$

따라서, 유효전력 $P=GV^2=0.19\times100^2=190[\mathrm{W}]$

무효전력 $P_r=BV^2=0.096\times100^2=960[\mathrm{Var}]$

피상전력 $P_a=YV^2=0.098\times100^2=980[\mathrm{VA}]$

5-8 복소전력

기호법인 벡터량으로 표시한 피상전력은 주어진 전압과 전류를 곱한 값이다. 이때 전압과 전류 중 하나를 공액복소수로 놓고 계산하여야 한다.

전압 V와 전류 I벡터가 위상차 θ를 이루고 있을 때 전력을 구하는 벡터도는 전류 I를 기준으로 하면 [그림 5-8]과 같다. 이때 유효전력 P와 무효전력 P_r은 다음과 같다.

$$P=VIcos\theta=V_1I \qquad (5\text{-}23)$$
$$P_r=VIsin\theta=V_2I$$

V의 공액 벡터 V의 I와의 곱을 계산하면

$$VI = (V_1 - jV_2)I = V_1 I - jV_2 I = P - jP_r \tag{5-24}$$

이 되어 식에서 제1항(실수부)은 유효전력, 제2항(허수부)은 무효전력을 나타낸다.

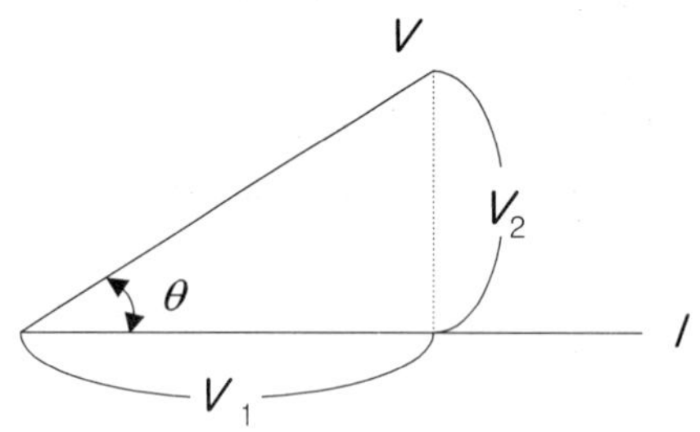

[그림 5-8]

이같이 유효전력을 실수부, 무효전력을 허수부로 하여 나타내는 복소수를 복소 전력(complex power)이라고 한다. 또한, 전압 V를 기준 벡터로 하여 벡터도를 그리면 그림 5-9와 같다. 또, 그림 5-9로부터 유효전력 P와 무효전력 P_r은

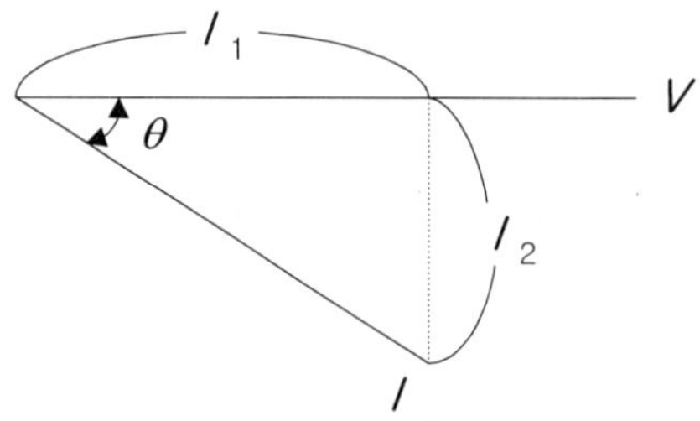

[그림 5-9]

$$P = VI\cos\theta = V_1 I \tag{5-25}$$

$$P_r = VI\sin\theta = V_2 I$$

[예제] 어느 회로에 $V = 30 + j10$[V] 전압이 인가되어 $I = 40 + j30$[A]의 전류가 흐를 때 이 회로에서의 유효전력, 무효전력, 피상전력 및 역률을 구하여라.

복소 전력 P_a는

$$P_a = V\bar{I} = (30 + j10)(40 - j30) = 1500 + j(-500)$$

$$= 1581 \angle 18.4° \text{[VA]}$$

이므로 유효전력 P 및 무효전력 P_r는 각각

$$P = R_e(P_a) = 1500\text{[W]} \quad P_r = I_m(P_a) = -500\text{[Var]}$$

가 되며, 피상전력 P_a는 복소 전력 P_a의 절대값에 해당하므로

$$P_a = \sqrt{P^2 + P_r^2} = \sqrt{1500^2 + (-500)^2} \fallingdotseq 1581\text{[VA]}$$

역률 $p.f = \cos\theta = \dfrac{P}{P_a} = \dfrac{1500}{1581} \fallingdotseq 0.95(= 95[\%])$이다.

5-9 역률 개선

전동기나 변압기 등 대개의 전기적 부하는 유도성 부하인 경우가 많아 전류가 전압보다 위상이 뒤지는 지상 역률(lagging $P.f$)이 되는 것이 일반적이다. 이 같은 경우를 역률이 낮다고 말한다. 역률이 낮으면

$$I = \frac{P}{V\cos\theta} \tag{5-26}$$

로부터 어떤 부하에 전력 P를 공급해야 할 때 같은 전압에서 큰 전류를 흘려야만 된다. 그러나 큰 전류가 흐르면 송전계통에서의 열 손실이 커지고, 기기의 용량도 커져야 하며, 선로에서의 전압강하가 증가하여 전압변동률이 높아진다.

따라서 유도성 부하로 인하여 지상 전류가 흐르는 부하에 [그림

5-10](a)와 같이 병렬로 콘덴서를 접속하면 콘덴서에는 진상 전류가 흐르므로 지상 전류를 상쇄하여 [그림 5-10](b)와 같이 부하전류 I의 위상은 전압의 위상에 접근하게 된다.

이때 역률이 1에 근접되도록 하는 것이 바람직한데 이와 같은 시도를 역률 개선이라 하며 실제로는 0.9 이상이 되도록 하고 있다.

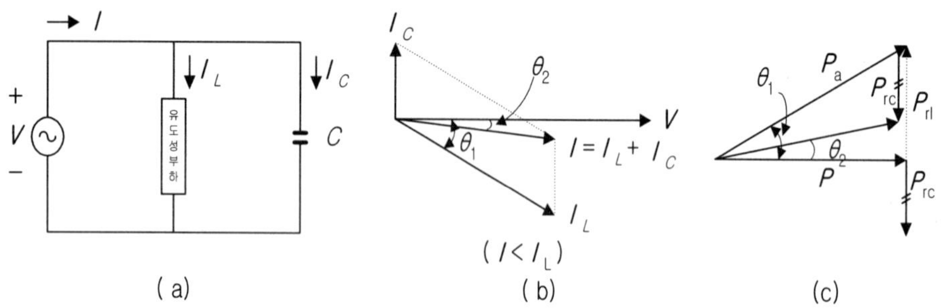

[그림 5-10] 역률 개선

역률 개선용 콘덴서의 용량은 [그림 5-10](c)로부터

$$P_{rc} = P(\tan\theta_1 - \tan\theta_2) = P(\frac{\sin\theta_1}{\cos\theta_2} - \frac{\sin\theta_2}{\cos\theta_2}) \quad (5\text{-}27)$$

$$= P\left(\sqrt{\frac{1}{\cos^2\theta_1} - 1} - \sqrt{\frac{1}{\cos^2\theta_2} - 1}\right)$$

단, P_{rc} : 콘덴서의 용량 [VA]　　P : 부하의 유효전력 [W]

$\cos\theta_1$: 개선 전의 역률　　$\cos\theta_2$: 개선 후의 역률

콘덴서의 전력용량 [kVA]을 정전용량 [μF]으로 표시하기도 하는데 전력용량을 정전용량으로 환산하면 다음 식이 된다.

$$C = \frac{Q_C \times 10^9}{2\pi f V^2} [\mu\text{F}] \quad (5\text{-}28)$$

단, C : 콘덴서의 정전용량 [μF]
f : 주파수 [Hz]
V : 정격전압 [V]
Q_C : 콘덴서의 전력용량 [kVA]

[예제] 300[kVA]의 변압기가 지상 역률 70[%]로 운전되고 있다. 여기에 콘덴서를 설치하여 변압기의 역률을 90[%]로 개선하고자 하는 경우의 콘덴서의 용량 [kVA]을 구하라.

$$P_{rc} = P\left(\sqrt{\frac{1}{\cos^2\theta_1} - 1} - \sqrt{\frac{1}{\cos^2\theta_2} - 1}\right)$$
$$= 300 \times 0.7 \times \left(\sqrt{\frac{1}{0.7^2} - 1} - \sqrt{\frac{1}{0.9^2} - 1}\right)$$
$$= 210 \times (10.2 - 0.48) = 113[\text{kVA}]$$

5-10 최대전력 전달

[그림 5-11]과 같은 회로에서 전원과 부하의 임피던스가 각각 $Z_S = R_S + jX_S$, $Z_L = R_L + jX_L$일 때 부하에 공급하는 전력이 최대가 되려면 전원 전압을 V라 하고 흐르는 전류를 I라 하면

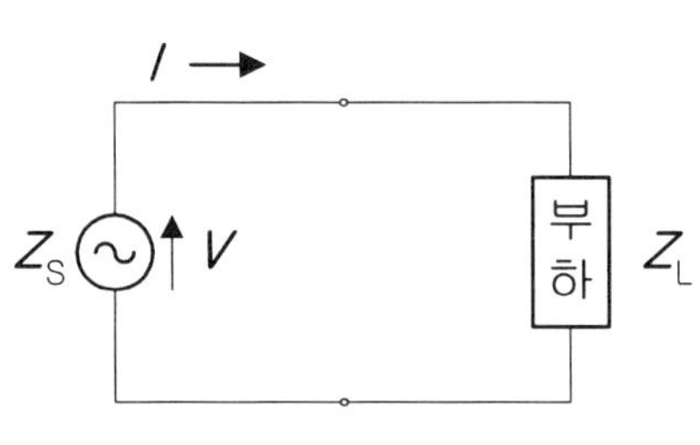

[그림 5-11]

$$I = \frac{V}{Z_S + Z_L} = \frac{V}{(R_S + R_L) + j(X_S + X_L)}$$

$$\therefore I = \frac{V}{\sqrt{(R_S + R_L)^2 + (X_S + X_L)^2}} \tag{5-29}$$

이다. 이때 부하의 유효전력 P는

$$P = R_L I^2 = \frac{R_L V^2}{(R_S + R_L)^2 + (X_S + X_L)^2} \tag{5-30}$$

$$= \frac{V^2}{\dfrac{(R_S + R_L)^2}{R_L} + \dfrac{(X_S + X_L)^2}{R_L}}$$

이어서 식 5-30의 P를 최대로 하려면 V가 일정한 경우에 분모의 크기가 최소가 되면 된다. 분모가 최소가 되기 위해서는 다음의 두 가지 경우이다.

① 저항이 일정한 경우에 분모의 제2항의 리액턴스가 0이면 되는데 이는 광의의 직렬공진 상태일 때이다.

$$X_S + X_L = 0 \qquad \therefore X_S = -X_L \tag{5-31}$$

② 리액턴스가 일정한 경우에 분모의 제1항의 최소 조건을 구하면

$$\frac{d}{dR_L}\left\{\frac{(R_S + R_L)^2}{R_L}\right\} = 0\text{으로 될 때 } R_S = R_L \tag{5-32}$$

그리고 $\dfrac{d^2\left\{\dfrac{(R_S + R_L)^2}{R_L}\right\}}{dR_L^2} > 0$ 이므로 $R_S = R_L$일 때 제1항은 최소가

되므로 $X_S = -X_L$, $R_S = R_L$의 조건을 만족하면 최대 전력이 전달된다. 이는 전원 측 임피던스와 부하 측 임피던스가 서로 공액의 관계에 있을 때를 의미하며 이 경우 최대 전력은

$$P_{\max} = \frac{V^2}{4R_S} = \frac{V^2}{4R_L} \tag{5-33}$$

이 된다. 이 식에서 전원 측에서 소비되는 전력은 $V^2/4R_S$ 가 되어 전체 발생전력의 1/2이므로 최대 전력을 전달할 때의 전송효율은 50[%]가 된다.

[예제] [그림 5-12]와 같은 회로에서 저항 R을 변화시킬 때 저항에서 소비되는 최대 전력을 구하라.

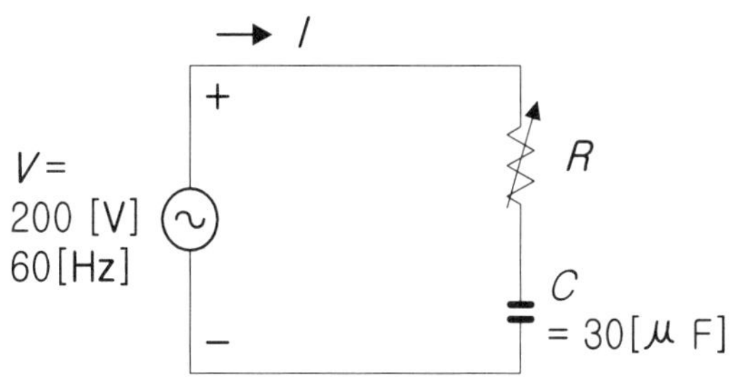

[그림 5-12]

회로전류 $I = \frac{V}{\sqrt{R^2 + X_C^2}}$

$$P = I^2 R = \frac{V^2 \cdot R}{R^2 + X_C} = \frac{V^2}{R + \frac{1}{R} X_C^2}$$

이어서 P가 최대로 되려면 분모가 최소가 되어야 하므로

$$\frac{d(R + \frac{1}{R} X_C^2)}{dR} = 1 - \frac{1}{R^2} X_C^2 = 0$$

이다. 이로부터 분모의 최소 조건은 $R+X_C=0$, 즉 $R=-X_C=\frac{1}{\omega C}$이 된다. 따라서 최대 전력은

$$P_{\max}=\frac{V^2}{\frac{1}{\omega C}+\omega C\left(\frac{1}{\omega C}\right)^2}=\frac{1}{2}\omega CV^2$$

$$=\frac{1}{2}\times 2\pi\times 60\times 30\times 10^{-6}\times 200^2=226[\mathrm{W}]$$

연습문제

[문제 5-1] 전력160[kW], 역률 0.8인 부하의 역률을 100[%]로 개선하기 위한 병렬 콘덴서의 용량 [kVA]은?

[문제 5-2] $\cos\theta = 0.6$의 유도성 부하 480[kW]에 전력을 공급하고 있는 발전소에서 320[kVA]의 커패시턴스를 이용하면 역률은 몇[%]로 개선되는가?

[문제 5-3] R = 30[Ω], L = 106[mH]의 코일이 있다. 이 코일에 100[V], 60[Hz]의 전압을 인가할 때 소비되는 전력[W]는?

[문제 5-4] 단상 100[V]의 전압을 가하면 30[A]의 전류가 흐르고 1.8[KW]의 전력을 소비한다고 한다. 이 코일에 병렬로 콘덴서를 접속하여 회로의 합성 역률을 100[%]로 하기 위한 용량 리액턴스[Ω]는 얼마인가?

[문제 5-5] $R-C$ 병렬회로에 60[Hz], 100[V]를 인가했더니 유효전력 800[W], 무효전력 600[Var]이었다. 저항R[Ω], 정전용량C[μF]의 값은?

[문제 5-6] 어떤 회로에 전압 e와 전류 i가 각각

$e = 100\sqrt{2}\,sin\left(377t + \frac{\pi}{3}\right)$[V] $i = \sqrt{8}\,sin\left(377t + \frac{\pi}{6}\right)$[A]일 때

소비전력[W]은?

[문제 5-7] $E = 40 + j30$[V]의 전압을 가하면 $I = 30 + j10$[A]의 전류가 흐른다. 이 회로의 역률은 얼마인가?

제 6 장

유도결합회로

6-1 상호인덕턴스

두 회로가 서로 인접하여 있을 때 한쪽 회로의 전류에 의해서 생긴 자속이 다른 회로를 통과하면 에너지 전달이 일어난다. 이런 회로를 유도 결합회로라고 하고 이와 같은 에너지 전달이 일어나는 유도결합 회로는 이때까지 사용해 온 R, L, C 정수 외에 또 하나의 회로 정수가 필요하다.

유도적으로 결합한 회로에서 한쪽 회로의 전류는 그 회로 자체 내의 소자와 전원뿐만 아니라 다른 회로의 소자와 전원의 영향을 받는다.

[그림 6-1]과 같이 한 쪽 코일에서 만들어진 자속이 다른 쪽 코일과 쇄교하여 자기적으로 결합한 회로에서 에너지는 두 회로에서 공통적인 자속에 의해 전달된다.

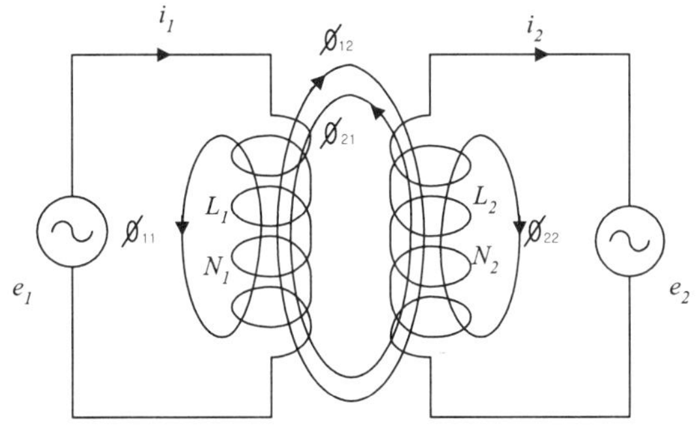

[그림 6-1] 유도결합 회로

이때 1차 코일에서 만들어진 총 자속을 Φ_1이라 하고, 이 중 2차 코일과 쇄교하는 상호 자속(mutual flux)을 Φ_{12}, 쇄교하지 않은 누설자속(leakage flux)을 Φ_{11}라하고, 2차 코일에서도 총 자속을 Φ_2, 상호자속을 Φ_{21}, 누설자속을 Φ_{22}라 하면 다음 식이 성립한다.

$$\Phi_1 = \Phi_{11} + \Phi_{12}, \qquad \Phi_2 = \Phi_{21} + \Phi_{22} \tag{6-1}$$

전류 i_1에 의하여 코일 1, 2에 생기는 자속 쇄교수를 Φ_1, Φ_2라하고 각 코일의 권수를 n_1, n_2라고 하면, Φ_1, Φ_2는 권수에 비례하므로

$$\Phi_1 = n_1\Phi_{11}, \qquad \Phi_2 = n_2\Phi_{12} \tag{6-2}$$

가 된다. 또 매질의 투자율이 일정한 경우에 자속쇄교수는 흐르는 전류 i_1에 비례하므로

$$\Phi_1 = L_1 i_1\,, \qquad \Phi_2 = M_{12} i_1 \tag{6-3}$$

로 표시된다. 여기서 L_1, M_{12}는 비례계수로서 식 6-2와 식 6-3으로부터

$$L_1 = \frac{n_1\Phi_1}{i_1}, \qquad M_{12} = \frac{n_2\Phi_{12}}{i_1}, \tag{6-4}$$

의 관계가 성립된다. 여기서 L_1을 코일 1의 자기인덕턴스(self inductance)라 하고, M_{12}를 코일 1과 코일 2 사이의 상호인덕턴스(mutual inductance)라 한다.

[그림 6-1]에서 코일 2를 1차 코일로 할 때도 다음 관계식들이 성립한다.

$$\Phi_1 = n_1\Phi_{21} \qquad \Phi_2 = n_2\Phi_2 \tag{6-5}$$

$$\Phi_1 = M_{21} i_2 \qquad \Phi_2 = L_2 i_2 \tag{6-6}$$

$$M_{21} = \frac{n_1\Phi_{21}}{i_2} \qquad L_2 = \frac{n_2\Phi_2}{i_2} \tag{6-7}$$

여기서 L_2는 코일 2의 자기인덕턴스이며, M_{21}은 코일 1과 2 사이의 상호인덕턴스이다. 따라서 상호인덕턴스 M_{12}와 M_{21}은 매질의 투자율이 일정한 경우에는

$$M_{12} = M_{21} = M \qquad (6\text{-}8)$$

이 되어 M으로 표시하고 단위는 헨리[H]를 사용한다.

6-2 상호유도전압과 코일의 극성

대표적인 유도결합 회로인 [그림 6-2] 회로에서 두 코일은 유도적으로 결합하여 하나의 변압기를 형성한다.

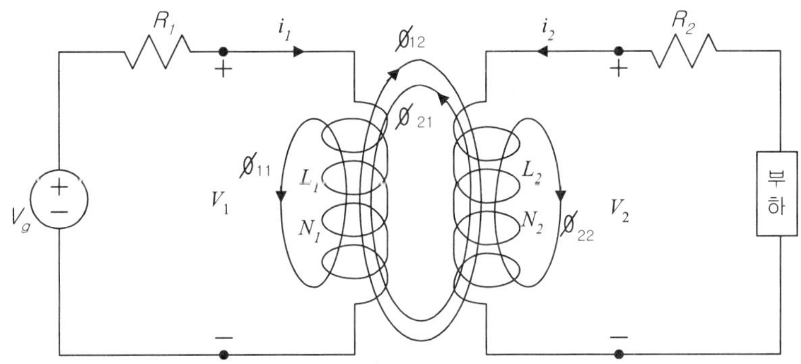

[그림 6-2] 유도결합 회로

변압기 1차 측에는 전원이 2차 측에는 부하가 연결되어 있다. 이때 두 코일에 모두 전류가 흐르므로 각 전류에 의하여 생기는 자속을 그림과 같이 누설자속과 상호 자속으로 분해하면 코일 1의 총 자속 쇄교수 Φ_1은

$$\Phi_1 = n_1(\Phi_{L1} + \Phi_{21} \pm \Phi_{12}) = n_1\Phi_1 \pm n_1\Phi_{12} = L_1 i_1 \pm M_{12} i_2 \qquad (6\text{-}9)$$

수식에서 ±의 기호는 두 전류에 의하여 생기는 자속이 같은 방향이면 +, 반대 방향이면 -가 된다. i_1의 양의 방향으로 생기는 코일 1에서의 전압강하를 V_1이라 하면 패러데이의 법칙에 의하여 $V_1 = d\Phi_1/dt$

이므로

$$V_1 = L_1\frac{di_1}{dt} \pm M_{12}\frac{di_2}{dt} \tag{6-10}$$

이다. 마찬가지로 코일 2의 총 자속 쇄교수 Φ_2는

$$\Phi_2 = n_2(\Phi_{L2} + \Phi_{12} \pm \Phi_{21}) = n_2\Phi_2 \pm n_2\Phi_{21} = L_2 i_2 \pm M_{21} i_1 \tag{6-11}$$

이고, i_2의 양의 방향으로 생기는 코일 2에서의 전압강하를 V_2라 하면

$$V_2 = L_2\frac{di_2}{dt} \pm M_{21}\frac{di_1}{dt} \tag{6-12}$$

이다. 이때 ±의 부호는 앞에서 말한 바와 같이 자속의 방향이 같으면 +, 반대 방향이면 -로 표시한다. 식 6-10과 식 6-12에서 제1항은 자기유도에 의한 전압강하이고, 제2항은 상호유도에 의한 전압강하이다.

유도 결합된 두 코일의 권선 방향을 표시하기 위하여 각 코일의 한쪽 단자에 [그림 6-3]과 같이 극성표시 점을 찍는다. 점을 찍을 때는 점을 찍은 단자로부터 각 코일에 유입되는 전류에 의해서 생기는 자속이 서로 같은 방향이 되도록 점을 찍는다.

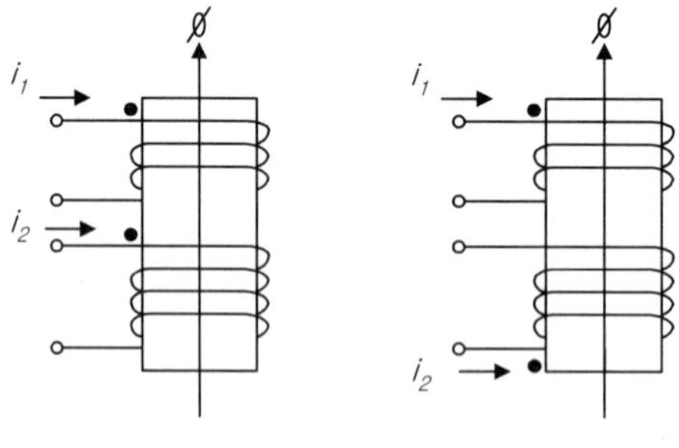

[그림 6-3] 유도결합 회로의 극성표시

두 코일의 전류가 점이 찍힌 단자에서 코일로 유입 또는 코일에서 유출하는 것을 양으로 잡으면 위 식에서 M항의 부호는 +가 된다. 만

일 한쪽 전류는 점이 찍힌 단자에서 유입되고 다른 쪽 전류는 점이 찍힌 단자로부터 유출되는 것을 양으로 하면 식 6-10과 식 6-12에서 M항의 부호는 -가 된다.

다시 말하면 전류의 방향으로 생기는 전압강하를 나타낼 때 상호유도에 의한 항에서 M앞의 부호는 가정한 전류가 둘 다 점이 찍힌 단자에서 유입되거나 유출되는 경우에는 +로 하고 한쪽은 유입되고 다른 한쪽이 유출되는 경우에는 -로 한다.

[그림 6-4]는 코일의 극성과 전류의 방향에 따라서 변압기 단자에서의 전압과 전류 관계식을 나타낸 것이다.

[그림 6-4](a)의 경우에는 i_1, i_2가 다 같이 점이 찍힌 단자로 유입하므로 두 전류에 의한 자속은 같은 방향이고 따라서 위 식에서 부호는 +가 된다.

또한 [그림 6-4](b)와 같이 한 쪽 전류는 점이 찍힌 단자로 유입하고 다른 한쪽 전류는 점이 찍힌 단자로 유출하므로 두 전류에 의한 자속은 서로 반대 방향이므로 부호는 -가 된다.

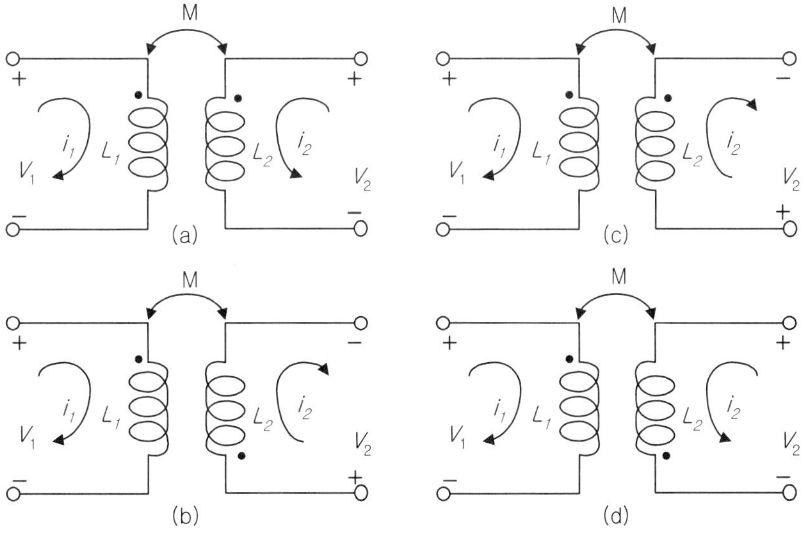

[그림 6-4] 변압기 단자에서 전압과 전류의 관계

6-3 두 코일의 직렬접속

[그림 6-5](a)에서 두 코일은 각각 인덕턴스 L_1, L_2를 갖고 또 상호 인덕턴스 M으로 결합하고 있다.

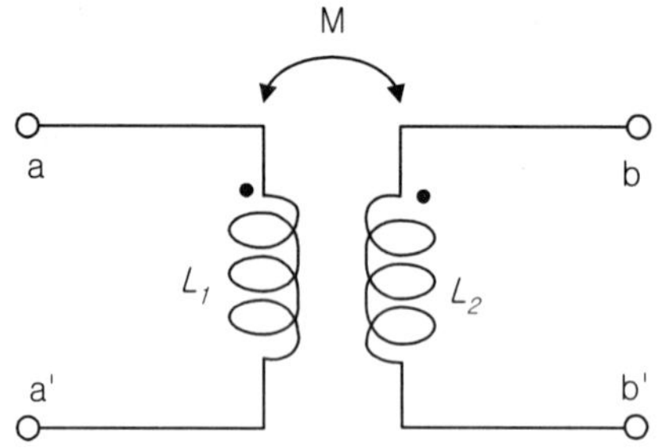

[그림 6-5] 결합회로

이 두 코일을 [그림 6-6](a), (b)와 같이 두 가지 방법으로 직렬접속하고 각 경우에 대하여 개방 단자에서의 등가 인덕턴스를 구하면,

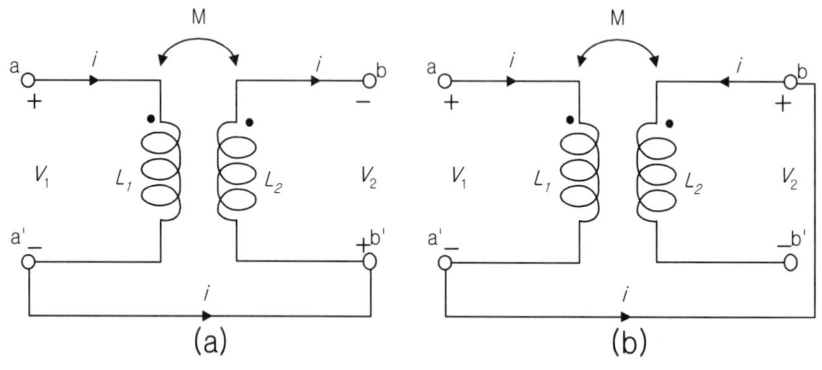

[그림 6-6] 두 코일의 직렬접속

[그림 6-6](a)의 접속에서 두 코일을 공통으로 흐르는 전류 i의 양의 방향을 그림과 같이 가정하고 각 코일 양단에 i의 양의 방향으로 생기는 전압강하를 V_1, V_2라 하면 $V_{ab} = V_1 + V_2$이다. 여기서 왼쪽

코일에서는 점이 찍힌 단자로 전류가 유입되나 오른쪽 코일에서는 전류가 점이 찍힌 단자에서 유출되므로

$$V_1 = L_1\frac{di}{dt} - M\frac{di}{dt}, \qquad V_2 = L_2\frac{di}{dt} - M\frac{di}{dt}$$

이다. 그러므로

$$V_{ab} = V_1 + V_2 = (L_1 + L_2 - 2M)\frac{di}{dt} \tag{6-13}$$

이다. 이것은 개방 단자 a-b에서의 등가 인덕턴스가 $L_1 + L_2 - 2M$임을 의미한다. 이것을 L^-라 하면

$$L^- = L_1 + L_2 - 2M \tag{6-14}$$

[그림 6-6](b)에서는 두 코일에 흐르는 전류는 점이 찍힌 단자로 유입하므로 이상의 식들에서 $-M$대신 $+M$으로 하면 개방단자 a-b'에서 보는 등가 인덕턴스 L^+는

$$L^+ = L_1 + L_2 + 2M \tag{6-15}$$

과 같이 된다. 식 6-14과 식 6-15로부터

$$M = \frac{L^+ - L^-}{4} \tag{6-16}$$

이다. 이 식은 두 코일 간의 상호인덕턴스를 측정하는 데 이용할 수 있다. 두 코일을 [그림 6-6](a), (b)의 두 가지 방법으로 직렬 접속한 각 경우에 대하여 인덕턴스 브리지 또는 임피던스 브리지를 이용하여 개방 단자에서 전체의 등가 인덕턴스를 측정하고 양자의 차의 1/4을 취하면 된다. 이 방법에 의하면 M의 크기와 코일의 극성도 알 수 있다.

[예제] 그림 6-7과 같은 인덕턴스의 합성 인덕턴스를 구하라.

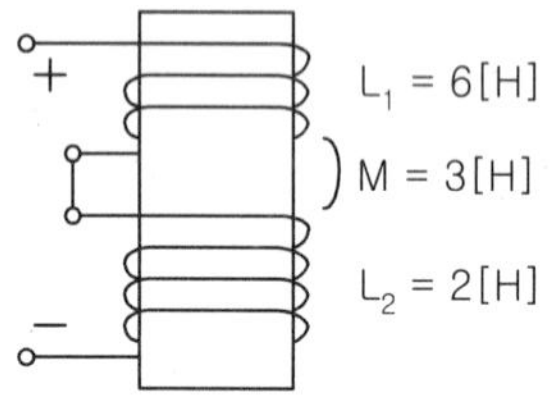

[그림 6-7] 인덕턴스 회로

합성 인덕턴스 L_0는 $L_0 = L_1 + L_2 + 2M$

= 6 + 2 + 2 x 3 = 14[H]

[예제] 서로 결합하고 있는 두 코일 A와 B를 같은 방향으로 직렬로 접속하면 합성 인덕턴스가 20[mH]가 되고, 반대로 접속하면 합성 인덕턴스가 8[mH]가 된다. A 코일의 인덕턴스가 5[mH]라고 하면 B코일의 인덕턴스는 얼마인가?

상호인덕턴스를 M이라 하고, B코일의 인덕턴스를 L_B라 하면

$5 + L_B + 2M = 20$ ……①

$5 + L_B - 2M = 8$ ……②

① + ② 하면 $2L_B + 10 = 28$

$\therefore L_B = 9[mH]$

6-4 정현파 전원을 가진 유도결합회로

[그림 6-8]과 같이 정현파 전원을 가진 유도결합 회로에서 전압 법칙을 적용하여 폐로 방정식을 세우면

$$R_1 I_1 + j\omega L_1 I_1 + j\omega M I_2 + Z_g I_1 = V_g$$
$$R_2 I_2 + j\omega L_1 I_2 + j\omega M I_1 + Z_L I_2 = 0 \qquad (6\text{-}17)$$

여기서
$$Z_{11} = R_1 + Z_g + j\omega L_1$$
$$Z_{12} = Z_{21} = j\omega M$$
$$Z_{22} = R_2 + Z_L + j\omega L_2 \qquad (6\text{-}18)$$

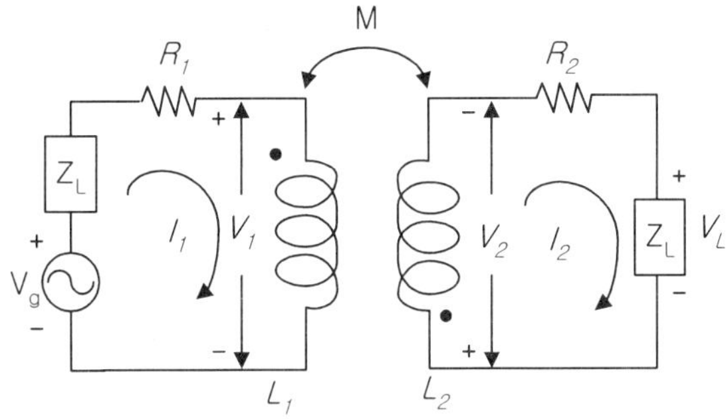

[그림 6-8] 정현파 전원을 가진 유도 결합회로

라고 하면 식 6-17은

$$Z_{11} I_1 + Z_{12} I_2 = V_g$$
$$Z_{21} I_1 + Z_{22} I_2 = 0 \qquad (6\text{-}19)$$

이므로

$$I_1 = \frac{Z_{22} Vg}{Z_{11} Z_{22} - Z_{12}^2} \qquad (6\text{-}20)$$

$$I_2 = \frac{-Z_{21} Vg}{Z_{11} Z_{22} - Z_{12}^2} \qquad (6\text{-}21)$$

이 된다. 여기서 1차 측의 전원 단자에서 본 회로의 임피던스를 구동점 임피던스(driving point impedance)라고 하며 이를 Z_{ab}로 표시하면,

$$Z_{ab} = \frac{V_g}{I_1} = \frac{Z_{11}Z_{22} - Z_{12}^2}{Z_{22}} = Z_{11} - \frac{Z_{12}^2}{Z_{22}} \tag{6-22}$$

이며 $Z_2 = j\omega M$이므로

$$Z_{ab} = Z_{11} + \frac{(\omega M)^2}{Z_{22}} \tag{6-23}$$

이 된다. 2차 전류와 1차 전류의 비는 식 6-20과 식 6-21로부터

$$\frac{I_2}{I_1} = -\frac{Z_{21}}{Z_{22}} \tag{6-24}$$

가 되고 2차 회로의 부하 임피던스 Z_L양단의 전압을 V_L이라고 하면

$$V_L = Z_L I_2 \tag{6-25}$$

이므로 전원 전압과 부하전압의 비, 즉 전압비는 식 6-21과 식 6-25로부터

$$\frac{V_L}{V_g} = \frac{-Z_{12}Z_L}{Z_{11}Z_{22} - Z_{12}^2} \tag{6-26}$$

이 된다. 식 6-23에서 구동점 임피던스는 1차 회로가 단독으로 존재할 때의 자기 임피던스 Z_{11}과 2차 회로와의 결합으로 인해 $(\omega M)^2/Z_{22}$에 해당하는 임피던스와의 합으로 되어있다. 이때 $(\omega M)^2/Z_{22}$를 결합 임피던스 또는 반사 임피던스라고 한다.

6-5 변압기의 등가 T형회로

유도적으로 결합한 회로에서 변압기 부분을 등가적인 T형 회로로 대치하면 회로 해석이 편리하다. [그림 6-9](a)와 같은 극성의 변압기에서 변압기 단자에서의 V-I 관계는 전류, 전압의 기준방향을 그림과 같이 택하면

$$V_1 = j\omega L_1 I_1 + j\omega M I_2$$
$$V_2 = j\omega L_2 I_2 + j\omega M I_1 \qquad (6\text{-}27)$$

과 같다. [그림 6-9](b)와 같은 T형 회로에 대한 좌·우측 단자 쌍에서의 $V-I$ 관계도 같이 됨을 알 수 있다.

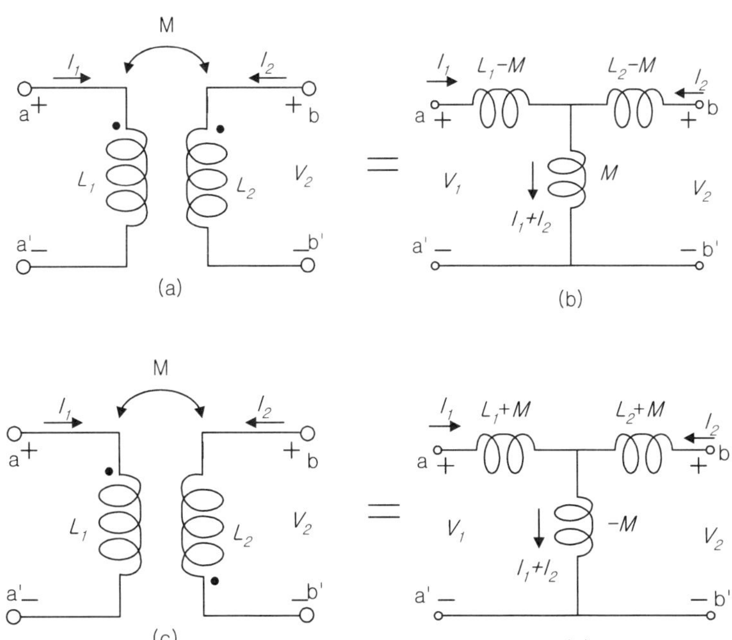

[그림 6-9] 변압기 등가 T형 회로

따라서 이 두 회로는 단자전류와 전압에 관하여 단자 외측에 대해서 등가이다. 마찬가지로 [그림 6-9](c)와 같은 극성을 갖는 변압기에 대한 등가 T형 회로는 [그림 6-9](d)와 같다. 이와 같은 등가 T형 회로는 유도결합 회로의 해석에 유용하다.

6-6 결합계수

두 코일 간의 유도결합 정도를 나타내는 양을 결합계수 k로 나타낸다.

$$k = \frac{M}{\sqrt{L_1 L_2}} \tag{6-28}$$

결합계수 k는 1차 코일에서 생기는 총 자속 중에서 2차 코일과 쇄교하는 상호자속의 비율, 즉 Φ_{21}/Φ_1과 같다. 상호자속이 전혀 없는 즉, 유도결합이 없는 경우에는 $\Phi_{21} = 0$이므로 $k = 0$이다.

누설자속이 전혀 없는 경우인 완전결합(perfect coupling)일 때는 $\Phi_{21} = \Phi_1$이므로 $k = 1$이다. 따라서

$$0 \le k \le 1 \tag{6-29}$$

이다. L_1, L_2가 주어진 변압기의 k는 두 코일의 상대적 접근도와 코일 축의 교각(交角)에 의하여 변화시킬 수 있다.

두 코일을 공통된 철심에 감은 전력용 변압기나 가청주파 변압기에서는 누설자속이 매우 적으므로 k는 1에 가깝다. 그러나 공심(air core)변압기에서는 k가 0.5 정도면 밀결합(close coupling)으로, k가 0.01 정도면 소결합(loose coupling)이다.

[예제] 두 코일 1, 2가 있다. 각각의 L은 20, 50[μH]이고, 그 사이의 M은 5.6[μH]이다.

(a) 두 코일 간의 결합계수 k를 구하라.

(b) 코일 1을 이와 같은 물리적 구조를 가지나 권수가 2배 되는 코일로 대치할 때 M은 어떻게 되겠는가?

$$k = \frac{M}{\sqrt{L_1 L_2}} = \frac{5.6}{\sqrt{20 \times 50}} = 0.177$$

물리적 구조가 같은 코일의 인덕턴스는 권수의 제곱에 비례하므로 대치시킨 코일의 인덕턴스는 $L_1{}' = 2^2 \times L_1 = 80[\mu H]$

k는 두 코일의 상대적 위치에 의해서만 정해지는 것이므로 한쪽 코일을 대치하더라도 k는 변하지 않는다.

$$\therefore M = k\sqrt{L_1{}' L_2} = 0.177\sqrt{80 \times 50} = 10.2[\mu H]$$

6-7 이상 변압기

다음 세 가지 조건을 만족하는 가상적인 변압기를 이상 변압기(ideal trans former)라고 한다.

(1) 두 코일 간의 결합계수가 1일 것 (완전결합인 $M = \sqrt{L_1 L_2}$)

(2) 코일에 관계되는 손실이 0일 것.

(3) 각 코일의 인덕턴스가 무한대일 것(L_1, L_2에 직렬로 연결된 다른 회로소자의 임피던스는 ωL_1, ωL_2에 비하여 무시할 수 있다).

이와 같은 조건을 만족하는 변압기는 물리적으로 만들 수 없으나 설계가 잘 된 철심 변압기는 이상 변압기에 가깝다.

이상 변압기의 권수비를 $n = n_1/n_2$라 하고 [그림 6-10]과 같이 단자전압과 전류의 기준방향을 가정하면 동일구조의 코일에서 인덕턴스는 권수비의 제곱에 비례한다.

$$\sqrt{L_1 / L_2} = n_1 / n_2 = n \tag{6-30}$$

$$\frac{I_2}{I_1} = \lim_{L_1, L_2 \to INF} \frac{j\omega M}{Z_L + j\omega L_2} = \frac{j\omega \sqrt{L_1 L_2}}{j\omega L_2} = n \tag{6-31}$$

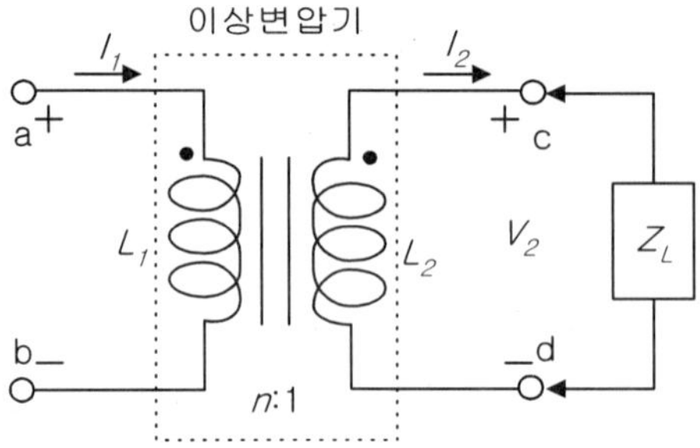

[그림 6-10] 이상 변압기 회로

이다. 또

$$\frac{V_2}{V_1} = \frac{Z_L I_2}{(j\omega L_1 + Z_r) I_1} = \frac{Z_L I_2}{(j\omega L_1 + \frac{(\omega M)^2}{j\omega L_2 + Z_L}) I_1}$$

$$= \lim_{L_1, L_2 \to INF} \frac{Z_L (j\omega L_2 + Z_L)}{j\omega L_1 Z_L} \cdot \frac{I_2}{I_1} = \frac{L_2}{L_1} \cdot n = \frac{1}{n} \tag{6-32}$$

이상 변압기에서는

$$\frac{V_2}{V_1} = \frac{1}{n} = \frac{n_2}{n_1} \tag{6-33}$$

$$\frac{I_2}{I_1} = n = \frac{n_1}{n_2} \tag{6-34}$$

[예제] 어떤 전원에서 권선비 100 : 500의 이상 변압기를 통하여 임피던스 $30+j40[\Omega]$인 부하에 전력을 공급할 때 2차 전압과 전류는?

1차에 비해서 각각 5배, 1/5배가 되고,

1차에서 본 임피던스는 $\frac{1}{25}(30+j40)[\Omega]$ 이 된다.

철심을 갖는 변압기는 이상 변압기에 가까우므로 전압을 승강시키는데 주로 쓰이고 통신용으로는 임피던스를 변환하는 데 많이 쓰인다.

송전선을 통하여 전력을 전송할 때에 생기는 손실은 주로 전선에서의 I^2R의 손실이므로 이것은 I를 적게 함으로써 감소시킬 수 있다. 따라서 보통 송전시에서는 승압변압기를 써서 고전압, 저전류로써 송전한다. 송전된 전력을 실제로 사용할 때에는 보안과 절연문제로 강압변압기를 써서 저전압, 대전류로 고쳐서 사용한다.

연습문제

[문제 6-1] 다음 [그림 6-11]회로에서 $i_1 = I_m \sin\omega t$일 때 개방된 2차 단자에 나타나는 유기전압 v_2를 구하라

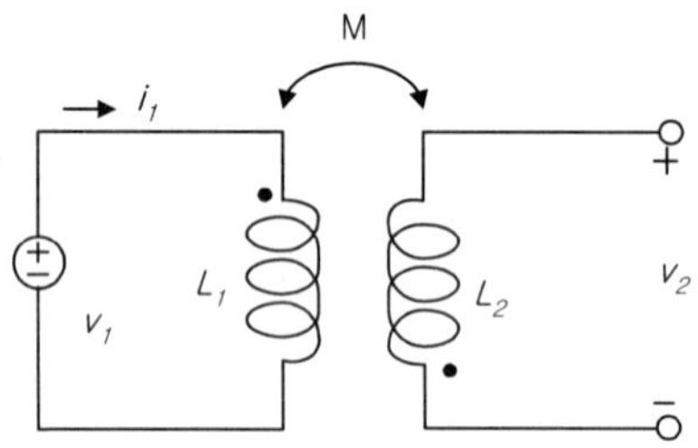

[그림 6-11] 결합회로

[문제 6-2] 위 그림에서 두 코일은 권수가 각각 $n_1 = 200$, $n_2 = 2000$인 공심 코일이다. $i_1 = 2[A]$일 때 1차 코일과 쇄교하는 등가 총 자속 $\Phi_1 = 10^{-4}$[wb]이고 그 중 2차 코일과 쇄교하는 등가 총 자속이 $\Phi_{21} = 2 \times 10^{-5}$[wb]라면 다음 각 값은 어떻게 되겠는가?

a) 1차 코일의 등가 누설자속

b) 1차 코일의 자기 인덕턴스

c) 상호인덕턴스 M

d) 1차 코일의 누설 인덕턴스

e) 1차 코일의 결합 인덕턴스

f) 두 코일 간의 결합계수

g) 2차 코일의 자기 인덕턴스

h) 2차 코일의 누설 인덕턴스

I) 2차 코일의 결합 인덕턴스

[문제 6-3] [그림 6-12]와 같이 상호인덕턴스 M으로 유도결합을 하고 있는 2개의 동일한 코일이 있다. 두 코일을 그림과 같이 두 가지 방법으로 직렬로 연결하여 브리지로서 인덕턴스를 측정하니 각 경우에 대하여 137[mH] 및 43[mH] 이었다. 다음을 구하라.

a) 상호인덕턴스

b) 각 코일의 자기 인덕턴스

c) 양 코일 간의 결합계수

d) 코일의 극성

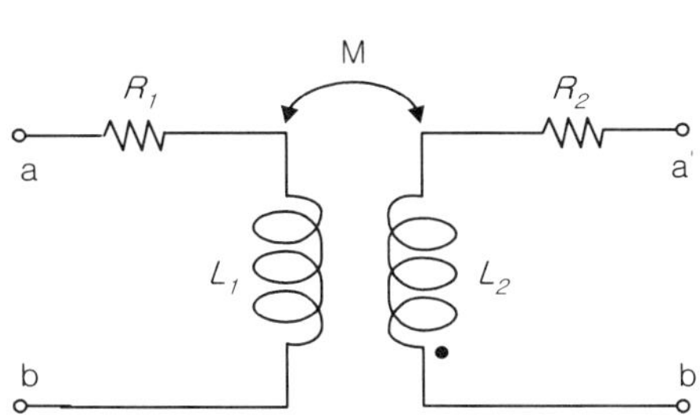

[그림 6-12] 결합회로

[문제 6-4] 다음 [그림 6-13]의 회로를 보고 물음에 답하라. 단, ωM=50[Ω]이다.

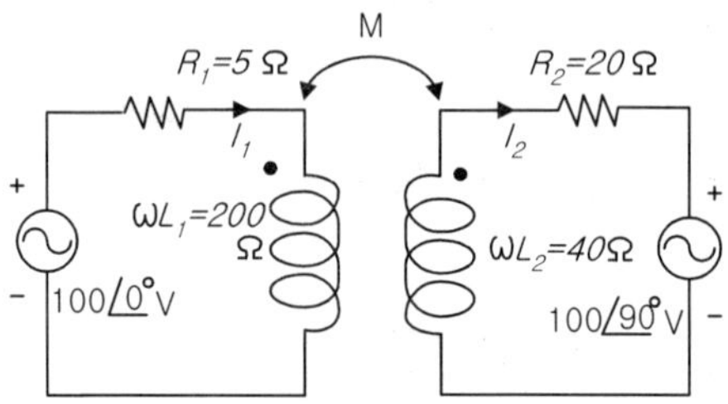

[그림 6-13]

a) I_1, I_2 은 각각 얼마인가?

b) R_1, R_2 에 공급되는 전력

c) 각 전원이 공급하는 전력

제 7 장

일반선형회로망

7-1 능동소자

1) 정 전압원

부하의 상태와 관계없이 그 단자에 일정한 전압을 발생하는 전원을 정 전압원(constant voltage source)이라 한다. 따라서 정 전압원은 내부 임피던스가 0이다. 그러므로 정전압 전원을 단락시키면 전류는 무한대가 된다. 정 전압원의 일반적인 기호 표시는 [그림 7-1](a)와 같으며 발생하는 전압이 정현파일 때 [그림 7-1](b)와 같이 표시하며 불변 전압일 때 [그림 7-1](c)와 같이 표시한다.

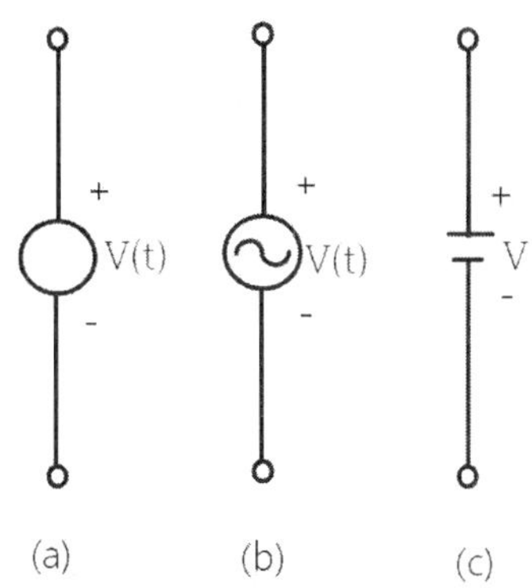

[그림 7–1] 정전압의 기호

2) 정 전류원

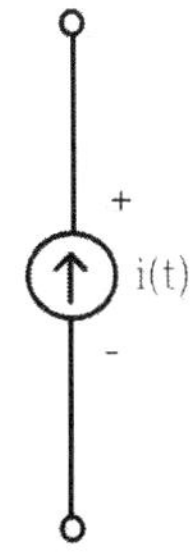

[그림 7–2] 정전류원의 기호

부하의 상태와 관계없이 일정한 전류를 흘려주는 전원을 정 전류원 (constant current source)이라 한다. 따라서 정 전류원은 내부 임피던스가 무한대이다. 그러므로 정 전류원을 개방하면 그 단자 전압은 무한대가 된다. 정 전류원의 일반적인 기호는 [그림 7-2]와 같다.

7-2 저항회로의 일반적 해석법

1) 절점 해석법

[그림 7-3]과 같은 전류 전원과 컨덕턴스로 구성된 간단한 회로에서 0, 1, 2와 같은 소자들의 접합점을 절점(node)이라 한다. 회로에서 전위의 기준점으로 택한 절점을 특히 기준 절점이라 하고 기준 절점에 대한 나머지 절점들의 전압을 절점 전압이라 한다.

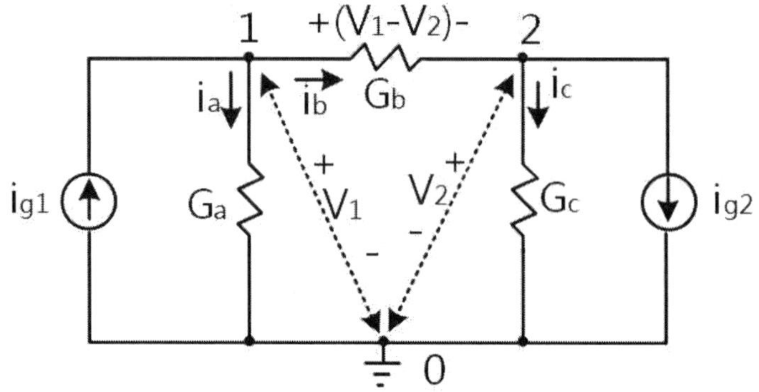

[그림 7-3]

또 절점과 절점 사이 소자를 지로(branch)라 하고 지로를 흐르는 전류를 지로 전류라 한다. [그림 7-3]의 회로는 3개의 절점을 갖고 있다. 기준 절점 0에 대한 다른 절점 1, 2의 전압 곧 절점 전압을 각각 v_1, v_2라하고 또 각 지로 전류를 그림과 같이 가정하면 절점 1, 2에서 KCL은

$$\text{절점1} \;:\; i_a + i_b - i_{g1} = 0 \tag{7-1}$$

$$\text{절점2} \;:\; -i_b + i_c + i_{g2} = 0$$

이 식을 절점 전압 v_1, v_2로 표시하면 각 지로 컨덕턴스에서 $i-v$ 관계로부터

$$i_a = G_a v_1, \quad i_b = G_b(v_1 - v_2), \quad i_c = G_c v_2 \tag{7-2}$$

이다. 식 7-2를 식 7-1에 대입하면

$$G_a v_1 + G_b(v_1 - v_2) - i_{g1} = 0 \tag{7-3}$$

$$-G_b(v_1 - v_2) + G_c v_2 + i_{g2} = 0$$

식 7-3에서 전원 전류를 우변에 옮기고 좌변을 v_1, v_2에 관하여 정돈하면

$$(G_a + G_b)v_1 - G_b v_2 = i_{g1} \tag{7-4}$$

$$-G_b v_1 + (G_b + G_c)v_2 = i_{g2}$$

이 되고 여기에서

$$G_{11} = G_a + G_b, \quad G_{12} = G_{21} = -G_b, \quad G_{22} = G_b + G_c \tag{7-5}$$

$$i_1 = i_{g1}, \quad i_2 = -i_{g2}$$

라 놓으면 식 7-4를 다음과 같이 고쳐 쓸 수 있다.

$$G_{11}v_1 + G_{12}v_2 = i_1 \tag{7-6}$$

$$G_{21}v_1 + G_{22}v_2 = i_2$$

이 방정식을 절점 방정식이라 한다. 여기서 G_{11}, G_{22}를 각각 절점 1, 2의 자기 컨덕턴스(self conductance), G_{12}와 G_{21}을 절점 1과 절점 2 사이의 상호 컨덕턴스(mutual conductance)라 한다.

식 7-6과 원 회로 [그림 7-3]을 비교해 보면 G_{11}은 절점 1에 직접 연결된 모든 컨덕턴스의 합과 같고, G_{22}는 절점 2에 직접 연결된 모든 컨덕턴스의 합과 같다. 또 G_{12}와 G_{21}은 절점 1과 절점 2 사이에 직접 연결된 컨덕턴스에 -의 부호를 붙인 것이고 우변의 i_1, i_2는 각 절점에 유입하는 전류이다. 그러므로 절점 방정식 7-6은 식 7-3을 거치지 않고 회로를 관찰하여 직접 쓸 수 있다.

식 7-6을 풀어서 v_1, v_2을 구하면 모든 지로의 전압과 전류를 구할 수 있다.

[예제] [그림 7-3]에서 $G_a = 0.1[℧]$, $G_b = 0.3[℧]$, $G_c = 0.2[℧]$, $I_{g1} = 2[\mathrm{A}]$, $I_{g2} = 1[\mathrm{A}]$일때 절점 방정식을 쓰시오.

$$
\begin{aligned}
0.4V_1 - 0.3V_2 &= 2 \\
-0.3V_1 + 0.5V_2 &= -1
\end{aligned}
$$

[예제] [그림 7-4](a)의 휘스톤 브리지에서 모든 지로의 전압과 전류를 절점 해석법으로 구하라.

이 회로는 4개의 절점을 가지고 있으므로 하나를 기준점으로 하면 나머지 3개의 절점에 대한 절점 방정식이 필요하다. 그림에 표시된 점 0를 기준 절점으로 하여 이에 대한 나머지 절점 1, 2, 3의 전압을 각각 V_1, V_2, V_3라 하면,

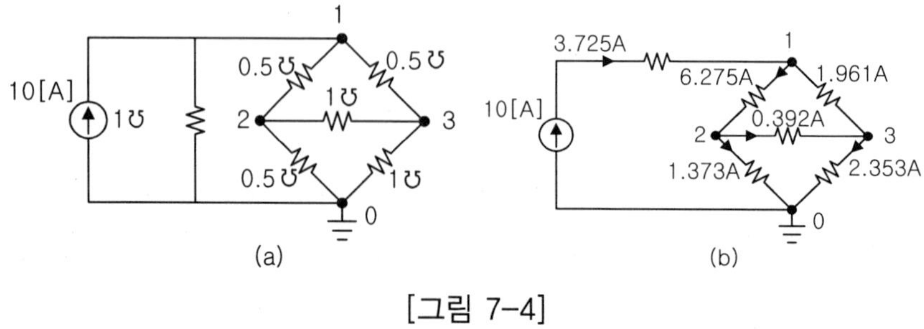

[그림 7-4]

$$G_{11}=1+0.5+0.5=2,\quad G_{22}=1+0.5+0.5=2,$$

$$G_{33}=1+1+0.5=2.5\quad G_{12}=G_{21}=-0.5,$$

$$G_{13}=G_{31}=-0.5,\ G_{23}=G_{32}=-1$$

이 절점 방정식을 연립방정식으로 쓰고 크래머의 방법에 의하여 계산하면

$$2V_1-0.5V_2-0.5V_3=10 \tag{7-7}$$

$$-0.5V_1+2V_2-V_3=0$$

$$-0.5V_1-V_2+2.5V_3=0$$

$$V_1=\frac{\begin{vmatrix}10&-0.5&-0.5\\0&2&-1\\0&-1&2.5\end{vmatrix}}{\begin{vmatrix}2&-0.5&-0.5\\-0.5&2&-1\\-0.5&-1&2.5\end{vmatrix}}=\frac{N_1}{D}$$

$$D=2\cdot2\cdot2.5+(-1)(-0.5)(-0.5)+(-0.5)(-0.5)(-1)$$
$$-(0.5)2(-0.5)-(-0.5)(-0.5)2.5-2(-1)(-1)=6.375$$

$$N_1=10\begin{vmatrix}2&-1\\-1&2.5\end{vmatrix}=10(2\cdot2.5-1)=40$$

$$N_2=\begin{vmatrix}2&10&-0.5\\-0.5&0&-1\\-0.5&0&2.5\end{vmatrix}=-10\begin{vmatrix}-0.5&-1\\-0.5&2.5\end{vmatrix}=17.5$$

$$N_3=\begin{vmatrix}2&-0.5&10\\-0.5&2&0\\-0.5&-1&0\end{vmatrix}=10\begin{vmatrix}-0.5&2\\-0.5&-1\end{vmatrix}=15$$

$$\therefore\ V_1 = \frac{40}{6.375} = 6.275\,[\mathrm{V}]$$
$$V_2 = \frac{17.5}{6.375} = 2.745\,[\mathrm{V}]$$
$$V_3 = \frac{15}{6.375} = 2.353\,[\mathrm{V}]$$

지로 전압은

$$V_{12} = V_1 - V_2 = 6.275 - 2.745 = 3.53[\mathrm{V}]\quad V_{13} = 3.922[\mathrm{V}]$$
$$V_{23} = 0.392[\mathrm{V}],\ V_{20} = V_2 = 2.745[\mathrm{V}],\ V_{30} = V_3 = 2.353[\mathrm{V}]$$

지로 전류들은 지로 전압에 컨덕턴스를 곱해서 얻어지므로 [그림 7-4](b)와 같은 전류분포를 얻는다. 특히 원 회로의 전류 전원에서 절점 1로 유입하는 전류는 $10 - V_1 \times 1 = 3.725[\mathrm{A}]$이다.

2) 지로해석법

망로(mesh)는 [그림 7-5]와 같이 내부에 다른 지로를 포함하지 않는 작은 폐로를 의미한다. 지로해석법에서는 주어진 회로의 각 접합점에 KCL을 적용하여 미지의 지로 전류의 수를 최소한으로 줄여놓고 이것을 각 망로에 따라 KVL식을 쓴 다음 연립시켜서 푼다.

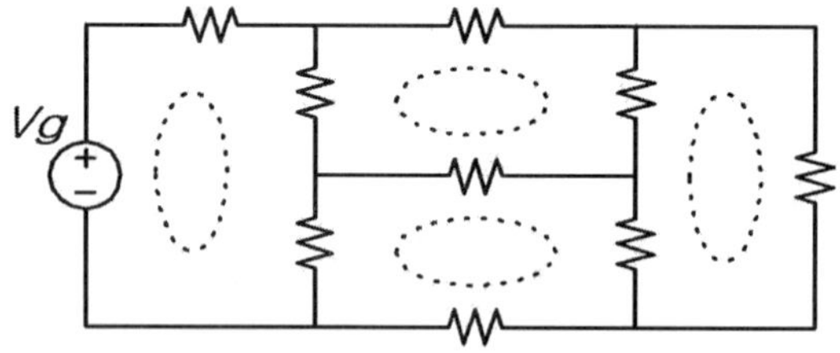

[그림 7-5 망로]

[그림 7-6]의 브리지회로에 대하여 지로해석법을 써서 모든 지로 전류를 구하면 우선 절점 a에 관계되는 3개의 지로 전류 중 임의의 2개, 즉 그림에서 I_1, I_2만 미지수로 택하고 나머지 I_{ac}는 $I_1 - I_2$로 표시한

다. 다음에 절점 b를 생각하면 이에 관계되는 3개의 지로 전류 중 이미 I_2는 미지수로 했으므로 나머지 2개 중 하나를 미지수로 한다. 가령 I_3를 미지수로 택하면 I_{bc}는 $I_2 - I_3$와 같이 표시된다.

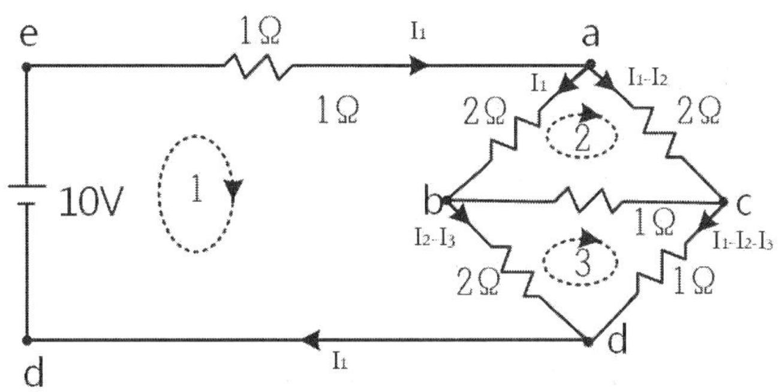

[그림 7-6] 브리지 회로

다음에 절점 c 를 생각하면 이에 관계되는 3개의 지로 전류 중에서 2개의 지로 전류는 이미 정한 3개의 미지수로 표시할 수 있다. 끝으로 절점 d 에서 KCL이 자동으로 성립함을 볼 수 있다.

각 망로에 따라 시계방향으로 KVL식을 세우면

$$\text{망로1}: I_1 + 2I_2 + 2(I_2 - I_3) = 10$$

$$\text{망로2}: 2(I_1 - I_2) - I_3 - 2I_2 = 0$$

$$\text{망로3}: I_3 + (I_1 - I_2 + I_3) - 2(I_2 - I_3) = 0$$

정돈하고 크래머의 방법을 써서 해를 구하면

$$I_1 + 4I_2 - 2I_3 = 10$$

$$2I_1 - 4I_2 - I_3 = 0$$

$$I_1 - 3I_2 + 4I_3 = 0$$

$$I_1 = \frac{\begin{vmatrix} 10 & 4 & -2 \\ 0 & -4 & -1 \\ 0 & -3 & 4 \end{vmatrix}}{\begin{vmatrix} 1 & 4 & -2 \\ 2 & -4 & -1 \\ 1 & -3 & 4 \end{vmatrix}} = \frac{N_1}{D}$$

$$D = 1(-4)4 - 3 \cdot 2(-2) + 1 \cdot 4(-1) - 1(-4)(-2) - 2 \cdot 4 \cdot 4 - 1(-1)(-3) = -51$$

$$N_1 = 10\begin{vmatrix} -4 & -1 \\ -1 & 4 \end{vmatrix} = 10(-16-3) = -190$$

$$\therefore I_1 = \frac{-190}{-51} = 3.725[\text{A}]$$

$$I_2 = \frac{\begin{vmatrix} 1 & 10 & -2 \\ 2 & 0 & -1 \\ 1 & 0 & 4 \end{vmatrix}}{D} = \frac{-10\begin{vmatrix} 2 & -1 \\ 1 & 4 \end{vmatrix}}{D} = \frac{-90}{-51} = 1.765[\text{A}]$$

$$I_3 = \frac{\begin{vmatrix} 1 & 4 & 10 \\ 2 & -4 & 0 \\ 1 & -3 & 0 \end{vmatrix}}{D} = \frac{10\begin{vmatrix} 2 & -4 \\ 1 & -3 \end{vmatrix}}{D} = \frac{-20}{-51} = 0.392\,[\text{A}]$$

나머지 지로 전류들은 다음과 같고 전류분포는 [그림 7-4](b)와 일치한다.

$$I_{ac} = I_1 - I_2 = 3.725 - 1.765 = 1.96[\text{A}]$$

$$I_{bd} = I_2 - I_3 = 1.765 - 0.392 = 1.373[\text{A}]$$

$$I_{cd} = I_1 - I_2 + I_3 = 3.725 - 1.765 + 0.392 = 2.352[\text{A}]$$

3) 망로 해석법

지로해석법보다 좀 더 조직적이고 기계적인 방법은 망로 해석법이다. [그림 7-7]과 같은 전압 전원과 저항으로 구성된 간단한 회로를 생각하면 이 회로에서 망로는 $a-b-d-a$와 $b-c-d-b$이다.

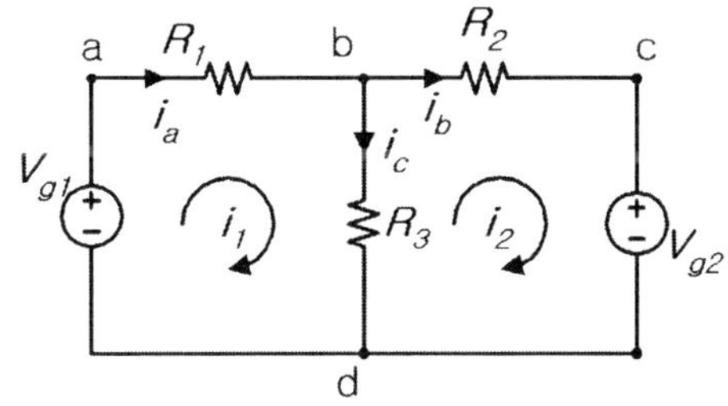

[그림 7-7] 망로 전류

이것을 각각 망로 1, 망로 2라 하고, 망로 1을 순환하여 흐르는 전류 i_1이 존재한다고 하면 이 i_1은 전원 v_{g1}과 저항 R_1을 흐르는 지로 전류 i_a와 같다. 또 망로 2를 환류하는 전류 i_2가 존재한다고 가상하면 이것은 R_3와 v_{g2}를 흐르는 지로 전류 i_b와 같다. 그러면 접속점 b에서 d로 흐르는 실제의 지로 전류 i_c는 $i_1 - i_2$와 같다. 그림과 같은 망로 전류를 가정하면 각 접속점에서 KCL식은 자동으로 만족 된다.

가령 절점 b에서 KCL식은 $i_a - i_b - i_c = i_1 - i_2 - (i_1 - i_2) = 0$ 으로서 KVL식은 각 망로에 따라 세우면 얻어진다.

$$\text{망로1 } : R_1 i_1 + R_3(i_1 - i_2) = v_{g1} \tag{7-8}$$

$$\text{망로2 } : -R_3(i_1 - i_2) + R_2 i_2 = -v_{g2}$$

둘째 식에서 R_3앞에 -의 부호가 붙은 것은 망로 2를 시계방향으로 일주할 때 점 d에서 b로 생기는 전압강하가 $-R_3 i_c = -R_3(i_1 - i_2)$이기 때문이다. 위의 두 방정식을 연립시켜 망로 전류를 구하고 모든 지로 전류들은 이것을 가감하여 구한다.

이 방법에 따른 결과가 지로해석법에서 얻은 결과와 일치하는가를 알아보기 위하여 그림 7-7의 지로 전류 i_a, i_b, i_c를 미지수로 택하여 회로방정식을 쓰면

$$\text{KCL } : i_c = i_a - i_b$$

$$\text{KVL} \ : R_1 i_a + R_3(i_a - i_b) = v_{g1} \tag{7-9}$$

$$\text{KVL} \ : R_3(i_a - i_b) - R_2 i_b = - v_{g2}$$

이다. 이 식들을 식 7-7과 비교하면 $i_a = i_1$, $i_b = i_2$라 놓고 $i_c = i_1 - i_2$라 놓으면 두 방법이 같은 결과임을 알 수 있다. 식 7-9에서 이미 알고 있는 전원 전압을 우변으로 옮기고 좌변을 i_1, i_2에 관하여 정돈하면

$$(R_1 + R_3)i_1 - R_3 i_2 = v_{g1}$$

$$-R_3 i_1 + (R_2 + R_3)i_2 = - v_{g2}$$

이고

$$R_{11} = R_1 + R_3, \ R_{12} = R_{21} = - R_3, \ R_{22} = R_2 + R_3$$

$$v_1 = v_{g1}, \quad v_2 = - v_{g2} \tag{7-10}$$

라 놓으면 식 7-9를 다음의 형식으로 나타낼 수 있다.

$$R_{11} i_1 + R_{12} i_2 = v_1 \tag{7-11}$$

$$R_{21} i_1 + R_{22} i_2 = v_2$$

이 방정식을 망로 방정식이라 한다. 여기서 R_{11}, R_{22}를 각각 망로 1과 망로 2의 자기저항, R_{12}와 R_{21}을 망로 1과 망로 2 사이의 상호저항이라고 한다.

식 7-10과 원 회로를 대조하면 R_{11}은 망로 1에 포함된 모든 저항의 합과 같고 R_{22}는 망로 2에 포함된 모든 저항의 합과 같다. 또 R_{12}와 R_{21}은 망로 1과 망로 2에 공통되는 지로의 저항이며 만일 이 공통 지로에서 전류 i_1과 i_2와의 방향이 반대이면 -의 부호가 되고 같은 방향이면 +가 된다. 또, 식 7-8의 우변은 각 망로 전류의 양의 방향으로 생기는 전원 전압의 상승과 같다.

이 식 7-8의 우변은 각 망로 전류의 양의 방향으로 생기는 전원 전압

의 상승과 같다. 이상의 사실을 기억하면 식 7-6을 거치지 않고 망로방정식 7-11 회로를 관찰하여 직접 쓸 수 있다. 이제 식 7-11을 풀어서 i_1, i_2를 구하면 모든 지로의 전류와 전압을 구할 수 있다.

이상이 망로 해석법이며 지로의 교차 없이 평면 회로에 항상 적용될 수 있는 해석법이다.

절점 해석법과 망로 해석법 사이에 <표 7-1>과 같은 대응 관계가 있다. 이와 같은 관계를 쌍대적(dual) 관계라 하고 표에서 좌, 우 양쪽은 서로 쌍대적인 양이다.

〈표 7-1〉 쌍대적인 양

절점 해석법	망로 해석법
전류	전압
절점	망로
전류 전원	전압 전원
절점 전압	망로 전류
절점 방정식	망로 방정식
컨덕턴스	저항
자기 컨덕턴스	자기 저항
상호 컨덕턴스	상호 저항

[예제] [그림 7-7]에서 $R_1 = 1[\Omega]$, $R_2 = 2[\Omega]$, $R_3 = 3[\Omega]$, $V_{g1} = 2[\mathrm{V}]$, $V_{g2} = 1[\mathrm{V}]$라면 망로 방정식은

$$4I_1 - 3I_2 = 2$$

$$-3I_1 + 5I_2 = -1$$

[예제] [그림 7-8](a)의 회로에서 모든 지로의 전류와 전압을 망로 해석법으로 구하라.

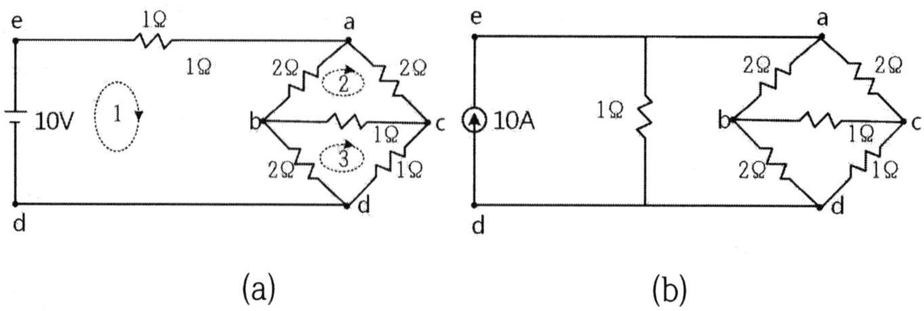

[그림 7-8]

망로 전류의 양의 방향을 그림 7-8(a)와 같이 가정하면

$$R_{11}=1+2+2=5,\ R_{22}=2+2+1=5,\ R_{33}=2+1+1=4$$

$$R_{12}=R_{21}=-2,\ R_{13}=R_{31}=-2,\ R_{23}=R_{32}=-1$$

이 얻어진다. 그러므로 망로 방정식을 쓰고 이 연립방정식을 크래머의 방법에 의하여 풀면

$$5I_1-2I_2-2I_3=10$$

$$-2I_1+5I_2-I_3=0$$

$$-2I_1-I_2+4I_3=0$$

$$\therefore\ I_1=\frac{190}{51}=3.725[\mathrm{A}]\qquad I_2=\frac{100}{21}=1.96[\mathrm{A}],$$

$$I_3=\frac{120}{51}=2.352[\mathrm{A}]$$

각 지로 전류는

$$I_{ab}=I_1-I_2=3.725-1.96=1.765[\mathrm{A}]$$

$$I_{bc}=I_3-I_2=0.392[\mathrm{A}]\quad \mathrm{I_{bd}=I_1-I_3}=1.373[\mathrm{A}]$$

$$I_{dea}=I_1=3.725[A],\ I_{ac}=I_2=1.96[A],\quad I_{cd}=I_3=2.352[A]$$

로서 이 결과는 [그림 7-4](b)에 표시한 것과 일치한다.

4) 절점 해석법과 망로 해석법의 선택

회로해석에서 절점법과 망로법 중 어떤 것을 쓸 것인가 하는 문제는 주로 연립방정식의 수에 따라서 결정할 것이지만 일반적으로 전압 전원을 포함하고 또 지로의 저항이 주어졌을 때 망로법을, 그리고 전류 전원을 포함하고 또 지로가 컨덕턴스일 때 절점법을 쓴다.

[그림 7-9](a)의 저항 회로에서 $\frac{V_{cd}}{V_{ad}}$를 구하는 과정을 설명해보면,

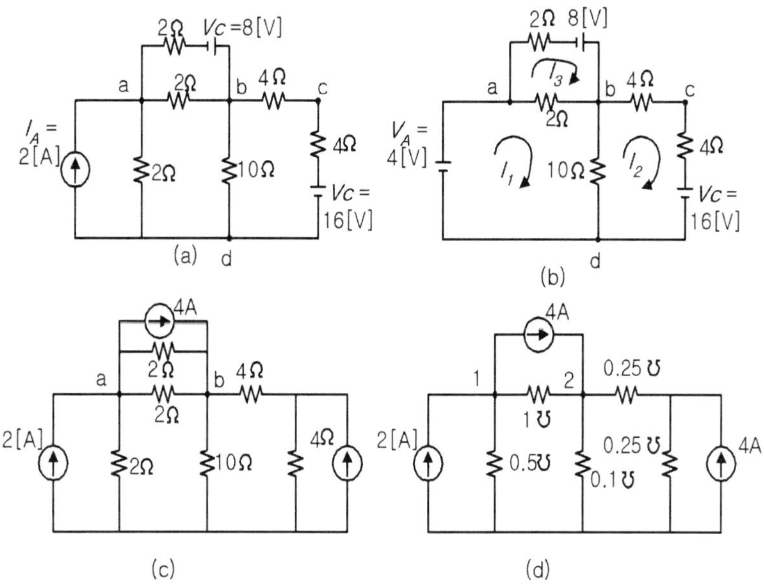

[그림 7-9]

전압 전원이 2개인데 반하여 전류 전원이 1개이고, 또 각 지로의 저항이 주어졌으므로 (a) 망로 해석법을 선택한다.

그래서 전류 전원 I_A와 병렬저항 $2[\Omega]$을 등가적으로 전압 전원과 직렬저항으로 대치한 (b)에서 망로 해석법을 써서 망로 전류 I_1, I_2, I_3를 구한 다음 $V_{ad} = V_A - 2I_1$, $V_{cd} = V_c + 4I_2$로부터 $\frac{V_{cd}}{V_{ad}}$를 계산한다.

그러나 이 문제에서 각 지로의 컨덕턴스의 계산이나 전압 전원을 전

류 전원으로 대치할 때의 계산은 최종적으로 구하고자 하는 것이 전압비이므로 절점 해석법을 쓴다. 그러므로 [그림 7-9](c)와 같이 우선 전원을 모두 전류 전원으로 고친 다음 이것을 다시 [그림 7-9](d)와 같이 단순화하여 각 지로의 컨덕턴스를 계산한다.

절점을 a, b, c 대신 1, 2, 3이라 하고 자기 컨덕턴스와 상호컨덕턴스를 쓰면

$$G_{11} = 1 + 0.5 = 1.5, \qquad G_{22} = 1 + 0.1 + 0.25 = 1.35$$

$$G_{33} = 0.25 + 0.25 = 0.5, \qquad G_{12} = G_{21} = -1$$

$$G_{13} = G_{31} = 0, \qquad G_{23} = G_{32} = -0.25$$

따라서 d를 기준 절점으로 하는 절점 방정식을 쓰고 계산하면

$$\begin{aligned} 1.5V_1 \quad - V_2 \qquad\qquad &= 2 - 4 \\ -V_1 + 1.35V_2 - 0.25V_3 &= 4 \\ -0.25V_2 + 0.5V_3 &= 4 \end{aligned}$$

$$V_1 = \frac{\begin{vmatrix} -2 & -1 & 0 \\ 4 & 1.35 & -0.25 \\ 4 & -0.25 & 0.5 \end{vmatrix}}{D} = \frac{N_1}{D}$$

$$V_3 = \frac{\begin{vmatrix} 1.5 & -1 & -2 \\ -1 & 1.35 & 4 \\ 0 & -0.25 & 4 \end{vmatrix}}{D} = \frac{N_3}{D}$$

$$\therefore \frac{V_{cd}}{V_{ad}} = \frac{V_3}{V_1} = \frac{N_3}{N_1}$$

이 된다. 이상의 V_1, V_3의 표시 식에서 분모의 행렬식 D는 $\dfrac{V_3}{V_1}$에서 D가 약분되기 때문에 계산할 필요가 없다. 만일 처음에 망로법을 썼다

면 I_1, I_3를 구할 때 일일이 분모의 행렬식을 계산해야 하기 때문에 이런 문제에서는 절점 해석법이 유리하다.

7-3 전원의 등가변환

전기회로의 전원은 일반적으로 전압원이지만 회로에 따라서는 전류원으로 취급하는 편이 더 편리한 때도 있다.

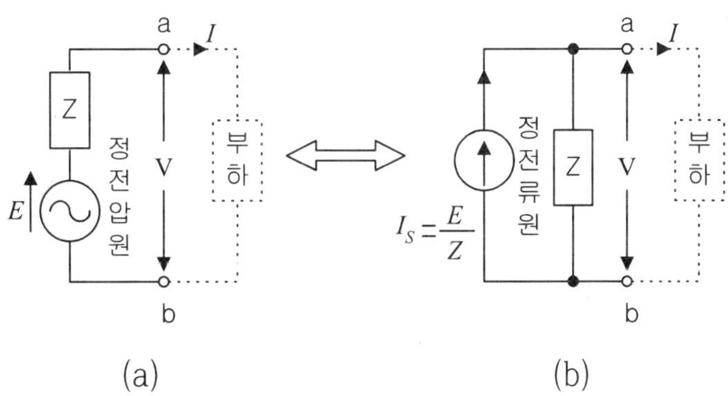

[그림 7-10] 전원의 등가 변환

[그림 7-10](a)에서 부하전류가 I일 때 단자 전압 V는

$$V = E - ZI \tag{7-13}$$

로 되어서 식 7-13을 변형하면

$$I = \frac{E-V}{Z} = \frac{E}{Z} - \frac{V}{Z} = I_S - I_Z \qquad \therefore I_S = I_Z + I \tag{7-14}$$

이다. 여기서

$$I_S = \frac{E}{Z}, \quad I_Z = \frac{V}{B} \tag{7-15}$$

로 되어 $I_S = E/Z$는 전원을 단락시켰을 때 흐르는 전류이고 $I_Z = V/Z$는 단자 전압 V인 점에 Z를 접속했을 때 흐르는 전류를 의미하므로 [그림 7-10](a)는 [그림 7-10](b)와 같은 전류원으로 표시할 수 있다. 따라서 [그림 7-10](a)의 전압원과 (b)의 전류원은 서로 등가회로이다. 또한 [그림 7-10]의 전압원과 전류원에서 내부 임피던스를 따로 표시하고 있으므로 정전압원을 제거하는 것은 그 단자 전압을 단락하는 것이 되고 전전류원을 제거하는 것은 그 단자를 개방하는 것이 된다.

[예제] 기전력 20[V], 내부 임피던스 $Z = 0.3 + j0.4[\Omega]$의 전압원을 전류원으로 변환하여 그려라.

전압원 회로는 [그림 7-11](a)와 같으며 전류원으로 변환하면 [그림 7-11](b)와 같다.

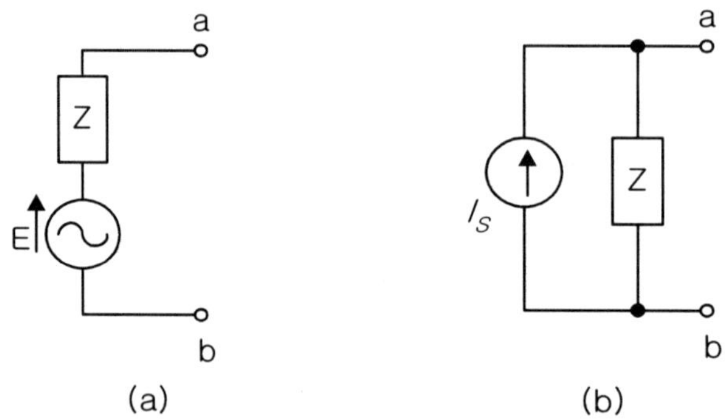

[그림 7-11]

그림 (b)에서 전류 I_s는

$$I_S = \frac{E}{Z} = \frac{20}{0.3 + j0.4} = 80(0.3 - j0.4) = 40\angle -53.1^\circ [A]$$

7-4 키르히호프의 법칙

회로가 직렬, 병렬 또는 직 병렬로 연결되어 있으며, 전원이 2개소 이상이 있는 복잡한 회로가 되면 회로의 해법이 곤란하게 된다. 이와 같은 회로의 해법에 편리한 것이 키르히호프의 법칙으로 독일의 물리학자인 G.R.Kirchhoff가 계산 법칙을 확립했다.

1) 키르히호프의 제 1법칙

회로망 중의 임의의 접속점에 유입하는 전류의 총합과 유출하는 전류의 총합은 같다.

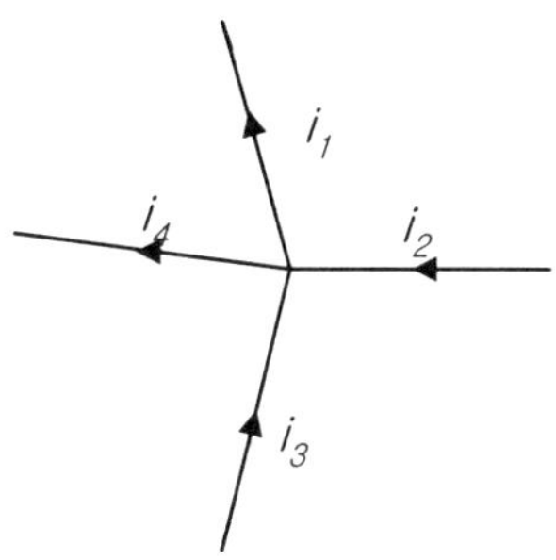

[그림 7-12] 키르히호프의 제 1법칙(Kirchhoff's first law)

[그림 7-12]에서 I_2, I_3는 유입하는 전류이고 I_1, I_4는 유출하는 전류이므로 제 1법칙은

$$I_2 + I_3 = I_1 + I_4 \tag{7-16}$$

로 표시된다. 윗 식에서 유출하는 전류를 등식의 좌변으로 옮기면

$$I_2 + I_3 + (-I_1) + (-I_4) = 0 \tag{7-17}$$

$$\Sigma I = 0 \tag{7-18}$$

로 표시된다. 따라서 회로망의 임의의 접속점에 유입하는 전류의 대수합은 0이다. 이 경우 유출하는 전류는 유입하는 전류의 (-)로 취급한다.

2) 키르히호프의 제 2법칙

회로망의 임의 폐회로 내를 일정방향으로 일주했을 때 주어진 기전력의 대수합은 각 지로에 생긴 전압이나 전압강하의 대수합과 같다.

이 경우 기전력과 전압은 회로를 따라 순회하는 방향과 일치된 기전력을 (+), 순회하는 방향과 일치된 전류에 의한 전압을 (+)로 하고 반대 방향의 것을 (-)로 하여 대수적으로 취급한다.

[그림 7-13]과 같은 망회로의 *a-b-c-d-e-a*인 폐로를 시계방향으로 돌았을 때 제 2법칙을 적용하면 E_1의 기전력은 (+), E_2의 기전력은 (-)로 되고, Z_1I_1, Z_3I_3, Z_5I_5의 전압은 (+), Z_2I_2, Z_4I_4의 전압은 (-)로 되므로 다음과 같이 표시할 수 있다.

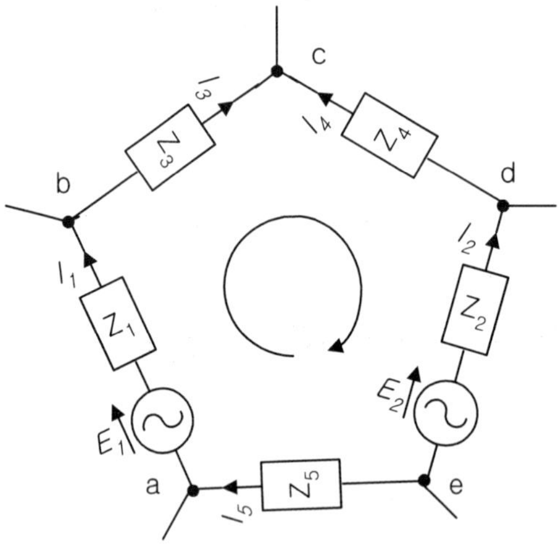

[그림 7-13] 키르히호프의 제 2법칙(Kirchhoff's second law)

$$Z_1I_1 + Z_3I_3 + (-Z_4I_4) + (-Z_2I_2) + Z_5I_5 = E_1 - E_2 \tag{7-19}$$

$$\Sigma E = \Sigma ZI \tag{7-20}$$

[예제] [그림 7-14] 회로의 전류 I를 구하여라.

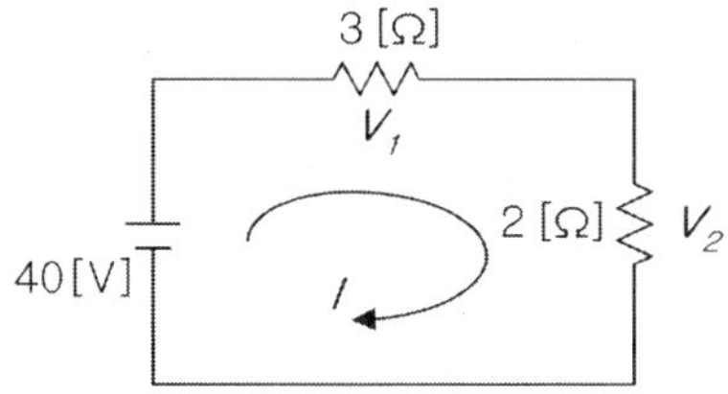

[그림 7-14]

[그림 7-14]와 같이 시계방향으로 일주하면서 키르히호프의 제 2법칙을 적용하면

$V_1 + V_2 = 40$에서 $V_1 = 3I$, $V_2 = 2I$ 이므로 $3I + 2I = 40$

$\therefore\ I = 8$[A]

[예제] [그림 7-15]에서 $V_1 = 110$[V], $V_2 = 130$[V], $R_1 - 1$[ohm], $R_2 = 2$[ohm], $R_3 = 4$[ohm]이면 각 분로의 전류는 몇[A]인가?

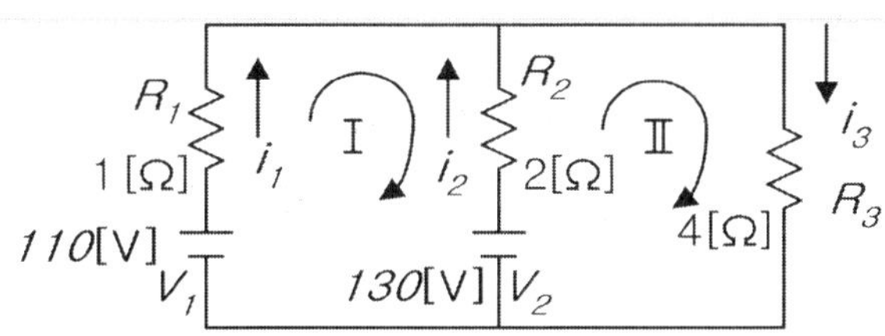

[그림 7-15]

점 1에 키르히호프의 제 1법칙을 적용하면

$i_1 + i_2 - i_3 = 0$ --------------(1)

폐회로(I)에 키르히호프의 제 2법칙을 적용하면

$R_1 I_1 + R_2 I_2 = V_1 - V_2$

$I_1 - 2I_2 = 110 - 130 = -20$ ---------(2)

폐회로(Ⅱ)에 키르히호프의 제 2법칙을 적용하면

$R_2I_2 + R_3I_3 = V_2$, $2I_2 + 4I_3 = 130$ --------------(3)

따라서 식 ①을 식 ③에 대입하여 정리하면

$2I_2 + 4(I_1 + I_2) = 4I_1 + 6I_2 = 130$-----------------(4)

또 ②×③+④를 하여 I_2를 소거하면 $7I_1 = 70$ $\therefore I_1 = 10[A]$
I_1을 ②에 대입하면 $I_2 = 15[A]$, I_1, I_2를 ①에 대입하면 $I_3 = 25[A]$이다.

7-5 회로방정식을 세우는 방법

키르히호프의 법칙을 이용하여 회로방정식을 세우는 방법에는 다음의 3종류가 있다.

1) 지로 전류법

지로의 수만큼 지로 전류를 가정하여 키르히호프의 제1법칙과 제2법칙에 의하여 회로방정식을 세우는 방법으로 지로 전류를 직접 계산할 때 쓰인다.

[그림 7-16]의 회로에서 지로 전류 I_1, I_2, I_3를 그림과 같이 방향을 가정하여 화살표를 붙인다.

키르히호프의 제 1법칙을 a점과 b점에서 적용하면 a점에서는 $I_1 + I_2 = I_3$, b점에서는 $I_3 = I_1 + I_2$를 얻는다. 두 식은 동일하므로 한쪽 식만으로 충분하다. 따라서

$$I_1 + I_2 - I_3 = 0 \tag{7-21}$$

이 된다. 일반적으로 키르히호프의 제 1법칙에 의하여 접속점에서 세

우는 전류에 관한 식은 접속점의 수가 n개일 때 $n-1$개 만큼만 세우면 충분하다.

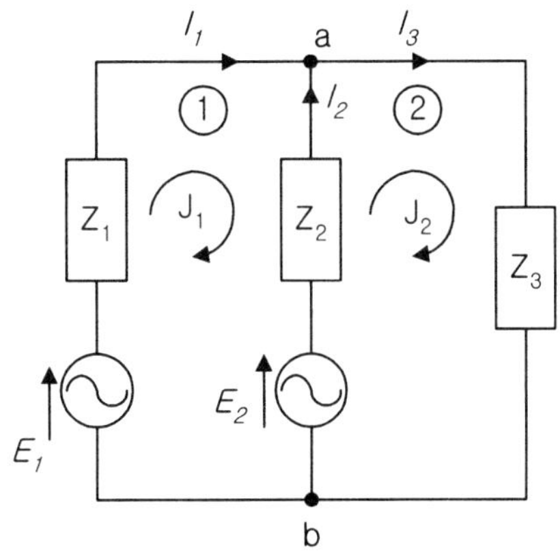

[그림 7-16]

다음에 키르히호프의 제 2법칙에 의하여 독립폐로에서 그 수만큼 식을 세운다. 여기서 ①, ②의 폐로에서 식을 세우면

①의 폐로에서 $Z_1I_1 - Z_2I_2 = E_1 - E_2$ (7-22)

②의 폐로에서 $Z_2I_2 - Z_3I_3 = E_2$ (7-23)

이 식들을 1차 연립방정식으로 풀면 I_1, I_2, I_3를 구할 수 있다. 또한 식 (7-21)~(7-23)을 행렬로 표시하면 다음과 같다.

$$\begin{bmatrix} 1 & 1 & -1 \\ Z_1 & -Z_2 & 0 \\ 0 & Z_2 & Z_3 \end{bmatrix} \begin{bmatrix} I_1 \\ I_2 \\ I_3 \end{bmatrix} = \begin{bmatrix} 0 \\ E_1 - E_2 \\ E_2 \end{bmatrix} \qquad (7\text{-}24)$$

2) 폐로 전류법

독립폐로의 수만큼 폐로 전류를 가정하여 놓고 키르히호프의 제2법칙에 의하여 식을 세우는 방법으로 폐로 전류를 직접 계산할 때 많이 사용한다.

[그림 7-16]의 회로에서 지로전류 I_1, I_2, I_3대신에 폐로전류 J_1, J_2를 가정하면

$$I_1 = J_1, \quad I_2 = J_2 - J_1, \quad I_3 = J_2 \tag{7-25}$$

이므로 J_1, J_2를 구하면 지로 전류도 구할 수 있다.

[그림 7-16]에서 J_1, J_2에 관하여 키르히호프의 제 2법칙을 적용하면 다음 식이 성립한다.

$$(Z_1 + Z_2)J_2 - Z_2 J_2 = E_1 - E_2 \tag{7-26}$$

$$-Z_2 I_1 + (Z_2 + Z_3)J_2 = E_2 \tag{7-27}$$

식 7-26과 식 7-27을 풀면 J_1, J_2를 구할 수 있고, 이것을 행렬로 표시하면

$$\begin{bmatrix} Z_1 + Z_2 & -Z_2 \\ -Z_2 & Z_2 + Z_3 \end{bmatrix} \begin{bmatrix} J_1 \\ J_2 \end{bmatrix} = \begin{bmatrix} E_1 - E_2 \\ E_2 \end{bmatrix} \tag{7-28}$$

이다. 여기서 $\begin{bmatrix} Z_1 + Z_2 & -Z_2 \\ -Z_2 & Z_2 + Z_3 \end{bmatrix} = [Z]$는 임피던스 행렬이다. $Z_1 + Z_2$ 및 $Z_2 + Z_3$는 각각 독립된 폐로 내의 임피던스로서 자기 임피던스라고 하고, $-Z_2$는 독립된 폐로 사이에 관계가 있는 임피던스로서 상호임피던스라 한다. 상호임피던스는 J_1, J_2의 흐르는 방향이 서로 반대일 때는 (-)의 기호가 붙는다.

일반적인 선형회로망에서는 임피던스 행렬과 역행렬인 어드미턴스 행렬은 대치행렬이 된다. 이 방법은 지로 전류법에 비하여 식의 수가 간단하며 임피던스 행렬도 비교적 간단히 쓸 수 있으므로 편리하다. 이 때문에 복잡한 회로일수록 폐로 전류법을 사용하여 회로방정식을 세운다.

[예제] [그림 7-17]과 같은 회로에서 전압전원의 출력과 저항에서 소비되는 전력을 구하라.

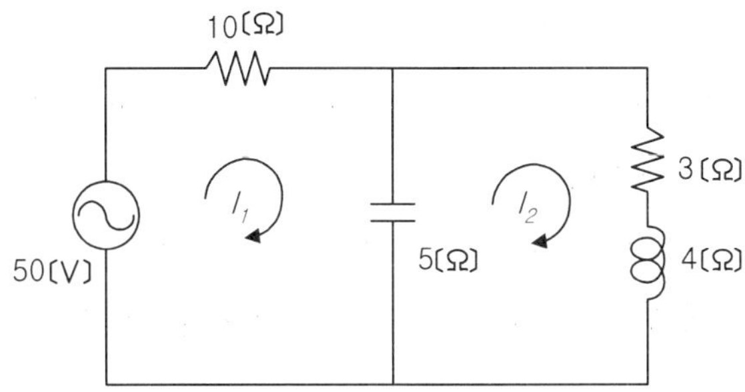

[그림 7-17]

폐로 전류법을 이용하여 전류를 계산하면

$$\begin{bmatrix} 10-j5 & j5 \\ j5 & 3-j \end{bmatrix} \begin{bmatrix} I_1 \\ I_2 \end{bmatrix} = \begin{bmatrix} 50 \\ 0 \end{bmatrix}$$

$$\therefore I_1 = \frac{\begin{vmatrix} 50 & j5 \\ 0 & 3-j \end{vmatrix}}{\begin{vmatrix} 10-j5 & j5 \\ j5 & 3-j \end{vmatrix}} = 2.83\angle 8.14^\circ\,[A],$$

$$I_2 = \frac{\begin{vmatrix} 10-j5 & 50 \\ j5 & 0 \end{vmatrix}}{\begin{vmatrix} 10-j5 & j5 \\ j5 & 3-j \end{vmatrix}} = 4.47\angle -63.4^\circ\,[A]$$

전원의 전력 P는

$$P = VI_1\cos\theta_1 = 50 \times 2.83\cos 8.14 = 140[W]$$

$10[\Omega]$과 $3[\Omega]$의 전력 P_{10}과 P_3는

$P_{10} = 10I_1^2 = 10 \times 2.83^2 = 80[\omega]$, $P_3 = 3I_2^2 = 3 \times 4.47^2 = 60[W]$

가 되어 그 합은 $140[W]$로 전원의 출력과 같다.

3) 절점 전위법

회로 내의 접속점의 전위를 구하거나 전위에서 전류분포를 계산할 때 절점 전위법이 쓰인다. 회로망 내의 접속점 중 한 점을 기준인 0 전위로 하여 다른 접속점의 전위를 가정하고 키르히호프의 제 1법칙에 의해서 식을 세우는 방법으로 전류원 만을 포함하는 회로의 방정식을 세울 때 편리하다.

[그림 7-18]와 같이 접속점 a, b의 전위를 V_a, V_b라하고 V_b를 기준점으로 하여 0전위라고 하여 a점에서 키르히호프의 제 1법칙을 적용하면

$$I_1 + I_2 = I_3$$

$$Y_1(E_1 - V_a) + Y_2(E_2 - V_a) = Y_3 V_a$$

$$(Y_1 + Y_2 + Y_3) V_a = Y_1 E_1 + Y_2 E_2$$

$$\text{단, } Y_1 = \frac{1}{Z_1}, \quad Y_2 = \frac{1}{Z_2}, \quad Y_3 = \frac{1}{Z_3} \qquad (7\text{-}29)$$

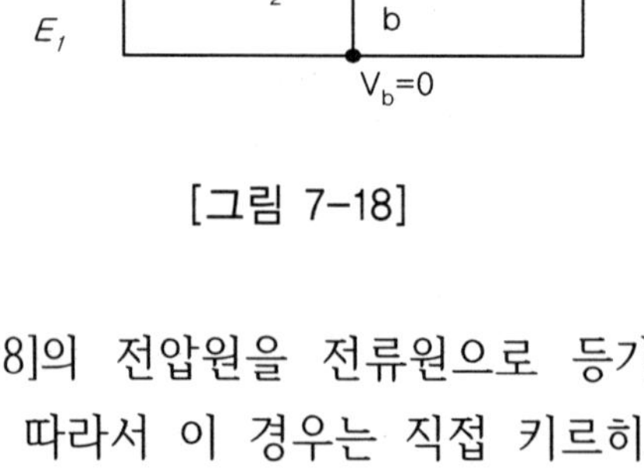

[그림 7-18]

또한, [그림 7-18]의 전압원을 전류원으로 등가 변환하면 그림 7-19와 같이 된다. 따라서 이 경우는 직접 키르히호프의 제 1법칙에서

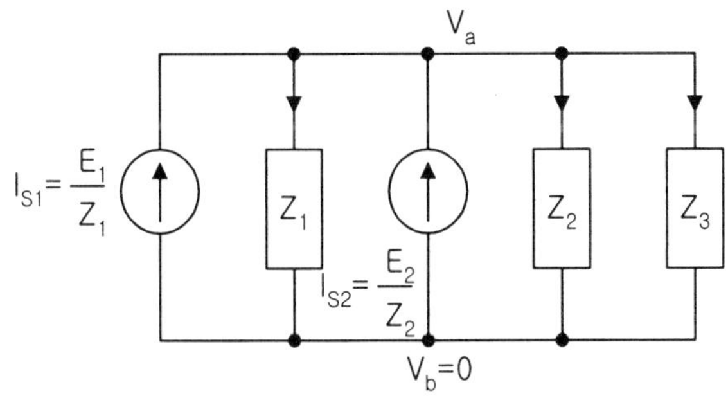

[그림 7-19]

$$(\frac{1}{Z_1}+\frac{1}{Z_2}+\frac{1}{Z_3})V_a = I_{s1}+I_{s2} = \frac{E_1}{Z_1}+\frac{E_2}{Z_2}$$

$$(Y_1+Y_2+Y_3)V_a = Y_1E_1+Y_2E_2 \qquad (7\text{-}30)$$

로 되어 간단히 회로방정식을 세울 수 있다. 이 때문에 절점 전위법은 다수의 전류원이 있는 회로망의 계산에 편리하다.

[그림 7-20]의 (a)를 등가 변환한 (b)의 회로에서 1, 2, 3점에 키르히호프의 제 1법칙을 적용하면 다음의 식을 얻는다.

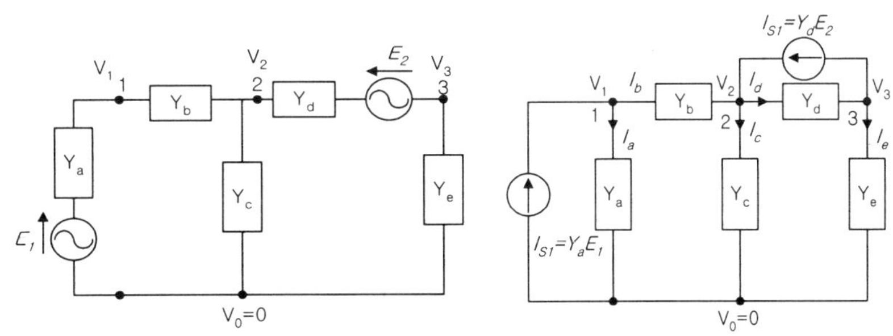

(a) (b)

[그림 7-20]

1의 점에서 $I_a + I_b = I_{s1}$

$$Y_aV_1 + Y_b(V_1 - V_2) = I_{s1} \qquad (7\text{-}31)$$

2의 점에서 $-I_b + I_c + I_d = I_{s2}$

$$-Y_b(V_1-V_2)+Y_cV_c+Y_d(V_2-V_3)=I_{s2} \qquad (7\text{-}32)$$

3의 점에서 $-I_d+I_c=I_{s2}$

$$-Y_d(V_2-V_3)+Y_eV_3=-I_{s2} \qquad (7\text{-}33)$$

이상의 식을 행렬로 표시하면

$$\begin{bmatrix} Y_a+Y_b & -Y_b & 0 \\ -Y_b & Y_b+Y_c+Y_d & -Y_d \\ 0 & -Y_d & Y_d+Y_e \end{bmatrix}\begin{bmatrix} V_1 \\ V_2 \\ V_3 \end{bmatrix}=\begin{bmatrix} I_{s1} \\ I_{s2} \\ -I_{s2} \end{bmatrix} \qquad (7\text{-}34)$$

가 되고, 이것을 간단히 표시하면

$$[Y][V]=[I_s] \qquad (7\text{-}35)$$

로 된다. 이 경우 [Y]는 어드미턴스 행렬이다.

이 어드미턴스 행렬의 요소 중에 대각요소 Y_a+Y_b, $Y_b+Y_c+Y_d$, Y_d+Y_e는 각각 1, 2, 3 접속점에 연결되는 전 어드미턴스의 합을 나타낸 것으로 자기 어드미턴스라고 한다.

또한 $-Y_b$는 1, 2 접속점 간의 어드미턴스에 (-)의 부호를 붙인 것, $-Y_b$는 2, 3 접속점 간의 어드미턴스에 (-)의 부호를 붙인 것으로 어느 것이나 상호 어드미턴스라고 한다. 따라서 어드미턴스에 각 점의 전위 행렬 [V]를 곱하면 전류원의 행렬 $[I_s]$를 얻는다. 이때 $[I_s]$의 요소는 접속점에 있어서 그것에 유입하는 전류원을 (+)로 하고 유출하는 전류원을 (-)로 표시한다.

[예제] [그림 7-21]과 같은 회로에서 각 지로에 흐르는 전류 I_1, I_2, I_3를 지로 전류법, 폐로 전류법 및 절점 전위법에 의하여 계산하라.

① 지로 전류법

문제의 회로는 [그림 7-10]과 같은 회로이므로 식 7-18을 참고하여 방정식을 세워 푼다.

$$\begin{bmatrix} 1 & 1 & -1 \\ 2 & -3 & 0 \\ 0 & 3 & 0.8 \end{bmatrix} \begin{bmatrix} I_1 \\ I_2 \\ I_3 \end{bmatrix} = \begin{bmatrix} 0 \\ 4-6 \\ 6 \end{bmatrix}$$

$I_1 = 1.04[A]$, $I_2 = 1.36[A]$, $I_3 = 2.4[A]$가 된다.

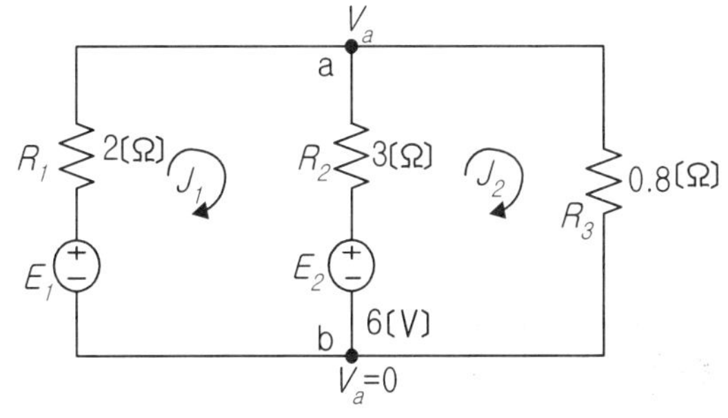

[그림 7-21]

② 폐로 전류법

식 7-16을 참고하여 방정식을 세우면

$$\begin{bmatrix} 2+3 & -3 \\ -3 & 3+0.8 \end{bmatrix} \begin{bmatrix} J_1 \\ J_2 \end{bmatrix} = \begin{bmatrix} 4-6 \\ 6 \end{bmatrix}$$

이 되고 식의 행렬을 간단히 하여 풀면 각 폐로 전류는

$$J_1 = 1.04[A], \quad J_2 = 2.4[A]$$

가 된다.

③ 절점 전위법

식 7-23을 참고하여 방정식을 세워푼다.

$$\left[\frac{1}{2} + \frac{1}{3} + \frac{1}{0.8}\right][V_a] = \left[\frac{4}{2} + \frac{6}{3}\right]$$

$$\therefore V_a = \frac{\frac{4}{2} + \frac{6}{3}}{\frac{1}{2} + \frac{1}{3} + \frac{1}{0.8}} = \frac{48}{25}\,[V]$$

가 되며, 다시 식 7-23에 의해 각 지로 전류는

$$I_1 = \frac{E_1 - V_a}{R_1} = \frac{4 - \frac{48}{25}}{2} = 1.04[A]$$

$$I_2 = \frac{E_2 - V_a}{R_2} = \frac{6 - \frac{48}{25}}{3} = 1.36[A]$$

$$I_3 = \frac{V_a}{R_3} = \frac{\frac{48}{25}}{0.8} = 2.4[A]$$

7-6 중첩의 원리

회로망 내에 다수의 기전력이 있을 때 흐르는 전류는 키르히호프의 법칙으로 구할 수 있고, 이것을 행렬로 표시하면

$$[I] = [Z]^{-1}[E] = [Y][E] \tag{7-36}$$

이다. 회로망 내의 기전력이 E_1, E_2, ... E_n이라 하면

$$[E] = \begin{bmatrix} E_1 \\ E_2 \\ \vdots \\ E_n \end{bmatrix}$$

$$[I] = [Y]\begin{bmatrix} E_1 \\ E_2 \\ \vdots \\ E_n \end{bmatrix} = [Y]\begin{bmatrix} E_1 \\ 0 \\ \vdots \\ 0 \end{bmatrix} + [Y]\begin{bmatrix} 0 \\ E_2 \\ \vdots \\ 0 \end{bmatrix} + \cdots + [Y]\begin{bmatrix} 0 \\ 0 \\ \vdots \\ E_n \end{bmatrix} \tag{7-37}$$

$$[I] = [I_1] + [I_2] + \cdots + [I_n] \tag{7-38}$$

$$\text{단,}\quad [I_1]=[Y]\begin{bmatrix}E_1\\0\\\vdots\\0\end{bmatrix},\ [I_2]=[Y]\begin{bmatrix}0\\E_2\\\vdots\\0\end{bmatrix},\ \cdots,[I_n]=[Y]\begin{bmatrix}0\\0\\\vdots\\E_n\end{bmatrix}\quad(7\text{-}39)$$

$[I_1],[I_2],\cdots,[I_n]$은 각각 $[Y]$의 회로망에 $[E_1],[E_2],\cdots,[E_n]$의 기전력을 단독으로 인가했을 때의 전류를 표시하고 있다. 따라서 회로망 내에 다수의 기전력이 있을 때 회로전류는 각 기전력이 각각 단독으로 존재할 때 흐르는 전류를 중첩한 것과 같다. 이것을 중첩의 원리라 한다. 또한, 이것은 전압원에 대해서 생각한 것으로 전류원에 대해서도 마찬가지이다.

[예제] [그림 7-22]와 같은 회로에서 저항 R_3에 흐르는 전류 I_3를 중첩의 원리를 이용하여 계산하라.

기전력 E_1만 존재하는 [그림 7-22](a)와 같은 회로에서 I_3'은

$$I_3'=\frac{E_1}{R_1+\dfrac{R_2R_3}{R_2+R_3}}\times\frac{R_2}{R_2+R_3}=\frac{4}{2+\dfrac{3\times0.8}{3+0.8}}\times\frac{3}{3+0.8}=1.2[A]$$

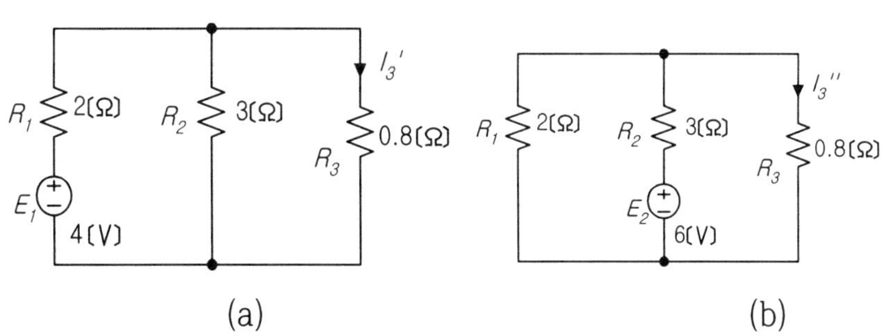

[그림 7-22]

다음에 기전력 E_2만 존재하는 그림 (b)와 같은 회로에서 I_3''은

$$I_3'' = \frac{E_2}{R_2 + \frac{R_1 R_3}{R_1 + R_3}} \times \frac{R_1}{R_1 + R_3} = \frac{6}{3 + \frac{2 \times 0.8}{2 + 0.8}} \times \frac{2}{2 + 0.8} = 1.2[A]$$

$$I_3 = I_3' + I_3'' = 1.2 + 1.2 = 2.4[A]$$

7-7 테브난의 정리

[그림 7-23](a)와 같이 기전력을 포함하는 경우 능동회로망 N이 있다. 이 회로망에서 a, b단자 사이의 전압이 V일 경우에 [그림 7-23](b)와 같이 임피던스 Z를 연결할 때 Z에 흐르는 전류 I에 대하여 생각해 보면

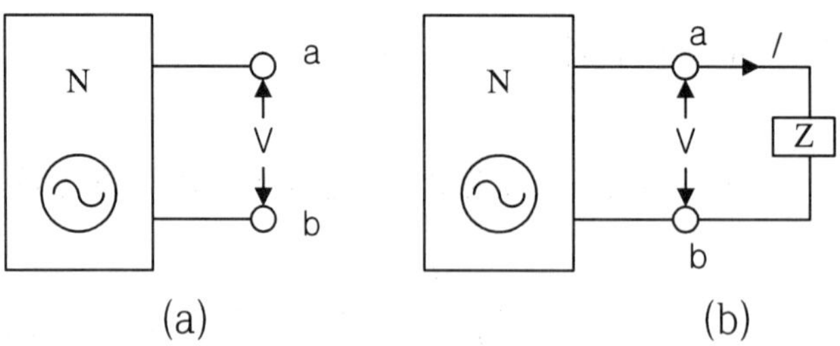

[그림 7-23]

[그림 7-23](a)의 회로에서 회로망 내의 기전력을 제거하고 a, b단자에서 본 임피던스를 Z_{ab}라고 하면 [그림 7-24](a)와 같이 기전력 V로 내부 임피던스 Z_{ab}인 전압원 회로(테브난 등가회로)가 된다. 따라서 [그림 7-23](b)의 회로는 그림 7-24(b)와 같은 회로가 되므로 전류 I는

$$I = \frac{V}{Z_{ab} + Z} \tag{7-40}$$

가 되며, 이것을 테브난의 정리(Thevenin's theorem)라 한다.

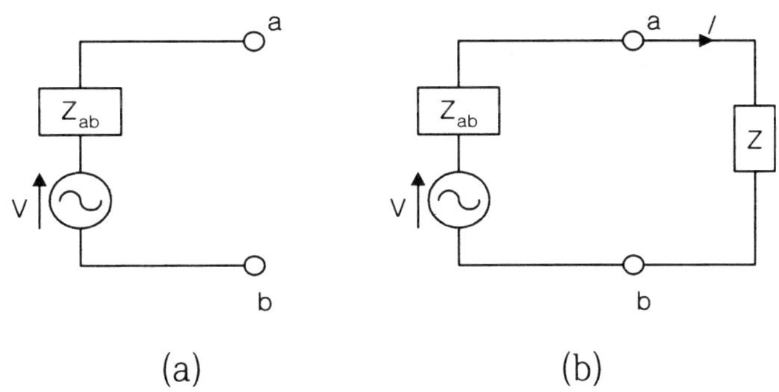

[그림 7-24] 테브난의 정리

7-8 노턴의 정리

일반적인 능동회로망의 등가전류원인 [그림 7-25](a)와 같은 회로의 a, b 단자에 그림 (b)와 같이 어드미턴스 Y를 연결할 때 a, b 단지 사이의 전압 V는

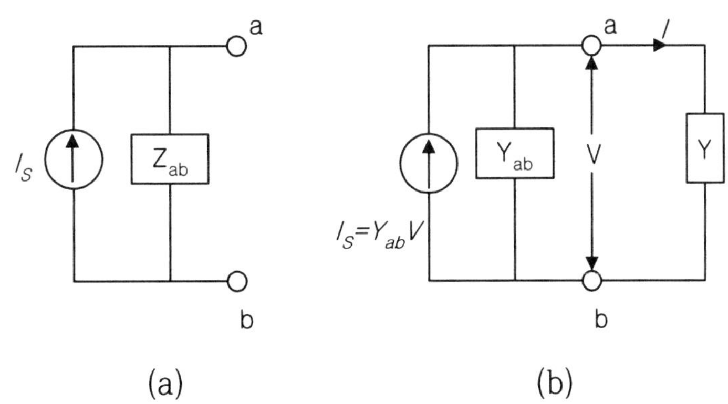

[그림 7-25] 노턴의 정리

$$V = \frac{I_s}{Y_{ab} + Y} \qquad (7\text{-}41)$$

가 되며, 이것을 노턴의 정리(Norton's theorem)라 한다.

7-9 밀만의 정리

노턴의 정리를 이용하여 [그림 7-26](a)인 회로망의 전압 V를 구하면, [그림 7-26](a) 회로에서 $Y_1 = \frac{1}{Z_1}$, $Y_2 = \frac{1}{Z_2}$, ... $Y_n = \frac{1}{Z_n}$로 하여 전압원을 전류원으로 환산하면 그림 (b)와 같이 되고, 간단히 하면 그림 (c)와 같이 된다. 따라서 이때의 전압 V는 노턴의 정리에 의하여

$$V = \frac{I_s}{Y_0} = \frac{Y_1E_1 + Y_2E_2 + \cdots + Y_nE_n}{Y_1 + Y_2 + \cdots + Y_n}$$

$$= \frac{\frac{E_1}{Z_1} + \frac{E_2}{Z_2} + \cdots + \frac{E_n}{Z_n}}{\frac{1}{Z_1} + \frac{1}{Z_2} + \cdots + \frac{1}{Z_n}} \qquad (7-42)$$

이 되며, 이것을 밀만의 정리(Millman's theorem)라고 한다.

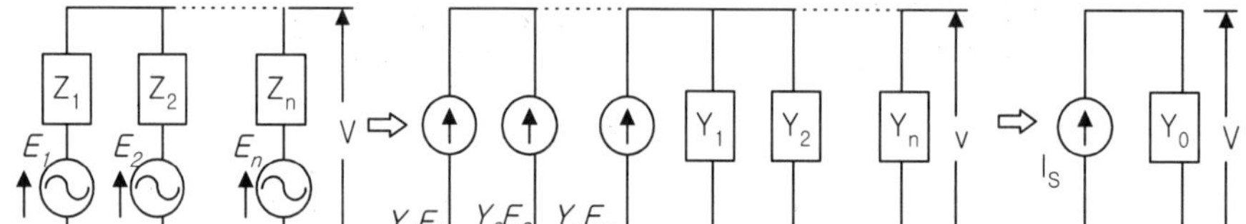

[그림 7-26] 밀만의 정리

[예제] [그림 7-27]과 같은 회로에서 저항 R_3에 흐르는 전류 I_3를 테브난의 정리를 이용하여 계산하라.

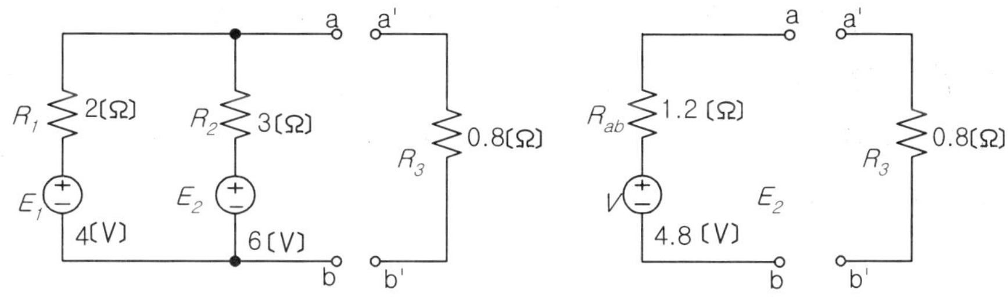

(a) (b)

[그림 7-27]

I_3를 구하기 위하여 회로를 [그림 7-27](a)와 같이 나눈 뒤 능동회로망에 밀만의 정리를 적용하면 a, b단자의 전압 V는

$$V = \frac{\dfrac{E_1}{R_1} + \dfrac{E_2}{R_2}}{\dfrac{1}{R_1} + \dfrac{1}{R_2}} = \frac{\dfrac{4}{2} + \dfrac{6}{3}}{\dfrac{1}{2} + \dfrac{1}{3}} = 4.8[V]$$

가 되고, 전원을 제거(전압원이므로 단락)하고 a, b단자에서 본 저항 R_{ab}는

$$R_{ab} = \frac{R_1 R_2}{R_1 + R_2} = \frac{2 \times 3}{2+3} = 1.2[\Omega]$$

이 되어 그림 (b)와 같은 테브난의 등가회로를 구할 수 있다. 따라서 a와 a', b와 b'를 연결하면 R_3에 흐르는 전류 I_3는

$$I_3 = \frac{V}{R_{ab} + R_3} = \frac{4.8}{1.2 + 0.8} = 2.4[A]$$

7-10 상반정리

[그림 7-28]과 같이 전원을 포함하지 않는 수동회로망 N에서 1 및

k의 지로를 인출하여 그림 (a)와 같이 제1지로에 직렬로 E_1의 기전력을 인가했을 때 제 k지로에 흐르는 전류를 I_k라하고, 그림 (b)와 같이 제 k지로에 직렬로 E_k의 기전력을 인가했을 때 제1지로에 흐르는 전류를 I_1이라 하면

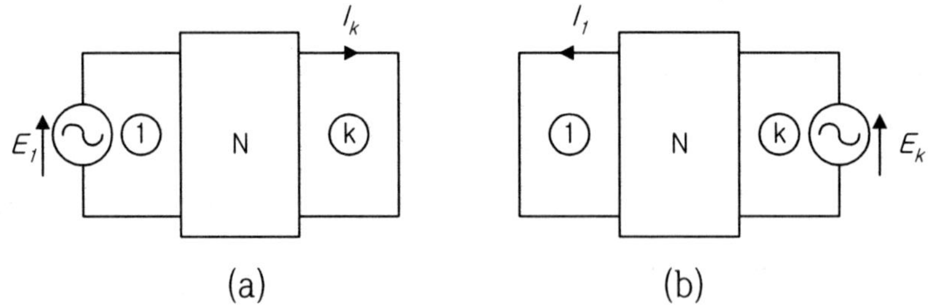

[그림 7-28] 상반정리

$$\frac{E_1}{I_k} = \frac{E_k}{I_1} \text{ 또는 } E_1 I_1 = E_k I_k \tag{7-43}$$

가 성립하며, 이것을 상반정리(reciprocity theorem)또는 가역정리라고 한다. 또한, 식 7-37에 있어서 $E_1 = E_k$라고 하면 $I_k = I_1$이 되므로 이 경우에는 선형회로망의 제1지로에 기전력 E를 인가했을 때 제k지로에 흐르는 전류는 반대로 제k지로에 기전력 E를 인가했을 때 제1지로에 흐르는 전류와 같다고 할 수 있다.

[예제] [그림 7-29]의 (a), (b)회로에서 I_k와 I_1를 계산하여라.

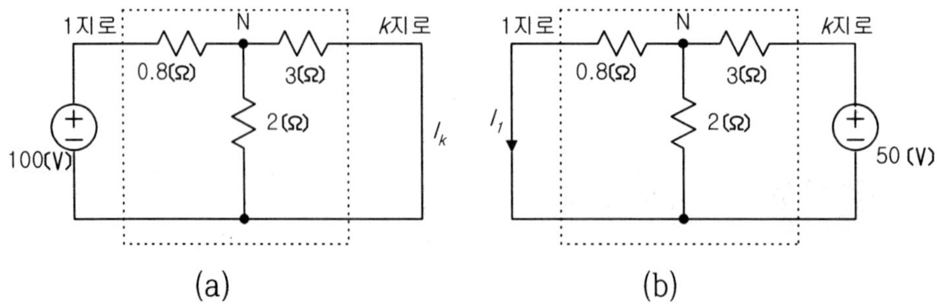

[그림 7-29]

연습문제

[문제 7-1] 다음 그림과 같은 그래프에서 기본루프가 아닌 것은? 단 실선은 나무, 점선은 보목인 가지를 나타낸다.

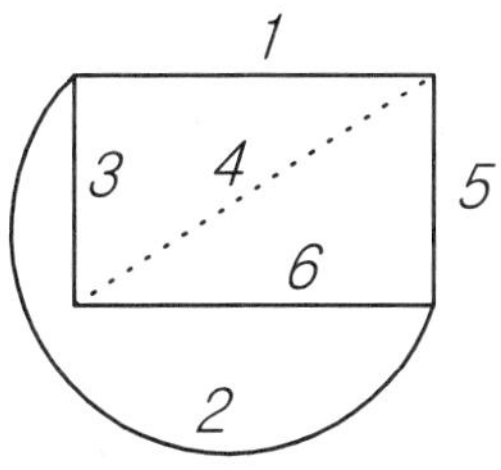

[문제 7-2] 어떤 그래프의 가지의 수는 14개이고 마디의 수는 7개이다. 보목의 수는 몇 개인가?

[문제 7-3] 회로에서 단자 a, b 사이에 교류전압 200[V]를 가하였을 때 c, d 사이의 전위차는 몇 [V]인가?

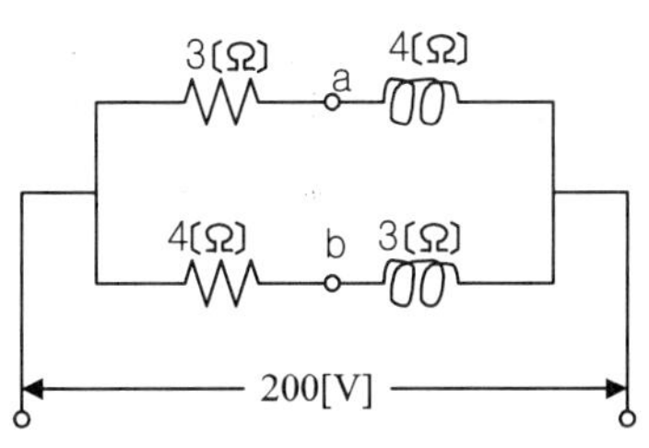

[문제 7-4] 그림에서 저항 20 [Ω]에 흐르는 전류는 몇 [A]인가?

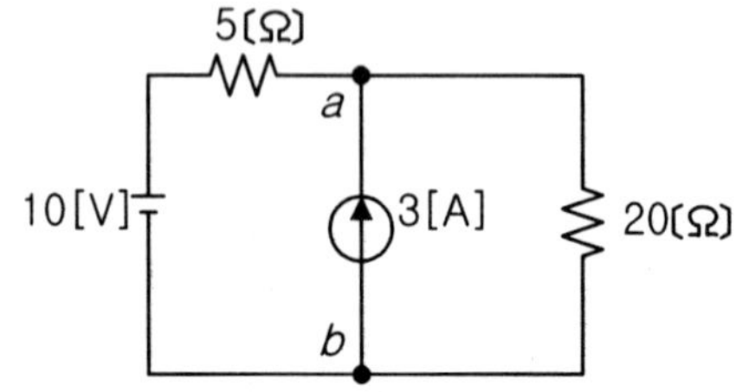

[문제 7-5] 그림과 같은 회로의 컨덕턴스 G_2에 흐르는 전류 [A]는?

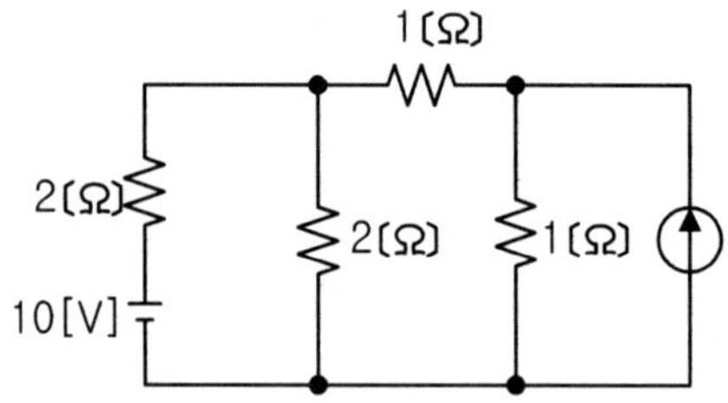

[문제 7-6] 그림과 같은 회로에서 2 [Ω]의 단자전압 [V]은?

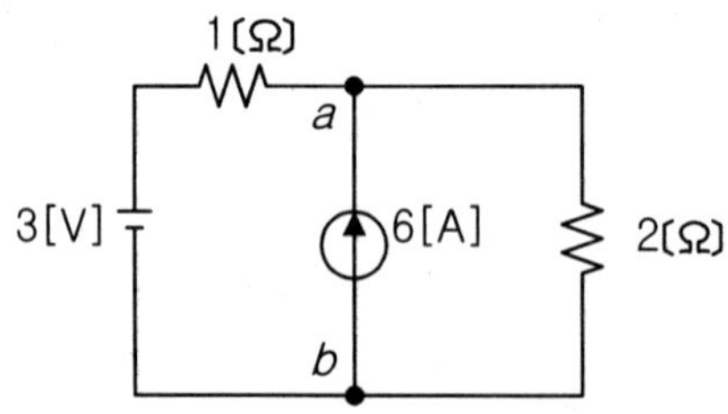

[문제 7-7] 그림과 같은 회로에서 9 [Ω]에 흐르는 전류 I는?

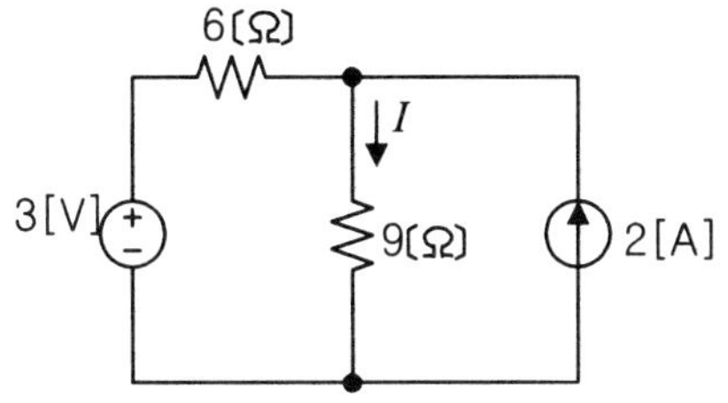

[문제 7-8] 그림과 같은 회로에서 1 [Ω]의 저항에 나타나는 전압은?

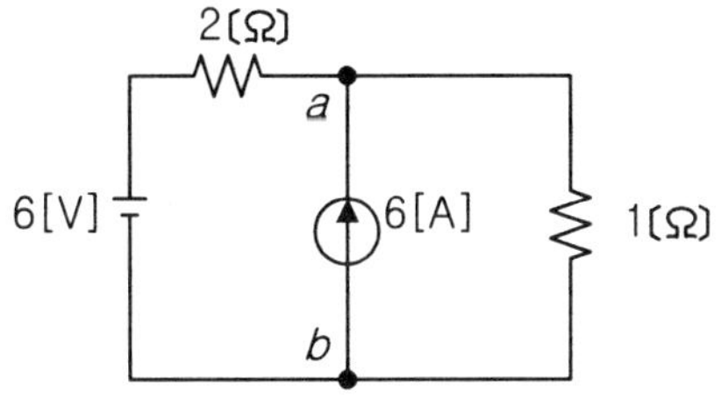

[문제 7-9] 그림에서 테브난의 정리에 의한 등가회로의 전원전압과 저항값은 얼마인가?

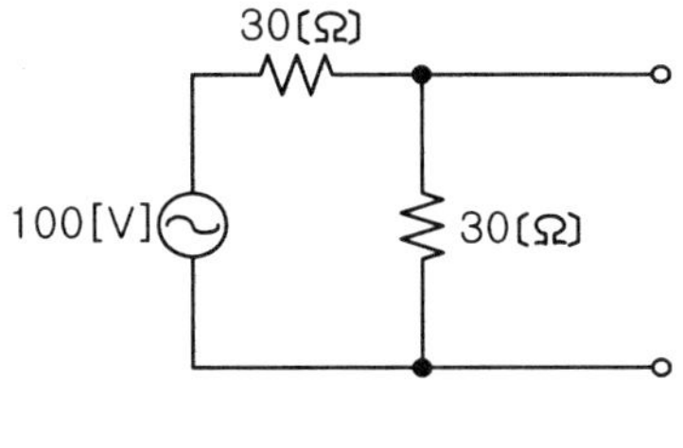

[문제 7-10] 두 개의 N_1과 N_2가 있다. $a.b$ 단자, $a'.b'$ 단자의 각각의 전압은 50[V], 30[V]이다. 또 양 단자에서 N_1, N_2를 본 임피던스가 15 [Ω]과 25 [Ω]이다. a와 a', b와 b' 를 연결하면 이때 흐르는 전류 [A]는?

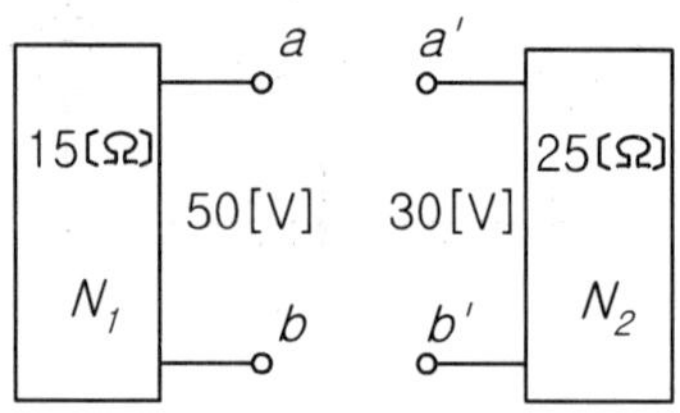

[문제 7-11] 그림과 같은 선형회로망에서 단자 a, b간에 100[V]의 전압을 가할 때 c, d에 흐르는 전류가 5[A]이었다. 반대로 같은 회로에서 c, d간에 50[V]를 가하면 a, b에 흐르는 전류[A]는?

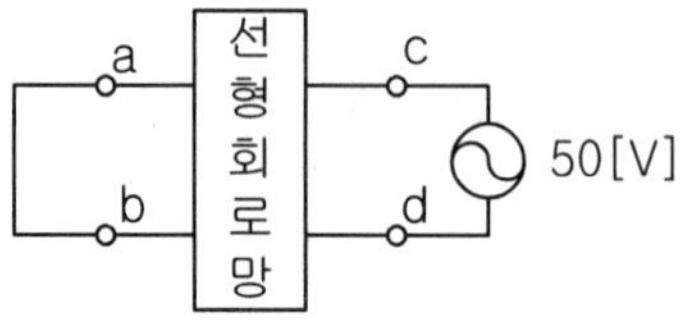

[문제 7-12] 그림에서 저항 0.2 [Ω]에 흐르는 전류[A]는?

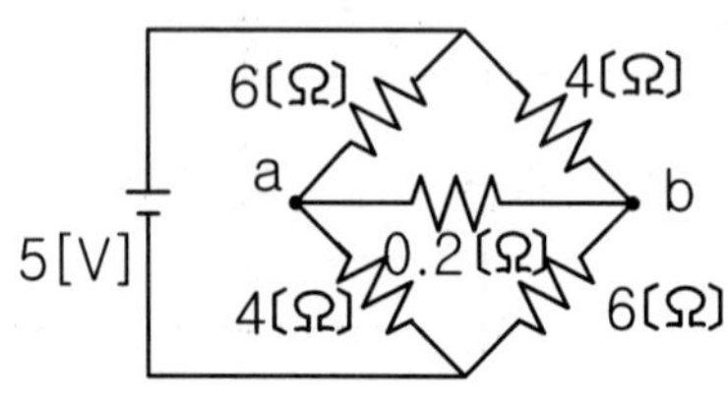

제 8 장

3상회로

주파수는 같으나 위상이 다른 여러 개의 기전력이 동시에 존재하는 교류를 다상 방식이라고 하며 다상 방식중에서도 실제로 많이 사용되는 것은 3상 방식이다. 3상 방식의 장점은

(1) 교류발전기는 단상방식보다 3상 방식이 효율이 높다.
(2) 평형 3상 방식에서 순시전력의 합은 일정하므로 3상 전동기는 일정한 회전력을 받게 되므로 진동이 작다.
(3) 3상 전력은 변압기에 의하여 다른 다상 전력으로 변환하기 쉽다.

8-1 3상교류

[그림 8-1]에서 같은 구조를 가진 3개의 권선이 $\frac{2}{3}\pi$의 각으로 같은 전기자에 감겨서 일정 속도로 회전하고 있을 때, 단자 A-a, B-b, C-c 사이에 나타나는 유기전압을 각각 E_1, E_2, E_3라 하면 E_1, E_2, E_3은 각각 위상차가 $\frac{2}{3}\pi$이고 크기는 같다.

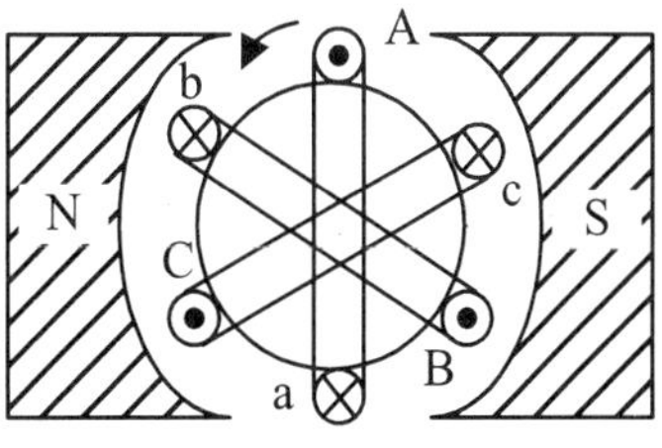

[그림 8-1] 3상 교류의 발생 원리

이들 세 전압이 내부저항 Z_g를 가지고 있을 때의 3상 전원을 표시한 것이 [그림 8-2](a)이다.

그림의 E_1, E_2, E_3은 각각 하나의 단상 전원이지만 전체적으로 생각할 때는 3상 전원이 된다.

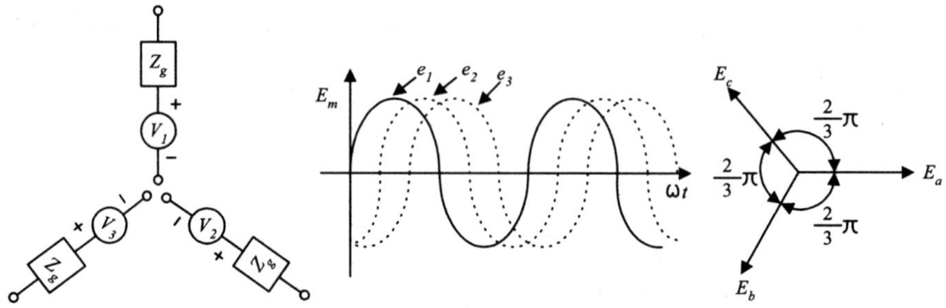

(a) (b) (c)

[그림 8-2] 3상 전원 및 전압과 벡터도

[그림 8-2](b)는 이들 세 전원의 순시값을 나타낸 곡선으로서 e_a, e_b, e_c의 순으로 최대값에 이른다. 이때 최대값에 이르는 순서를 상순이라 하며 위의 경우에는 '상순abc'라 한다.

a상을 기준으로 이들을 표시하면

$$e_a = \sqrt{2}\,E_m \sin\omega t$$
$$e_b = \sqrt{2}\,E_m \sin(\omega t - \frac{2\pi}{3}) \qquad (8\text{-}1)$$
$$e_c = \sqrt{2}\,E_m \sin(\omega t - \frac{4\pi}{3})$$

로 되고 [그림 8-2](c)와 같이 각 상의 기전력의 실효치를 E_a, E_b, E_c 라하고 E_a를 기준전압으로 정할 때 각 전압은

$$E_a = E\angle 0_{\circ}$$
$$E_2 = E\angle -\frac{2\pi}{3} \qquad (8\text{-}2)$$
$$E_3 = E\angle -\frac{4\pi}{3}$$

로 표시한다. 일반적으로 3상 교류회로에서는 다음의 페이저 연산자를 도입하여 각상의 기전력을 나타낸다.

$$a = 1\angle\frac{2\pi}{3} = 1(\cos\frac{2\pi}{3} + j\sin\frac{2\pi}{3}) = -\frac{1}{2} + j\frac{\sqrt{3}}{2}$$

$$a^2 = 1\angle\frac{4\pi}{3} = 1(\cos\frac{4\pi}{3} + j\sin\frac{4\pi}{3}) = -\frac{1}{2} - j\frac{\sqrt{3}}{2}$$

$$a^3 = 1, \qquad 1 + a + a^2 = 0 \tag{8-3}$$

$$E_a = E, \quad E_b = a^2, \quad E_c = aE \tag{8-4}$$

이처럼 3상 교류에서는 2π/3의 위상차를 가진 3개의 전압이 발생하므로 이들의 전압을 독립해서 사용할 경우를 제외하고는 특별한 결선법이 필요하다. 3상 교류에서는 일반적으로 Y결선(성형 결선) 방법과 Δ결선(환상결선) 방법을 사용한다.

1) Y결선의 전압과 전류 관계

[그림 8-3]과 같은 결선방식을 Y결선이라 하며 각 코일의 공통 결합점은 0전위가 되므로 중성점이다.

[그림 8-4]와 같은 평형 3상 전원의 각 단자 사이의 전압 E_a, E_b, E_c를 상전압이라 하고, V_{ab}, V_{bc}, V_{ca}를 선간전압이라 한다.

상전압이 모두 같을 때 선간전압을 V_{ab}, V_{bc}, V_{ca}라 하면 다음의 관계가 성립한다.

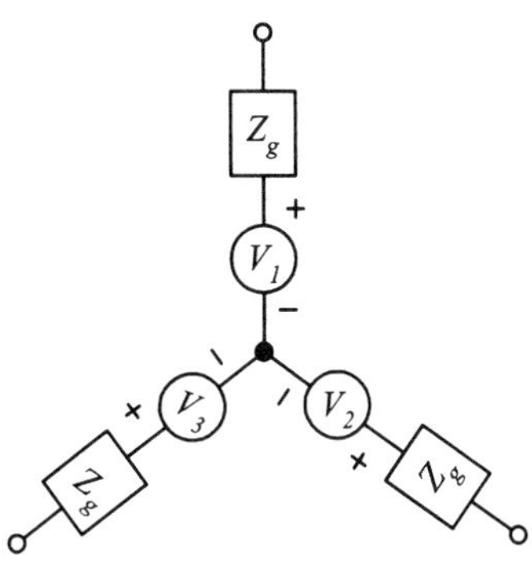

[그림 8-3] Y 결선

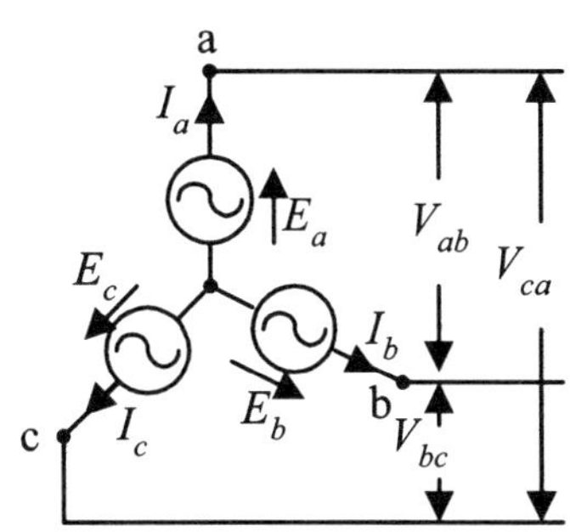

[그림 8-4] 기전력의 Y 결선

$$V_{ab} = E_a - E_b$$
$$V_{bc} = E_b - E_c$$
$$V_{ca} = E_c - E_a \qquad (8\text{-}5)$$

따라서 이들의 페이저 그림은 [그림 8-5]와 같다.

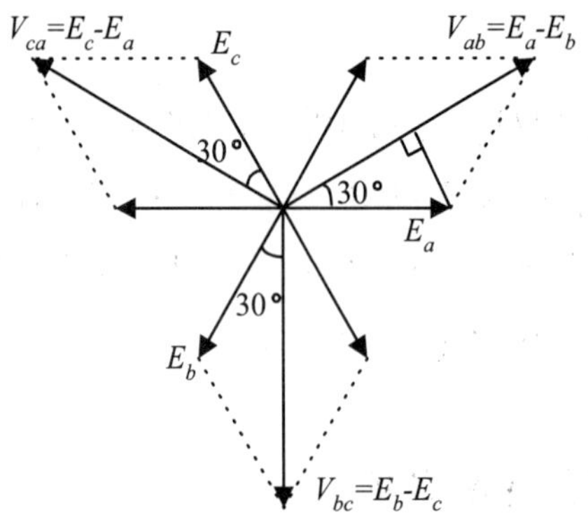

[그림 8-5] 대칭 Y 결선의 벡터도

그런데 E_a, E_b, E_c가 서로 $2\pi/3$의 위상차를 가지며 크기가 같은 평형 3상 전압이므로 선간전압 V_{ab}, V_{bc}, V_{ca} 는 크기가 같고 위상차가 $2\pi/3$인 평형 3상 전압이 된다.

[그림 8-5] 페이저에서 선간전압 V_{ab}, V_{bc}, V_{ca} 는 각 상전압 E_a, E_b, E_c 보다 위상이 $\pi/6$만큼 앞서 있으므로

$$\cos\frac{\pi}{6} = \frac{V_{ab}\sqrt{2}}{E_1} \qquad (8\text{-}6)$$

이다. 따라서 $V_{ab} = 2E_1\cos\frac{\pi}{6} = \sqrt{3}\,E_1$의 관계가 성립한다. 그런데 $E_1 = E_2 = E_3$이고 평형 3상 전압이므로 다음과 같다.

$$V_{ab} = V_{bc} = V_{ca} = \sqrt{3}\,E_1 = \sqrt{3}\,E_2 = \sqrt{3}\,E_3 \qquad (8\text{-}7)$$

즉, 선간전압의 크기 = $\sqrt{3}\times$(상전압의 크기)의 관계가 성립한다. 이처럼 Y결선으로 하면 상전압의 크기가 선간전압 크기의 $\frac{1}{\sqrt{3}}$로 감소하므로 전기적인 절연과 취급하는데 편리하다.

[그림 8-6]과 같이 평형 부하 임피던스 Z를 Y결선으로 하면 각 상 전압은 같으므로

$$I_a = \frac{E_1}{Z}, \ I_b = \frac{E_2}{Z}, \ I_c = \frac{E_3}{Z} \quad \therefore I_a = I_b = I_c \tag{8-8}$$

이로써 세 전류 I_a, I_b, I_c의 위상차는 $2\pi/3$이며 $I_a + I_b + I_c = 0$ 의 관계가 성립하므로 평형 3상 정현파에서 Y결선일 때 중성선에는 전류가 흐르지 않는다.

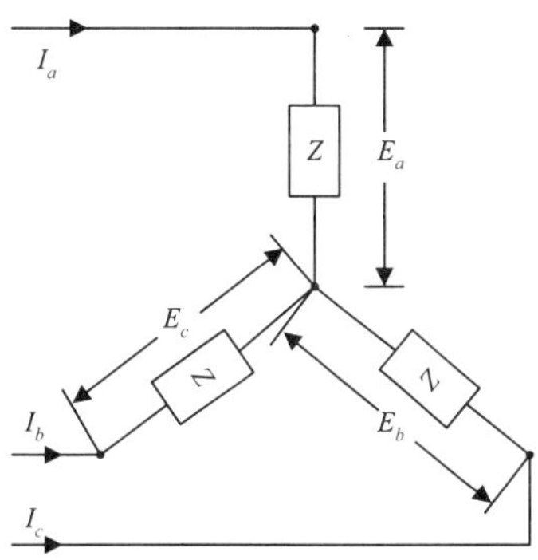

[그림 8-6] 평형 Y부하

[예제] 3상 교류발전기의 단자전압이 3,300[V]일 때 상전압은 얼마인가?

$$\text{상전압} = \frac{1}{\sqrt{3}}\times(\text{선간전압})\text{의 관계로부터}$$

$$\text{상전압} = \frac{1}{\sqrt{3}}\times(3,300) = 1100\sqrt{3} \fallingdotseq 1900[V]$$

2) Δ결선의 전압과 전류 관계

[그림 8-7]과 같은 결선방식을 Δ결선이라고 하며 각 상전압의 크기가 모두 같고 상전압의 상차가 $\frac{2}{3}\pi$인 경우 이를 평형 3상 전원이라 한다.

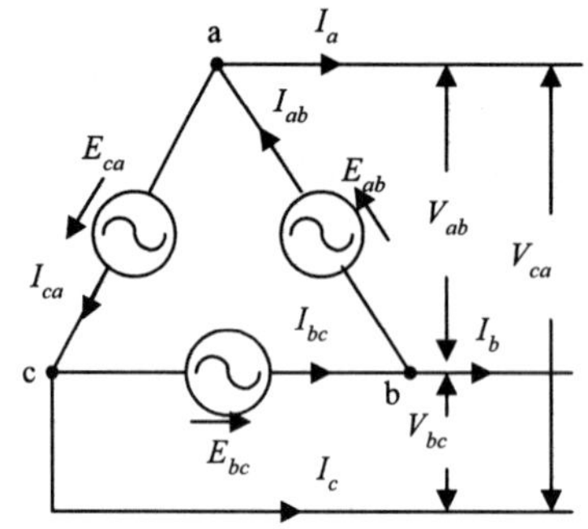

[그림 8-7] 기전력의 Δ결선

[그림 8-7]과 같이 평형 Δ부하가 평형 3상 회로의 일부를 형성하고 있을 때

$$V_{ab} = V_{bc} = V_{ca} \text{이므로 } I_{ab} = \frac{V_{ab}}{Z},\ I_{bc} = \frac{V_{bc}}{Z},\ I_{ca} = \frac{V_{ca}}{Z}$$

이 된다. 이때 상전류는 $I_{ab} = I_{bc} = I_{ca}$ 와 같이 되며, 이에 대하여 I_a, I_b, I_c를 선전류라 한다. 선전류는

$$\begin{aligned} I_a &= I_{ab} - I_{ca} \\ I_b &= I_{bc} - I_{ab} \\ I_c &= I_{ca} - I_{bc} \end{aligned} \tag{8-9}$$

이고 상순을 abc라 하면, [그림 8-8]의 페이저로부터

$$I_a = I_{ab} - I_{ca} = \sqrt{3}\, I_{ab} \angle -\pi/6$$

$$I_b = I_{bc} - I_{ab} = \sqrt{3}\, I_{bc} \angle -5\pi/6 \qquad (8\text{-}10)$$

$$I_c = I_{ca} - I_{bc} = \sqrt{3}\, I_{ca} \angle -3\pi/2$$

선전류 = $\sqrt{3}$×상전류 (8-11)

또한 $E_{ab} = E_{bc} = E_{ca} = V_{ab} = V_{bc} = V_{ca}$이므로 Δ결선에서 상전압과 선전압은 같은 크기이다.

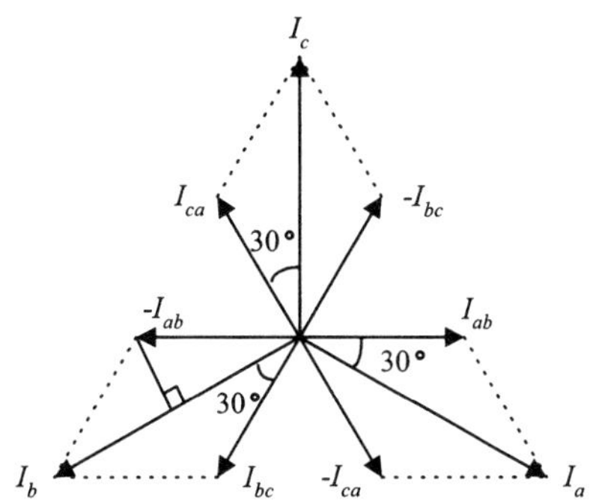

[그림 8-8] 평형 Δ결선의 전류벡터도

[예제] Δ결선의 3상 전원으로부터 60[kW]의 3상 전력을 공급하는 경우 선 전류가 400[A]이면 전원 전압은 얼마인가? 단, 부하의 역률은 80[%]이다.

$P = VI\cos\phi$에서

$60,000 = \sqrt{3} \times 400 \times 0.8 \times V_\Delta, \quad V_\Delta = 108[V]$

[예제] Δ결선의 전원에서 50[A]의 3상 전류를 공급하고 있을 때 전원 한 상을 흐르는 전류를 구하라. 또한, 부하가 Y결선, Δ결선일 때 각각의 부하 한 상에 흐르는 전류를 구하라.

Δ결선에서 상전류 $= \dfrac{1}{\sqrt{3}} \times$(선전류)$= \dfrac{50}{\sqrt{3}} = 28.8[A]$

부하가 Δ결선일 때 부하의 상전류는 28.8[A], 선전류는 50[A]이며 부하가 Y결선일 때에도 부하의 상전류는 선전류와 같으므로 50[A]이다.

3) 3상 부하의 등가 변환

모든 Δ회로는 이와 등가적인 Y회로로 변환할 수 있으므로 3상 부하는 Δ, Y 어느 결선방식으로도 나타낼 수 있다. 평형 3상 부하의 경우 Δ 및 Y의 변환은 [그림 8-9]와 같다.

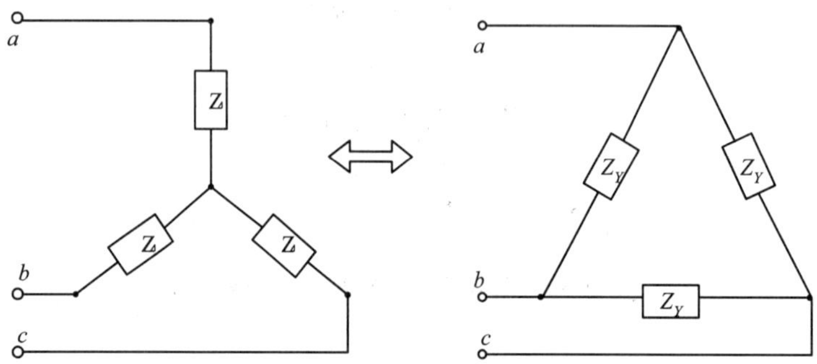

[그림 8-9] Δ - Y 변환

Δ전원의 기전력은 Y전원의 기전력보다 30° 앞서고 크기는 $\sqrt{3}$ 배이다. Δ결선과 Y 결선의 등가 변환 관계는 다음과 같다.

(1) Y결선 →Δ결선의 등가 변환

$$E_{ab} = E_a - E_b = \sqrt{3}\,E_a \angle 30^\circ$$
$$E_{bc} = E_b - E_c = \sqrt{3}\,E_b \angle 30^\circ \qquad (8\text{-}12)$$
$$E_{ca} = E_c - E_a = \sqrt{3}\,E_c \angle 30^\circ$$

(2) Δ결선→ Y결선의 등가 변환

$$E_a = \frac{1}{\sqrt{3}} E_{ab} \angle -30^\circ$$

$$E_b = \frac{1}{\sqrt{3}} E_{bc} \angle -30^\circ \tag{8-13}$$

$$E_c = \frac{1}{\sqrt{3}} E_{ca} \angle -30^\circ$$

(3) 3상 부하의 등가 변환

Δ결선→ Y결선

$$Z_a = \frac{Z_{ca}Z_{ab}}{Z_{ab}+Z_{bc}+Z_{ca}}$$

$$Z_b = \frac{Z_{ab}Z_{bc}}{Z_{ab}+Z_{bc}+Z_{ca}}$$

$$Z_c = \frac{Z_{bc}Z_{ca}}{Z_{ab}+Z_{bc}+Z_{ca}}$$

Y결선 →Δ결선

$$Z_{ab} = \frac{Z_aZ_b+Z_bZ_c+Z_cZ_a}{Z_c}$$

$$Z_{bc} = \frac{Z_aZ_b+Z_bZ_c+Z_cZ_a}{Z_a}$$

$$Z_{ca} = \frac{Z_aZ_b+Z_bZ_c+Z_cZ_a}{Z_b} \tag{8-14}$$

8-2 3상회로의 전력

3상 회로의 전력계산은 Y, Δ어느 결선이든 또한 평형과 불평형에 관계없이 각상 평균전력의 합 및 무효전력의 합은 각각 3상 전체의 평균전력 및 무효전력이 된다.

특히 모든 평형 3상 회로에 있어서 E_P, I_P, R_P 및 X_P를 각각 한 상의 전압, 전류, 저항 및 리액턴스라 하고, θ를 상전압과 상전류와의

상차, P_P와 Q_P를 각각 한 상에 대한 평균전력 및 무효전력이라 하면

$$P_P = E_P I_P \cos\theta = R_P I_P^2 \tag{8-15}$$

$$Q_P = E_P I_P \sin\theta = X_P I_P^2 \tag{8-16}$$

3상 전체의 평균전력을 P 무효전력을 Q라 하면, P및 Q는 각각 P_P와 Q_P의 3배이므로 다음 식과 같이 된다.

$$P = 3P_P = 3E_P I_P \cos\theta = 3R_P I_P^2 \tag{8-17}$$

$$Q = 3Q_P = 3E_P I_P \sin\theta = 3X_P I_P^2 \tag{8-18}$$

이상의 관계를 선전압, 선전류로 표시하면

1) 평형 Y부하의 경우

상전압, 상전류를 각각 P_P, I_P라하고, 선간전압, 선간 전류를 각각 V_L, I_L이라 하면

$$E_P = \frac{1}{\sqrt{3}} V_L \tag{8-19}$$

$I_P = I_L$이므로

$$P_P = E_P I_P \cos\theta = \frac{1}{\sqrt{3}} V_L I_L \cos\theta \tag{8-20}$$

$$Q_P = E_P I_P \sin\theta = \frac{1}{\sqrt{3}} V_L I_L \sin\theta \tag{8-21}$$

$$P = 3P_P = \sqrt{3}\, V_L I_L \cos\theta \tag{8-22}$$

$$Q = 3Q_P = \sqrt{3}\, V_L I_L \sin\theta \tag{8-23}$$

단, θ는 상전압과 상전류의 위상차이다.

2) 평형 Δ부하의 경우

E_P, I_P, V_L, I_L을 각각 상전압, 상전류, 선전압, 선전류라 하고 θ를 상전압과 상전류와의 위상차라 하면

$$E_P = V_L\ ,\ I_P = \frac{I_L}{\sqrt{3}}\ \text{이므로}$$

$$P_P = E_P I_P \cos\theta = \frac{V_L}{\sqrt{3}} I_L \cos\theta \tag{8-24}$$

$$Q_P = E_P I_P \sin\theta = \frac{V_L}{\sqrt{3}} I_L \sin\theta \tag{8-25}$$

$$P = 3P_P = \sqrt{3}\ V_L I_L \cos\theta \tag{8-26}$$

$$Q = 3Q_P = \sqrt{3}\ V_L I_L \sin\theta \tag{8-27}$$

3상 회로의 복소 전력 S는 단상회로와 마찬가지로 $S = P + jQ$ 로 표시되므로 평형 회로의 경우

$$\begin{aligned} S &= 3P_P + j3Q_P \\ &= \sqrt{3}\ V_L I_L \cos\theta + j\sqrt{3}\ V_L I_L \sin\theta \\ &= \sqrt{3}\ V_L I_L (\cos\theta + j\sin\theta) \end{aligned} \tag{8-28}$$

따라서 피상전력은

$$\begin{aligned} VA &= |S| = \sqrt{P^2 + Q^2} \\ &= (9P_P^2 + 9Q_P^2)^{\frac{1}{2}} = (3V_L^2 I_L^2 \cos^2\theta + 3V_L^2 I_L^2 \sin\theta)^{\frac{1}{2}} \\ &= (3V_L^2 I_L^2)^{\frac{1}{2}} = \sqrt{3}\ V_L I_L \end{aligned} \tag{8-29}$$

3상 회로에서 역률(power factor)은

$$p.f. = \frac{P}{VA} = \frac{\sqrt{3}\,V_L I_L \cos\theta}{\sqrt{3}\,V_L I_L} = \cos\theta \quad (8\text{-}30)$$

위의 관계에서 평형 3상 회로의 P, Q, S, VA는 결선방식과 관계 없이 한 선의 크기의 $\sqrt{3}$배 또는 한 상의 크기의 3배가 된다.

$$P = 3E_P I_P \cos\theta \quad (8\text{-}31)$$

$$Q = 3E_P I_P \sin\theta \quad (8\text{-}32)$$

$$S = 3E_P I_P (\cos\theta + j sin\theta) \quad (8\text{-}33)$$

$$VA = 3E_P I_P \quad (8\text{-}34)$$

[예제] [그림 8-10]과 같이 평형 Y부하에 평형 3상 전압이 걸리고 있다. 선전류(I_L), 부하에서의 3상 전력(P), 무효전력(Q), 피상전력(VA), 역률($p.f.$), 상전압(E_P), 상전류(I_P)를 구하라.
단, 부하 임피던스 : $Z_g = 3 + j4[\Omega]$, 선전압 : V_L = 300[V]

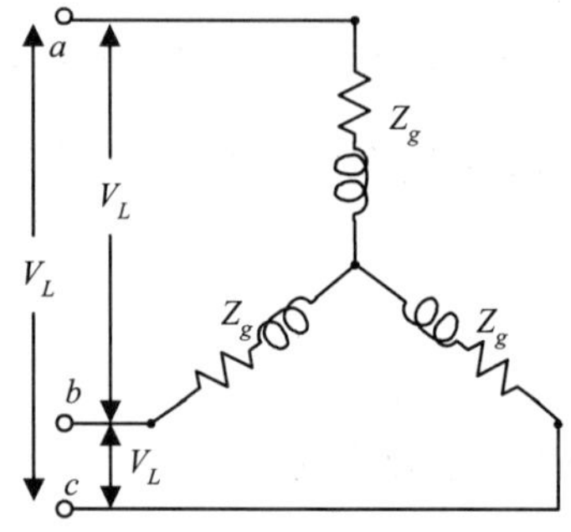

[그림 8-10] 평형 Y부하

평형 Y결선에서 상전류 I_P는 선전류 I_L과 같고, 상전압 V_L의 $\frac{1}{\sqrt{3}}$배이므로

$$E_P = \frac{1}{\sqrt{3}} \times 300 = 173.2[V]$$

$$I_P = I_L = \frac{E_P}{Z_g} = \frac{173.2}{5} = 34.6[A]$$

$$P = \sqrt{3}\, V_L I_L \cos\theta$$

$$= 3 V_P I_P \cos\theta = 3I^2 R_g = 3 \times (34.6)^2 \times 3 = 10,774[W]$$

$$Q = \sqrt{3}\, V_L I_L \sin\theta$$

$$= 2 E_P I_P \sin\theta = 3IX_g = 3 \times (34.6)^2 \times 4 = 14,366[Var]$$

$$VA = \sqrt{3}\, V_L I_L$$

$$\sqrt{3} \times 300 \times 34.6 = 17,978[VA]$$

$$p.f. = \cos\theta = \frac{3}{5} = 0.6 = 60\%$$

[예제] [그림 8-11]과 같이 평형 Δ부하에 평형 3상 전압이 걸려있다. 선전류(I_L), 부하에서의 전 3상 전력(P), 무효전력(Q), 피상전력(VA), 역률($p.f.$), 상전압(V_P), 상전류(I_P)를 구하라.
단, 부하 평형 임피던스$Z_g = 3 + j4[\Omega]$, 선전압 $V_L = 200[V]$

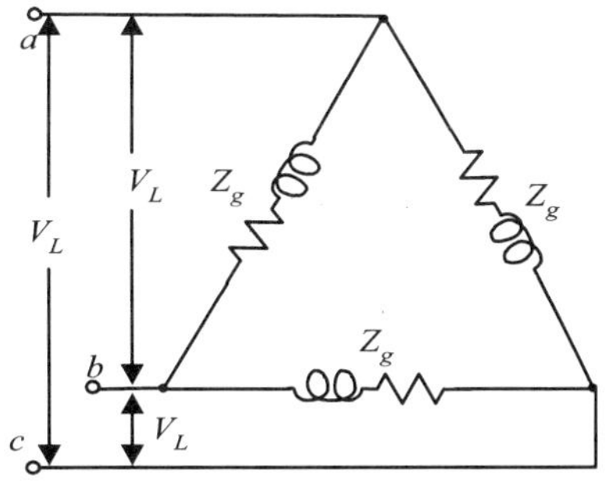

[그림 8-11] 평형 Δ부하

평형 3상 Δ결선 회로이므로

$$E_P = V_L = 200[V]$$

$$I_P = \frac{E_P}{Z_g} = \frac{200}{5} = 40[A]$$

$$I_L = \sqrt{3}\, I_P = 69.28[A]$$

$$P = \sqrt{3}\, V_L I_L \cos\theta$$

$$= 3E_P I_P \cos\theta = 3IR_g = 3\times 400^2 \times 3P = 14400[W]$$

$$Q = \sqrt{3}\, V_L I_L \sin\theta$$

$$= 3E_P I_P \sin\theta = 3I_P^2 X_g = 3\times 400^2 \times 4P = 19200[Var]$$

$$VA = \sqrt{3}\, V_L I_L$$

$$= 3E_P I_P = 3\times 200 \times 40 = 24000[VA]$$

$$p.f. = \cos\theta = \frac{R_g}{|Z_g|} = \frac{3}{5} = 0.6 = 60[\%]$$

8-3 불평형 3상회로

1) 3상 4선식 회로

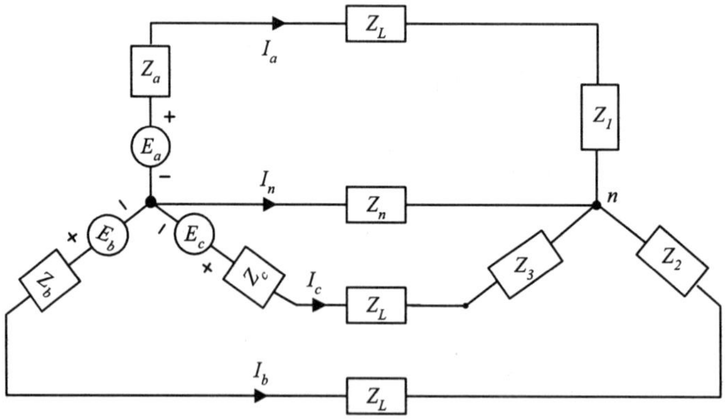

[그림 8-12] 3상 4선식 회로

[그림 8-12]와 같이 Y결선 전원과 Y결선 부하의 중성점 사이를 다

른 하나의 중성선으로 연결하는 방식을 3상 4선식이라 하며 배전 회로에 많이 사용한다.

[그림 8-12]와 같은 3상 4선식 회로에서 각 상 전원의 내부 임피던스를 Z_a, Z_b, Z_c, 부하 임피던스를 Z_1, Z_2, Z_3, 선로 임피던스를 Z_L, Z_n, 이라고 하면 회로에서 독립적인 폐로는 3개이므로 밀만의 정리를 이용하여 중성점 사이의 전압 $V_{nn'}$를 직접 구할 수 있다.

[그림 8-12]를 [그림 8-13]과 같이 등가 변환하여 밀만의 정리를 적용하면

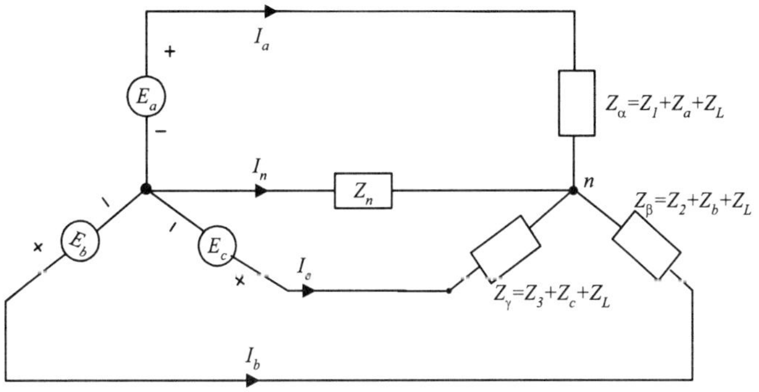

[그림 8-13]

$$V_{nn'} = \frac{Y_\alpha E_a + Y_\beta E_b + Y_\gamma E_c}{Y_\alpha + Y_\beta + Y_\gamma + Y_n} \tag{8-35}$$

단, $\frac{1}{Y_\alpha} = Z_\alpha = Z_1 + Z_a + Z_L$

$$\frac{1}{Y_\beta} = Z_\beta = Z_2 + Z_b + Z_L$$

$$\frac{1}{Y_\gamma} = Z_\gamma = Z_3 + Z_c + Z_L$$

이다. 여기에서 $V_{nn'}$가 구해지면 각각의 선전류는 다음식으로 구할 수 있다.

$$I_a = (E_a - V_{nn'}) \cdot Y_\alpha$$
$$I_b = (E_b - V_{nn'}) \cdot Y_\beta \qquad (8\text{-}36)$$
$$I_c = (E_c - V_{nn'}) \cdot Y_\gamma$$
$$I_n = I_a + I_b + I_c \qquad (8\text{-}37)$$

2) 3상 3선식 Y-Y회로

[그림 8-14]와 같이 Y결선의 전원과 부하로 된 회로에 대하여 전압과 전류의 관계를 알아보기 위하여 [그림 8-15]과 같이 등가 변환하여 밀만의 정리를 적용하여 다음식으로 전압과 전류를 구할 수 있다.

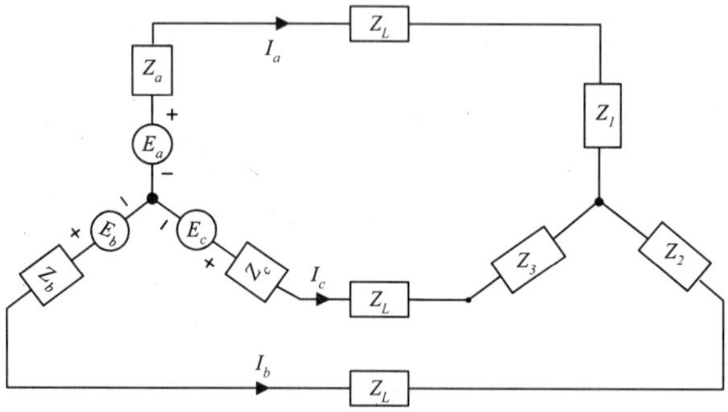

[그림 8-14] Y 결선 전원

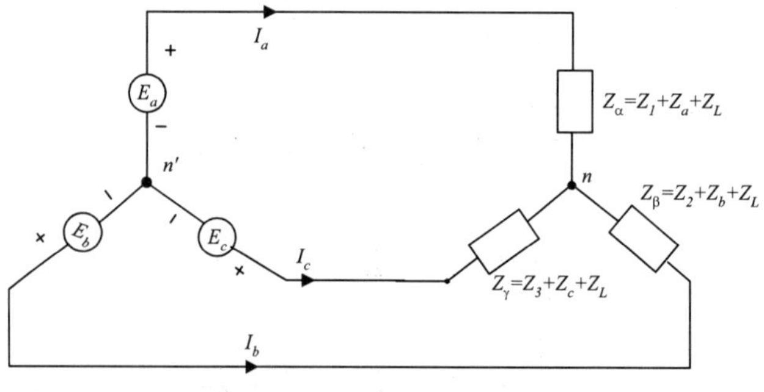

[그림 8-15] Y 결선 전원

$$V_{nn'} = \frac{Y_\alpha E_a + Y_\beta E_b + Y_\gamma E_c}{Y_\alpha + Y_\beta + Y_\gamma} \qquad (8\text{-}38)$$

$$I_a = (E_a - V_{nn'}) \cdot Y_\alpha$$
$$I_b = (E_b - V_{nn'}) \cdot Y_\beta \qquad (8\text{-}39)$$
$$I_c = (E_c - V_{nn'}) \cdot Y_\gamma$$

3) Y-Δ회로

[그림 8-16]은 Y결선 전원과 Δ결선 부하를 연결한 것으로 오른쪽의 Δ결선 부하를 Y결선으로 변환한 다음 Y-Y회로의 해석방법으로 전압과 전류를 구할 수 있다.

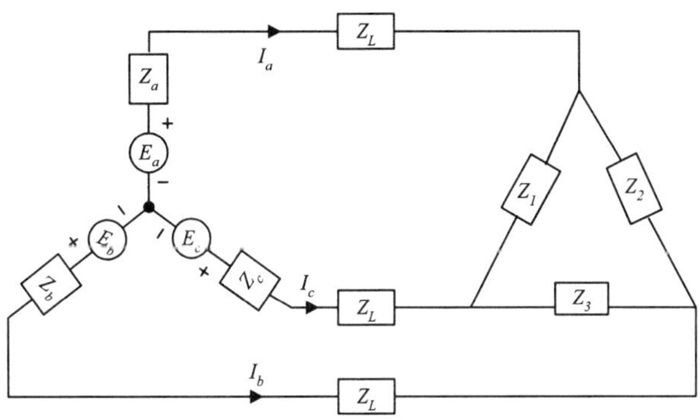

[그림 8-16] Y - Δ 결선

4) Δ-Y회로

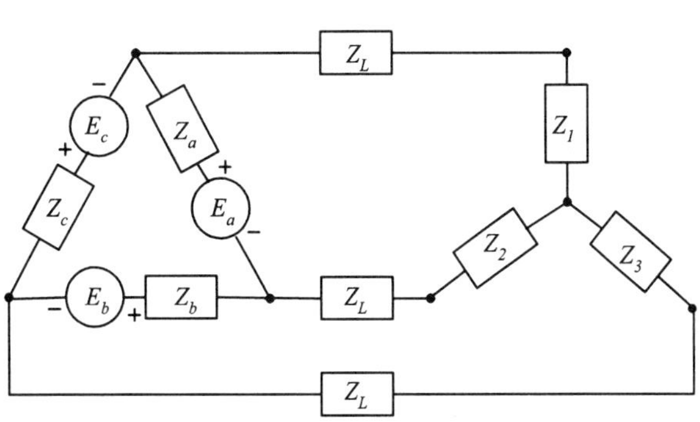

[그림 8-17] Δ-Y회로

[그림 8-17]은 Δ결선 전원과 Y결선 부하를 연결한 것으로서 왼쪽의 Δ결선 전원을 Y결선 전원으로 변환한 다음 Y-Y회로의 해석방법으로 전압과 전류를 구할 수 있다.

5) Δ-Δ회로

[그림 8-18]는 Δ결선 전원과 Δ결선 부하를 연결한 것으로 Δ전원과 부하 회로를 이와 등가인 Y회로로 변환한 다음 $Y-Y$회로의 해석방법으로 전압과 전류를 구하면 된다.

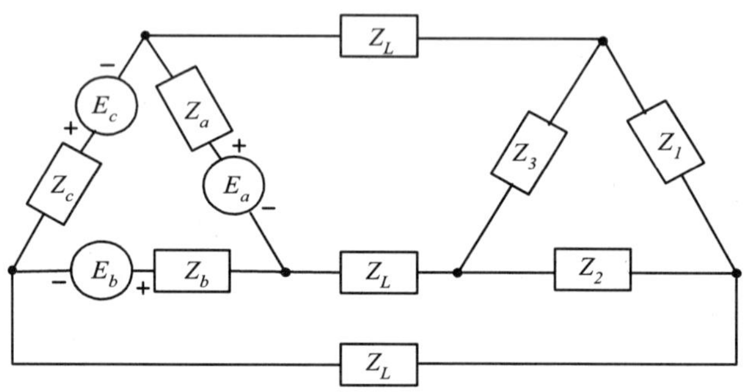

[그림 8-18] Δ $-\Delta$ 결선

[예제] [그림 8-19]의 회로에서 $Z_\alpha = 1 + j0[\Omega]$, $Z_\beta = 0 + j1[\Omega]$, $Z_\gamma = 2 + j0[\Omega]$, $Z_n = 0 + j\dfrac{1}{3}[\Omega]$ 이고 $E_a = 100\angle 0^\circ$ $[V]$, $E_b = 100\angle -120^\circ$ $[V]$, $E_c = 100\angle 120^\circ$ $[V]$일 때 각 선전류 전원이 공급하는 총 전력(P), 총 무효전력(Q), 피상전력(VA), 역률$(p.f.)$을 구하라.

중성점 사이의 전압 $V_{nn'}$를 밀만의 정리를 이용하여 구하면

$$Y_\alpha = 1 + j0[\mho],\ Y_\beta = 0 - j[\mho],$$
$$Y_\gamma = 0.5 + j0[\mho],\ Y_n = 0 - j3[\mho],$$

$$Y_\alpha E_a = 100$$

$$Y_\beta E_b = (0 - j1) \times 100 \angle -120^\circ$$
$$= 86.6 + j50$$

$$Y_\gamma E_c = (0.5 + j0) \times 100 \angle 120^\circ$$
$$= -25 + j43.3$$

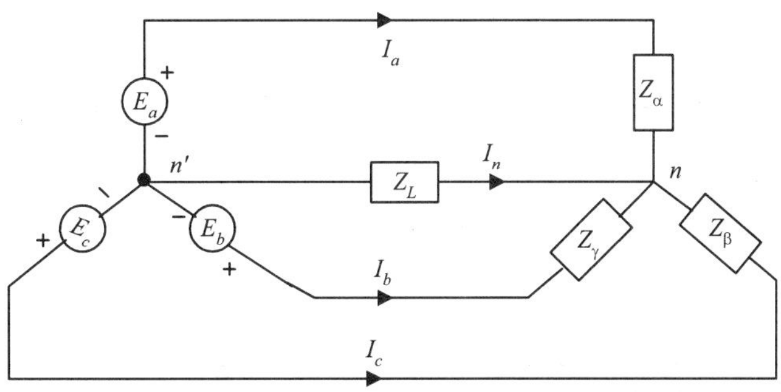

[그림 8-19] Y-Y 결선

따라서

$$Y_\alpha + Y_\beta + Y_\gamma + Y_n = 1.5 - j4 = 4.28 \angle -69.5^\circ$$

$$Y_\alpha E_a + Y_\beta E_b + Y_\gamma E_c = 11.6 + j93.39$$
$$= 93.7 \angle 82.9^\circ$$

$$V_{nn'} = \frac{93.7 \angle 82.9^\circ}{4.28 \angle -69.5^\circ} = 21.9 \angle 152.4^\circ$$

선전류

$$I_a = |Y_\alpha (E_a - V_{nn'})| = |100 \angle 0^\circ - 21.9 \angle 152.4^\circ|$$
$$= |119.4 - j10.3| = 120[A]$$

$$I_b = |Y_\beta (E_b - V_{nn'})|$$
$$= |-j(100 \angle 120^\circ - 21.9 \angle 152.4^\circ)| = 102[A]$$

$$I_c = |Y_\gamma (E_c - V_{nn'})|$$

$$= \left|0.5\,(100\angle 120^\circ \;\; -21.9\angle 152.4^\circ\;)\right| = 39.4[A]$$

$$I_n = \left|\,Y_n V_{nn'}\right| = \left|-j3(21.9\angle 152.4^\circ\;)\right| = 65.7[A]$$

전력 $P = \Sigma RI^2 = R_\alpha I_a^2 + R_\beta I_b^2 + R_\gamma I_c^2$

$$= 1\times 120^2 + 2\times 39.4 = 17500[\,W]$$

무효전력 $Q = \Sigma \Xi^2 = X_\alpha I_a^2 + X_\beta I_c^2 + X_\gamma I_c^2$

$$= 1\times 120^2 + \frac{1}{3}\times 65.7^2 = 11840[\,Var\,]$$

피상전력 $VA = \sqrt{P^2 + Q^2} = \sqrt{17.5^2 + 11.84^2} = 21.1[KVA]$

역률 $p.f. = \dfrac{P}{VA} = \dfrac{17.5}{21.1} = 0.83 = 83\%$

8-4 전력계

교류회로의 평균전력을 측정하는 데는 전력계가 쓰인다. 전력계는 전압 코일과 전류 코일로써 구성되어 있으며, 전류 코일은 고정되어 있으나 전압 코일은 회전할 수 있게 되어있다.

즉 회로전류의 크기에 비례하는 전류를 전류 코일에 흘리고 회로 전압의 크기에 비례하는 전류를 전압 코일에 흘리면 전압 코일에는 전압 코일 두 끝에 걸리는 전압의 크기에 비례하는 자장이 발생하며, 전류 코일에는 전류의 크기에 비례하는 자장이 생긴다.

이 두 자장의 상호작용 때문에 전압 코일은 전압 코일 두 끝의 전압의 크기 V와 전류 코일에 흐르는 전류의 크기 i 에 비례하는 회전력이 생겨 가동부인 전압 코일이 회전하게 된다.

회전의 정지점은 회전력과 제어스프링의 복원력이 평형하는 점이 되며 전력계의 지시는 이 값을 읽는다.

[그림 8-20]은 전력계의 기호로서 CC'는 전류 코일을, PP'는 전압 코일과 고저항의 직렬접속을 표시한다.

C에서 C'로 흐르는 전류를 i, P에서 P'로 흐르는 전류에 의한 전압강하를 V라하고, 전압과 전류가 같은 주기를 가진 주기파이면 전력계의 지시는 $W = \frac{1}{T}\int_0^T vidt$로 표시되도록 전력계의 눈금이 매겨져 있다.

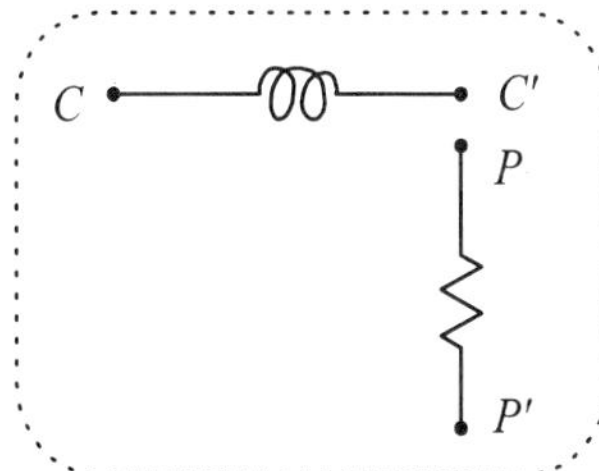

[그림 8-20] 전력계의 기호

8-5 그 밖의 다상방식

전력수송은 3상으로 하고 있으나 대형기기의 동작은 3상 이상의 다상 방식을 사용하는 것이 경제적이다. 예를 들면 동기 변류기는 에너지 손실과 제작비의 양면에서 생각할 때 6상으로 하는 것이 가장 경제적이며 수은정류기는 보통 6, 12 또는 18상으로 제작한다.

일반 다상 전원 및 부하의 결선방식도 성상과 환상의 두 가지 방식이 있으며 [그림 8-21](a)와 (b)는 각각 이것을 나타낸다.

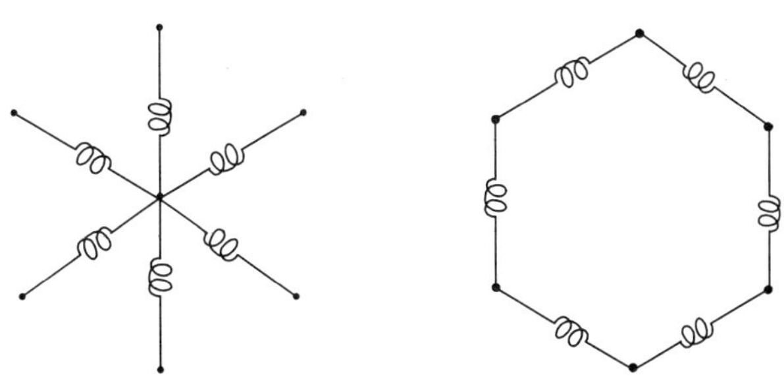

(a) (b)

[그림 8-21] 6상에 대한 성상 및 환상결선

연습문제

[문제 8-1] 그림과 같은 순저항으로 된 회로에 대칭 3상 전압을 가했을 때 각 선에 흐르는 전류가 같아지려면 R의 값[Ω]은?

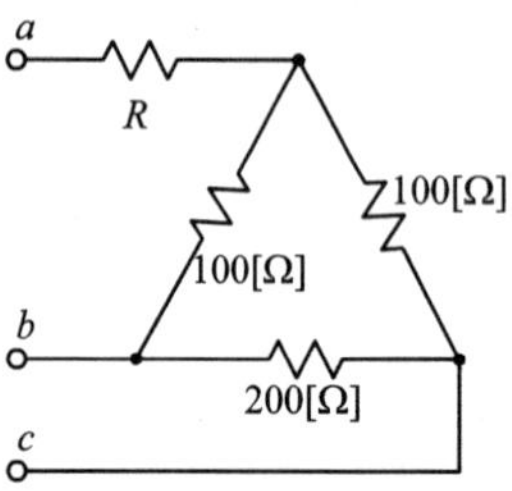

[문제 8-2] 평형 3상 3선식 회로가 있다. 부하는 Y결선이고 $V_{ab} = 100\sqrt{3}\angle 0°[V]$일 때 $I_a = 20\angle -120°[A]$이었다. Y결선된 부하 한 상의 임피던스는 몇 [Ω]인가?

[문제 8-3] Δ결선의 상전류가 $I_{ab} = 4\angle -36°$, $I_{bc} = 4\angle -156°$, $I_{ca} = 4\angle -276°$이다. 선전류 I_c는 약 얼마인가?

[문제 8-4] 전원과 부하가 Δ결선된 3상 평형 회로가 있다. 전원 전압이 200[V], 부하 1상의 임피던스가 $6 + j8[\Omega]$일 때 선전류 [A]는?

[문제 8-5] Δ결선의 상전류가 $O_{12}=4\angle-36°$, $I_{23}=4\angle-156°$, $I_{31}=4\angle-276°$이다. 선전류 I_1은 약 얼마인가?

[문제 8-6] 저항 $33[\Omega]$, 리액턴스 $4[\Omega]$인 코일 3개를 Δ로 연결하고 이것을 평형 3상 200[V] 전원에 접속할 때의 소비전력은 몇 [kW]인가?

[문제 8-7] 그림의 3상 Y결선 회로에서 소비하는 전력[W]은?

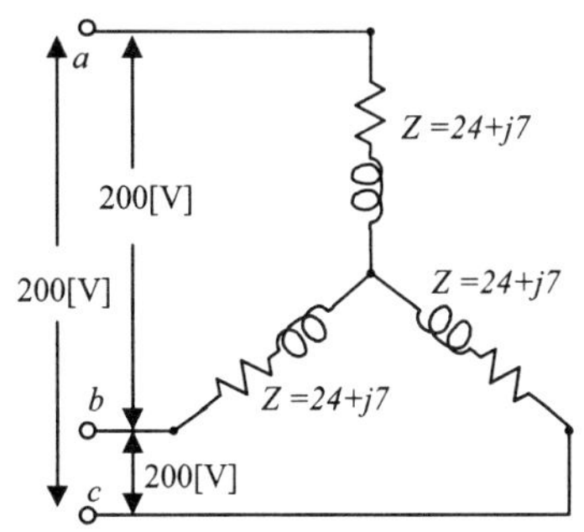

[문제 8-8] 3상 유도전동기의 출력이 5[HP], 전압이 220[V], 효율 80[%], 역률 85[%]일 때 전동기의 선전류는 몇 [A]인가?

[문제 8-9] 선간전압이 200[V]인 10[kW]의 3상대칭 부하에 3상 전력을 공급하는 선로 임피던스가 $4+j3[\Omega]$일 때 부하가 뒤진 역률 80[%]이면 선전류는 몇 [A]인가?

[문제 8-10] Δ결선된 대칭 3상 부하가 있다. 역률이 0.8(지상)이고, 소비전력이 1800[W]이다. 선로의 저항 $0.5[\Omega]$에서 발생하는 선로손실이 50[W]이면 부하 단자전압 [V]은?

[문제 8-11] 어떤 3상 회로에서 선간전압 200[V], 선전류 25[A], 3상 전력 7[kW]였다. 이때의 역률[%]은?

[문제 8-12] 평형3상회로에서 임피던스를 Y결선에서 Δ결선으로 하면, 소비전력은 몇 배가 되는가?

[문제 8-13] 불평형 3상전류 $I_a = 15+j2[A]$, $I_b = -20-j14[A]$, $I_c = -3+j10[A]$일 때 역상분 전류 I_2를 구하라.

[문제 8-14] 불평형 3상전류 $I_a = 25+j4[A]$, $I_b = -18-j16[A]$, $I_c = 7+j15[A]$일 때의 영상 전류 I_0는 몇 [A]인가?

제 9 장

비정현파 교류

9-1 비정현파의 분석

정현파가 아닌 파형을 나타내는 교류를 비정현파 교류라고 한다. 비정현파 교류의 파형은 여러 가지 모양을 나타내며 분류하면 다음과 같다.

<table>
<tr><td rowspan="3">비정현파</td><td rowspan="2">연속파</td><td>대칭파</td></tr>
<tr><td>비대칭파</td></tr>
<tr><td colspan="2">불연속파</td></tr>
</table>

연속파란 [그림 9-1](a), (b)와 같이 1개의 파형이 주기(T) 또는 반주기($T/2$)의 전 구간에 걸쳐서 연속된 것이다.

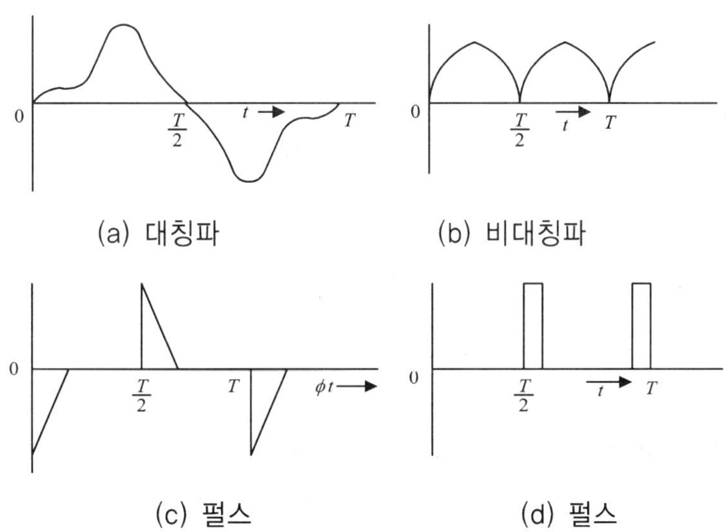

(a) 대칭파 (b) 비대칭파

(c) 펄스 (d) 펄스

[그림 9-1] 비정현파의 파형

또 불연속파란 [그림 9-1](c), (d)와 같이 파형의 연속시간 τ가 $T/2$보다 짧은 것으로서 이것을 펄스(pulse)라 한다.

이와 같은 많은 종류의 비정현파는 일일이 식으로 표시할 수 없는 것도 많고 개별적으로 다루기도 곤란하여 여러 개의 주기파를 가진 정현파의 합성으로 생각하고 개개의 정현파에 대하여 파형을 분석한다.

9-2 비정현파의 조파 분석

[그림 9-2](a)와 같이 어떤 주파수를 가진 정현파 e_1과 e_1의 3배 주파수를 가진 정현파 e_3를 합성하면 e_a와 같은 비정현파가 된다. 정현파 e_1의 최대값을 변화시키면 [그림 9-2](b)와 같은 비정현파 e_b가 되고, e_3의 위상을 변화시키면 [그림 9-2](c)에 표시한 e_c와 같은 비정현파가 된다.

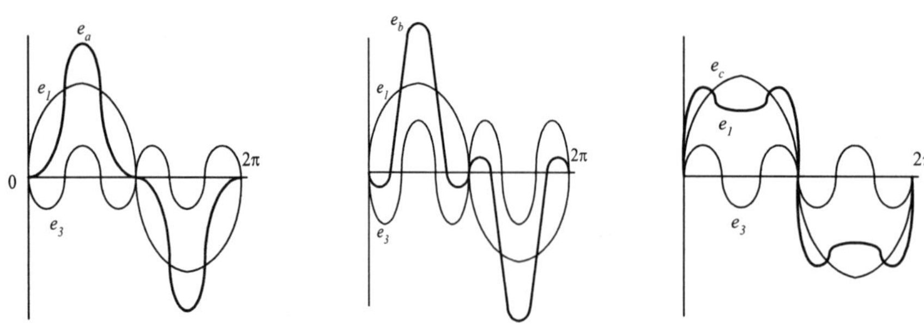

(a) 정현파의 합성 (b) e_3최대값을 크게 (c) e_3위상을 πrad다르게

[그림 9-2] 비정현파의 조파 분석

이처럼 주파수가 다른 정현파들을 최대값이나 위상을 달리하면서 합성하면 여러 가지 파형의 비정현파가 됨을 알 수 있다.

이 사실을 역으로 생각해도 성립한다. 예를 들어 [그림 9-2](a)의 비정현파 e_a는 두 개의 정현파 e_1과 e_3로 분석할 수 있다.

일반적으로 비정현파는 직류성분과 기본파 및 기본파 주파수 정수배의 주파수를 가진 여러 개의 고조파의 합성으로 표시된다.

즉, 주기 T인 비정현파를 $f(t)$라 하면,

$$f(t) = f(t+T) \tag{9-1}$$

이것을 푸리에 급수(Fourier series)로 전개하면

$$f(t) = A_0 + A_1\cos\omega t + A_2\cos 2\omega t + \cdots\cdots + A_n\cos n\omega t + \cdots\cdots$$
$$+ B_1\sin\omega t + B_2\sin 2\omega t + \cdots\cdots + B_n\sin n\omega t + \cdots\cdots$$

$$\therefore\ f(t) = A_0 + \sum_{n=1}^{\infty} A_n\cos n\omega t + \sum_{n=1}^{\infty} b_n\sin n\omega t \tag{9-2}$$

$$(\text{단, } \omega = \frac{2\pi}{T} = 2\pi f)$$

식 9-2는 비정현파 $f(t)$가 무한개의 정현파로 분석되는 것을 표시하지만 일반적으로 무한항으로 전개하는 것은 불가능하며 $f(t)$의 파형에 따라 필요한 만큼 택한다.

주어진 비정현파를 푸리에 급수로 전개할 때는 주파수 ω가 정해지는 데 따라 급수의 각 계수를 결정한다.

1) A_0의 결정법

식 9-2를 1주기인 0에서 T에 걸쳐 적분하면 sin항 및 cos항은 0이고 상수만 남는다.

$$\int_0^T f(t) = TA_0$$

$$A_0 = \frac{1}{T}\int_0^T f(t)dt = \frac{1}{2\pi}\int_0^{2\pi} f(\omega t)dt \quad \text{단,}\omega = \frac{2\pi}{T} \tag{9-3}$$

A_0는 1주기 사이의 평균값이므로 비정현파 $f(t)$의 직류성분에 해당한다. 따라서 직류분을 포함하지 않는 비정현파는 이 항이 0이 된다.

2) A_n의 결정법

식 9-2의 두 변에 $\cos m\omega t$를 곱하고, 이것을 적분하면

$$\int_0^T f(t)\cos m\omega t dt = A_0K_1 + \sum_{n=1}^{\infty} A_nK_2 + \sum_{n=1}^{\infty} B_nK_3 \tag{9-4}$$

$$A_n = \frac{2}{T}\int_0^T f(t)\cos n\omega t\, dt = \frac{1}{\pi}\int_0^{2\pi} f(\omega t)\cos n\omega t\, d(\omega t) \tag{9-5}$$

$$n = 1,\ 2,\ 3....$$

으로부터 A_n을 정할 수 있다.

3) B_n 의 결정법

식 9-2의 두 변에 $\sin m\omega t$를 곱하고 적분하여 풀면

$$\int_0^T f(t)\sin m\omega t\, dt = A_0 K + \sum_{n=1}^{\infty} A_nK_2 + \sum_{n=1}^{\infty} B_nK_3 \tag{9-6}$$

$$B_n = \frac{2}{T}\int_0^T f(t)\sin n\omega t\, dt = \frac{1}{\pi}\int_0^{2\pi} f(\omega t)\sin n\omega t\, d(\omega t) \tag{9-7}$$

$$n = 1,\ 2,\ 3....$$

로 B_n이 결정된다.

같은 주파수끼리 sin, cos 항을 곱의 형식으로 표시하면 식 9-2는 그중 하나의 항만으로 표시한다.

$$f(t) = A_0 + \sum_{n=1}^{\infty} C_n \sin(n\omega t + \theta_n) \tag{9-8}$$

단, $C = \sqrt{A_n^2 + B_n^2}\quad (n = 1,\ 2,\ 3....)$

$\theta_n = \tan^{-1}\dfrac{A_n}{B_n}\quad (n = 1, 2, 3\cdots\cdots)$

이 식에서 n이 1인 경우 즉, $C_1\sin(\omega t+\theta_1)$은 $f(t)$와 같은 주파수 ω를 가진 기본파가 되고 n이 2, 3, 4…의 경우, 즉 $f(t)$에서 주파수 ω의 2배, 3배, 4배…가 되는 항들을 각각 제 2조파, 제 3조파, 제 4조파…라 부르고 총칭하여 고조파라 한다. 또 주파수의 배수를 차수라 한다. 차수가 홀수인 고조파를 기수조파 라고 하며 짝수인 고조파를 우수조파라 한다.

이렇게 하여 비정현파 = (직류성분) + (기본파) + (고조파)로 분석되고 이 과정을 푸리에 분석 또는 조파 분석이라 한다.

Fourier 급수 및 계수의 정리
$f(t) = A_0 + \sum_{n=1}^{\infty} A_n \cos n\omega t + \sum_{n=1}^{\infty} b_n \sin n\omega t$
$A_0 = \frac{1}{T}\int_0^T f(t)dt = \frac{1}{2\pi}\int_0^{2\pi} f(\omega t)d(\omega t)$
$A_n = \frac{2}{T}\int_0^T f(t)\cos n\omega t\, dt = \frac{1}{\pi}\int_0^{2\pi} f(\omega t)\cos n\omega t d(\omega t)$
$B_n = \frac{2}{T}\int_0^T f(t)\sin n\omega t\, dt = \frac{1}{\pi}\int_0^{2\pi} f(\omega t)\sin n\omega t d(\omega t)$

비정현파를 분석해보면 파형에 따른 몇 가지 규칙을 발견할 수 있다. [그림 9-3](a), (b)와 같이 (+)와 (-) 파형의 면적이 같을 때 1주기의 평균은 0이 되므로, 직류성분 A_0는 없다.

대칭파 중에서 그림 (a)와 같이 반파를 반주기만큼 위상편이 하면 시간 축에 대하여 (+)와 (-)가 대칭이 되는 파형에서는

$$f(0) = A_1\sin\omega t + A_3\sin(3\omega t + \theta_3) + A_5\sin(5\omega t + \theta_5) + \cdots \quad (9\text{-}9)$$

와 같이 기수 조파만으로 된다. 또 그림 (c)와 같은 비대칭파에는 직류성분 A_0가 포함되어 있다. 특히 정류파에 대해서는 짝수 조파뿐이

고 홀수 조파는 0이 된다.

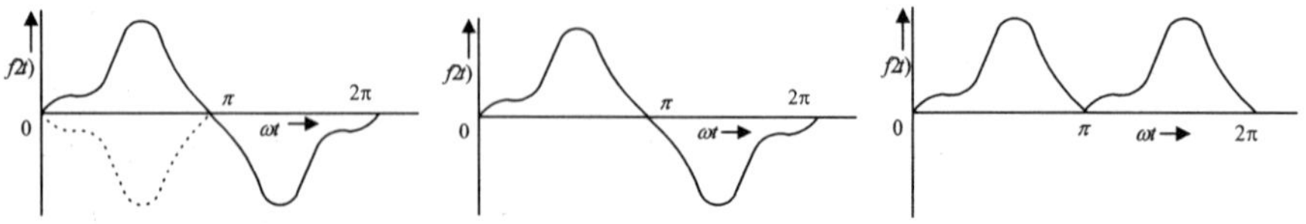

(a) 대칭파 (b) 대칭파 (c)정류파

[그림 9-3] 파형 분석의 규칙성

(a) 사각파 : 이 경우는 식 9-9의 형식이 되므로 홀수 조파만으로 되어 다음과 같은 푸리에 급수로 전개된다.

$$v = \frac{4}{\pi}V_m[\sin\omega t + \frac{1}{3}sin3\omega t + \frac{1}{5}sin5\omega t + \cdots$$

$$+ \frac{1}{2n-1}sin(2n-1)\omega t + \cdots] \qquad (9\text{-}10)$$

[예제] 다음 그림에 표시한 사각파를 푸리에 급수로 전개하라.

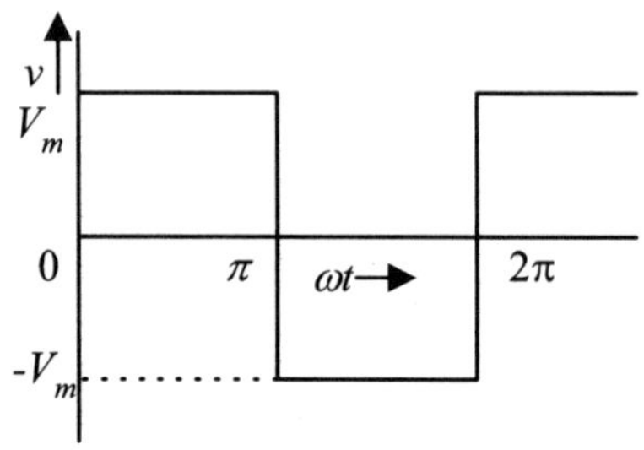

먼저 주어진 파형에 대한 1주기 사이$0 < t < T$의 표시식은

$$f(t) = V_m, \ 0 < t < \frac{T}{2}$$

$$-V_m, \frac{T}{2} < t < T$$

직류성분은 식 9-3에 의하여

$$V_0 = \frac{1}{T}\int_0^T f(t)\,dt = \frac{1}{T}[\int_0^{\frac{T}{2}} V_m dt + \int_{\frac{T}{2}}^{T}(-V_m)dt] = 0$$

다음에 cos 항의 계수 A_n은

$$A_n = \frac{2}{T}\int_0^T f(t)\cos n\omega t\,dt$$

$$= \frac{2}{T}\int V_m \cos n\omega t\,dt + \frac{2}{T}\int_{\frac{T}{2}}^{T}(-V_m)\cos n\omega t\,dt = 0$$

다음 sin 항의 계수 B_n은

$$B_n = \frac{2}{T}\int_0^T f(t)\sin n\omega t\,dt$$

$$= \frac{2}{T}\int_0^{\frac{T}{2}} V_m \sin n\omega t\,dt + \frac{2}{T}\int_{\frac{T}{2}}^{T}(-V_m)\sin n\omega t\,dt$$

$$= \frac{2V_m}{2\pi n}[(-\cos n\omega t)_0^{\pi}(+\cos n\omega t)_{\pi}^{2\pi}]$$

$$= \frac{4V_m}{n\pi} \quad : n = 1, 3, 5$$

$$0 \quad : n = 2, 4, 6$$

그러므로 다음과 같이 분석된다.

$$v = \sum_{n=1}^{\infty} \frac{4V_m}{n\pi} \sin n\omega t$$

$$= \frac{4}{\pi} V_m (\sin\omega t + \frac{1}{3} sin 3\omega t + \frac{1}{5} sin 5\omega t + \cdots + \frac{1}{n} sin\, n\omega t \cdots)$$

(b) 삼각파 : [그림 9-5]과 같은 이 파형도 사각파와 같이 홀수조파만으로 되어

$$v = \frac{8}{\pi^2} V_m [\sin\omega t - \frac{1}{9} sin 3\omega t + \frac{1}{25} sin 5\omega t - \cdots$$

$$+\frac{(-1)^{n+1}}{(2\omega-1)^2}sin(2^n-1)\omega t+\cdots] \quad (9\text{-}11)$$

으로 된다. 그러므로 삼각파가 사각파보다는 급수의 수렴이 빠름을 알 수 있다. 따라서 동수의 항을 모아서 원파형에 가까운 파형을 그리면 삼각파에 더 가깝게 된다.

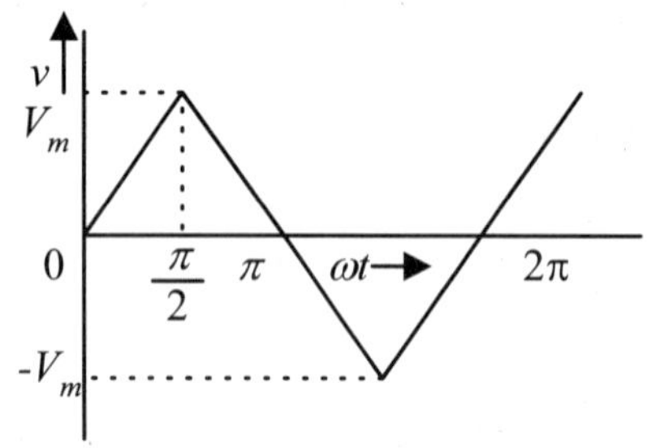

[그림 9-5] 삼각파

[예제] [그림 9-5]의 삼각파를 푸리에 급수로 전개하라.

이 파형은 반파 대칭이며 또한 기함수임을 알 수 있다. 따라서 푸리에 급수의 전개식은 n이 기수인 b_n항만 포함한다. 그리고 그 계수를 구하는 적분식을 1/4주기간 적분하여 4배 하면 되므로,

$$B_n = \frac{8}{T}\int_0^{\frac{T}{4}} v\sin n\omega t\,dt \quad (n=1,3,5\cdots)$$

$T=2\pi,\ v=\frac{2}{\pi}V_m dt,\ 0 \leqq \omega t \leqq \frac{\pi}{2}$를 대입하여

$$B_n = \frac{32V_m}{(2\pi)^2}\int_0^{\frac{\pi}{2}} \omega t sin\, n\omega t\,dt$$

$$= \frac{8V_m}{\pi^2}\left[\frac{1}{n^2}sin\, n\omega t - \frac{1}{n}\omega t\cos n\omega t\right]_0^{\frac{\pi}{2}}$$

$$= \frac{8V_m}{n^2\pi^2} \quad : n = 1, 5, 9 \cdots$$

$$-\frac{8A}{n^2\pi^2} \quad : n = 3, 7, 11 \cdots$$

따라서

$$v = \frac{8}{\pi^2}V_m[\sin\omega t - \frac{1}{9}sin3\omega t + \frac{1}{25}sin5\omega t \cdots$$

$$+ \frac{(-1)^{n+1}}{(2n-1)^2}sin(2^n-1)\omega t \cdots]$$

(c) 톱니파 : 이 파형도 대칭파이므로 직류성분은 0이 되지만 (-)의 반파를 반주기 편이한 것은 시간 축에 대하여 (+)의 파형과 대칭이 안 되므로 홀수 조파뿐만 아니라 짝수 조파도 나타난다. [그림 9-6]과 같은 파형을 푸리에 급수로 진개하면

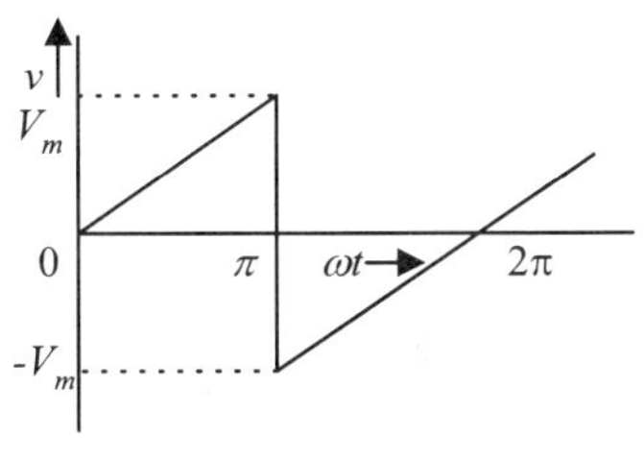

[그림 9-6] 톱니파(1)

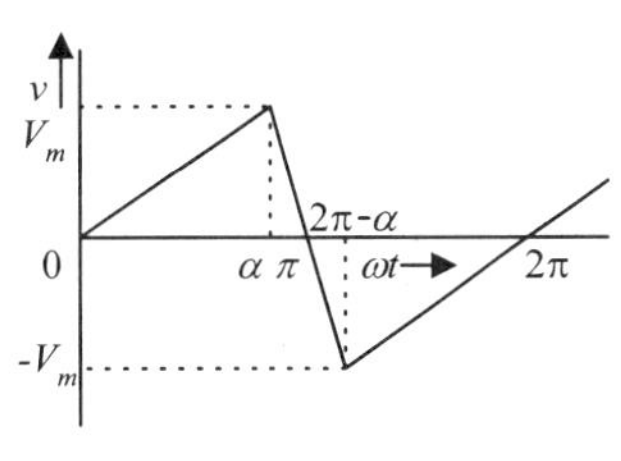

[그림 9-7] 톱니파(2)

$$v = \frac{2}{\pi}V_m[\sin\omega t - \frac{1}{2}sin2\omega t + \frac{1}{3}sin3\omega t \quad - \frac{1}{4}sin4\omega t + \cdots$$

$$+ \frac{(-1)^{n+1}}{n}sin n\omega t] \quad (9\text{-}12)$$

실제의 톱니파는 [그림 9-7]과 같은 모양이다. 이것은 파형의 식이 복잡하며 조파 분석의 전개식은 다음과 같다.

$$v = \frac{2V_m}{\pi\alpha(1-\frac{\alpha}{\pi})}[\sin\alpha\sin\omega t + \frac{1}{4}sin2\alpha\sin2\omega t$$

$$+\frac{1}{9}sin3\alpha\sin3\omega t + \ \cdots + \frac{1}{n^2}sin\, n\alpha\sin n\omega t + \cdots] \quad (9\text{-}13)$$

(d) 반파 정류파 : [그림 9-8]과 같은 반파 정류파형은 비대칭파이므로 직류성분과 기본파 및 짝수 조파로 구성된다.

$$v = V_m[\frac{1}{\pi} + \frac{1}{2}sin\omega t - \frac{2}{\pi}(\frac{1}{3}cos\,2\omega t + \frac{1}{15}cos\,4\omega t + \cdots$$

$$+\frac{1}{4n^2-1}cos\,2n\omega t + \cdots)] \qquad (9\text{-}14)$$

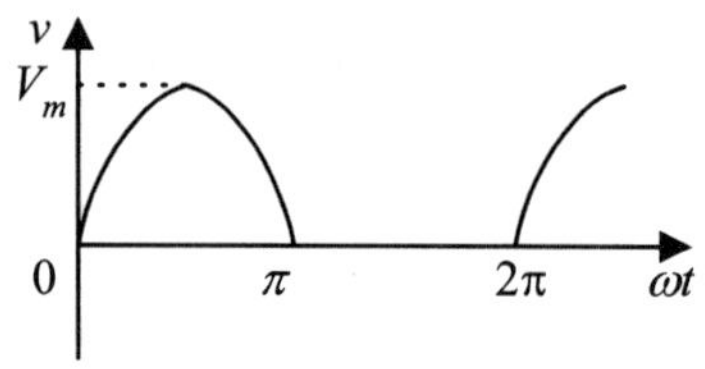

[그림 9-8] 반파 정류파

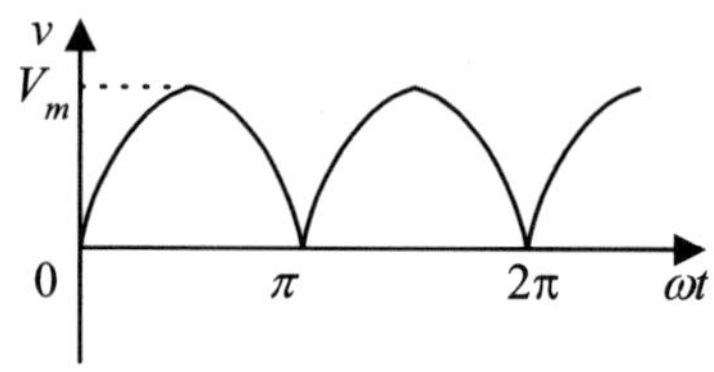

[그림 9-9] 전파 정류파

(e) 전파 정류파 : [그림 9-9]와 같은 전파 정류 파형도 반파 정류파와 같이 직류성분과 짝수파의 고조파로 분석되지만, 반파정류와는 달리 기본파 성분은 0이 된다.

$$v = \frac{2}{\pi}V_m[1 - 2(\frac{1}{3}cos\,2\omega t + \frac{1}{15}cos4\omega t + \frac{1}{35}cos\,6\omega t + \cdots$$

$$+\frac{1}{4n^2-1}cos\,2n\omega t + \cdots)] \qquad (9\text{-}15)$$

반파 정류파와 전파 정류파의 전개식을 비교하면 직류성분의 크기가 2배이며 전파 정류파에는 기본파가 포함되어 있지 않다는 것을 알 수 있다.

4) 주파수 스펙트럼

비정현파에 포함된 고조파의 최대값은 일반적으로 고차가 될수록 작아지며 감소하는 모양은 파형의 변화가 완만한 쪽이 더 빠르다.

고조파의 크기가 주파수에 따라 감소하는 모양을 그림으로 그리면 [그림 9-10]과 같이 된다. 이것을 주파수 스펙트럼이라 한다.

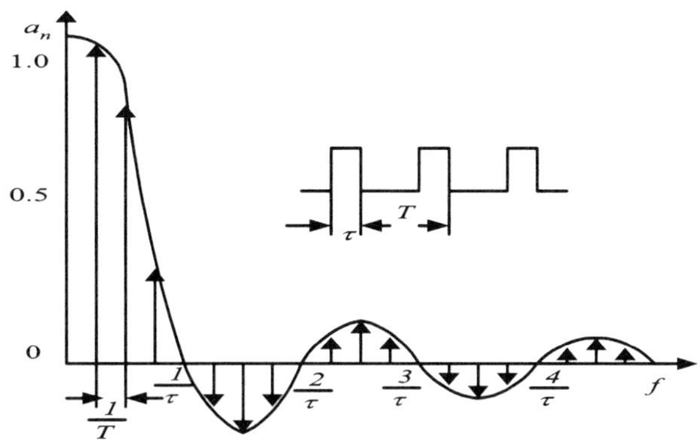

[그림 9-10] 주파수 스펙트럼

이처럼 비정현파는 대단히 많은 고조파를 포함하기 때문에 비정현파를 완전하게 나타내기 위해서는 무한대에 가까운 주파수대에 대하여 생각하지 않으면 안 된다. 그러나 실제로 이것은 불가능한 일이며 실용상 지장이 없는 범위 안의 고조파를 취하고 이것보다 높은 주파수의 것은 무시한다.

파형은 그 변화가 완만한 비정현파 일수록 필요한 주파수대는 좁아진다. 반대로 펄스파와 같이 파형이 급격히 변화하는 비정현파는 대단히 넓은 주파수대가 필요하다.

(a) 우함수(even function)

$$f(t) = f(-t) \tag{9-16}$$

의 관계가 성립하는 함수 $f(t)$를 우함수라 한다. 예를 들면 $\cos\omega t$, t^2

등의 관계가 여기에 속한다. 또 우함수끼리 더하거나 곱하여 얻은 결과의 함수 역시 우함수가 된다.

따라서 푸리에 급수에서 $A_0 + \Sigma A_n \cos n\omega t$ 항은 우함수가 된다.

우함수인 경우 $f(t) = f(t+T)$의 관계인 비정현파는 $t = nT$인 직선을 지나는 모든 수직선에 대하여 대칭이다. 따라서 적분 한계를 0 ~ T에서 $-\frac{T}{2} \sim \frac{T}{2}$로 바꾸어 생각해도 되며 다음과 같이 된다.

$$A_0 = \frac{1}{T}\int_{-\frac{T}{2}}^{\frac{T}{2}} f(t)\,dt = \frac{2}{T}\int_{0}^{\frac{T}{2}} f(t)\,dt \tag{9-17}$$

$$A_n = \frac{2}{T}\int_{-\frac{T}{2}}^{\frac{T}{2}} f(t)\cos n\omega t\,dt = \frac{4}{T}\int_{0}^{\frac{T}{2}} f(t)\cos n\omega t\,dt \tag{9-18}$$

(∵ 우함수 × 우함수 = 우함수)

$$B_n = \frac{2}{T}\int_{-\frac{T}{2}}^{\frac{T}{2}} f(t)\sin n\omega t\,dt = 0 \quad (n = 1, 2, 3 \cdots) \tag{9-19}$$

(∵ 우함수 × 기함수 = 기함수)

이처럼 비정현파가 우함수일 때 이것을 파형 분석하면 cos항만 남으며 계수(최대값)는 반주기 사이의 적분의 2배가 된다.

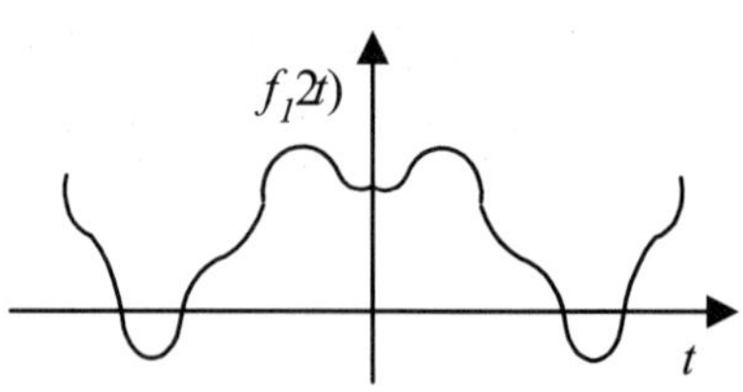

[그림 9-11] 우함수

(b) 기함수(odd function)

$t = nT$(n은 양 또는 음의 정수)인 모든 점에 대하여 대칭 관계가

성립하는 함수 $f(t)$를 기함수라 한다. 우함수의 경우와 같은 방법으로 하면

$$A_0 = 0 \quad A_n = 0 \ (n = 1, 2, 3 \cdots) \tag{9-20}$$

$$B_n = \frac{4}{T}\int_{-\frac{T}{2}}^{\frac{T}{2}} f(t)\sin n\omega t\, dt \tag{9-21}$$

의 관계가 있다. 이 경우에는 푸리에 급수에서 sin 항만으로 된다. 사각파 및 삼각파 등이 이에 속한다.

(c) 대칭

$f(t) = -f(t \pm \frac{T}{2})$의 조건을 만족하는 비정현파를 반파 대칭이라 한다. 이 경우에는 반주기마다 같은 파형이 반복되나 부호가 바뀐다. 이와 같은 파형은 명백히 직류성분은 없으므로 $A_0 = 0$이고

또, $A_n = \dfrac{2}{T}\displaystyle\int_{-\frac{T}{2}}^{\frac{T}{2}} f(t)\cos n\omega t\, dt$

$$= \frac{2}{T}\int_{-\frac{T}{2}}^{0} f(t)\cos n\omega t\, dt + \frac{2}{T}\int_{0}^{\frac{T}{2}} f(t)\cos n\omega t\, dt \tag{9-22}$$

t를 $t + \dfrac{T}{2}$로 대치하여도 함수값에는 변함이 없으므로

$$\cos(x + nx) = \cos x \cdot \cos n\pi - \sin x \cdot \sin n\pi = \cos x \cdot \cos n\pi$$

의 관계를 이용하여 정리하면

$$A_n = \frac{2}{T}(1 - \cos n\pi)\int_{0}^{\frac{T}{2}} f(t)\cos n\omega t\, dt$$

$$= \begin{cases} 0 & : n = 2, 4, 6 \cdots \\ \dfrac{4}{T}\displaystyle\int_0^{\frac{T}{2}} f(t)\cos n\omega t\, dt & : n = 1, 3, 5 \cdots \end{cases} \qquad (9\text{-}23)$$

같은 방법으로

$$B_n = \begin{cases} 0 & : n = 2, 4, 6 \cdots \\ \dfrac{4}{T}\displaystyle\int_0^{\frac{T}{2}} f(t)\sin n\omega t\, dt & : n = 1, 3, 5 \cdots \end{cases} \qquad (9\text{-}24)$$

이 식들을 종합해 보면 반파대칭인 비정현파에서는 직류성분은 없고 *cos* 및 *sin*항의 우수적분도 없으므로 기수차 항의 계수를 구할 때에는 반주기 사이에만 적분하여 2배하면 된다.

9-3 비정현파 교류

1) 실효값

비정현파 교류의 크기를 표시하는 데 있어서 파형의 왜곡이 클 때에는 최대값을 사용하지만 크게 왜곡되지 않은 파형에서는 정현파 교류와 같이 실효값을 사용한다. 비정현파 교류의 실효값도 정현파 교류의 경우와 마찬가지로 정의한다.

따라서 실효값 V는

$$V = \sqrt{v^2\text{의 평균}} = \sqrt{V_0^2 + V_1^2 + V_2^2 + \cdots} \qquad (9\text{-}27)$$

가 된다. 전류에 대한 평균값 및 실효값도 같은 방법으로 구하면 된다.

2) 왜 율

파형을 표시하려는 방법으로 파형율 또는 파고율을 사용하고 있다.

또한, 비정현파의 파형이 정현파보다 어느 정도 왜곡되어 있는가를 표시하는 계수로서 왜율을 사용한다.

$$\text{왜율} = \frac{\text{고조파의 실효값}}{\text{기본파의 실효값}} = \frac{\sqrt{V_2^2 + V_3^2 + \cdots}}{V_1} \tag{9-28}$$

이 값이 적을수록 정현파에 가까움을 알 수 있다. 다음 표는 대표적인 파형의 왜율을 나타낸 것이다.

파형	정현파	사각파	삼각파	반파정류파	전파정류파
왜율	0	0.4834	0.1934	0.4352	0.2273

3) 비정현파 교류회로

회로에 비정현파 전압이 걸렸을 때 비정현파 전압은 많은 조파로 분석되므로 중첩의 원리를 적용하여 각 조파 전압이 각각 단독으로 걸렸을 때의 전류를 구하고 이것들을 합성하면 된다.

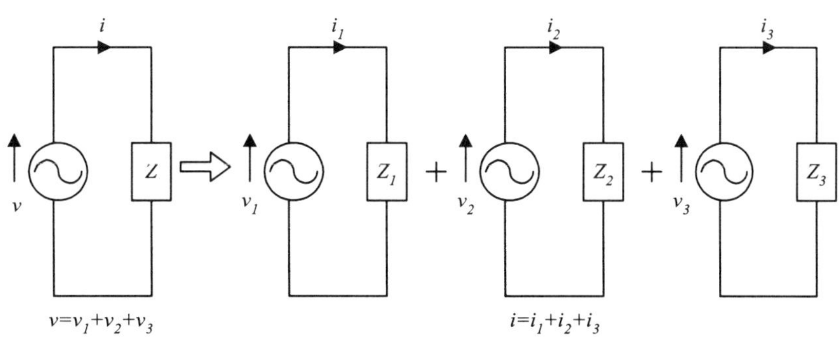

[그림 9-12] 비정현파 교류회로의 계산법

(a) 비정현파에 대한 리액턴스

저항은 주파수와 관계없으므로 비정현파의 조파에 대해서도 정현파일 때와 마찬가지로 작용하지만, 유도 리액턴스나 용량 리액턴스는 주파수에 비례 하거나 반비례하여 그 값이 변하기 때문에 각 조파에 대한 각각의 리액턴스를 구한 다음 그 작용을 조사하지 않으면 안 된다.

지금 비정현파 전압

$$v = \sqrt{2}\, V_1 \sin\omega t + \sqrt{2}\, V_2 \sin 2\omega t + \sqrt{2}\, V_3 \sin 3\omega t + \ldots\ldots \quad (9\text{-}29)$$

가 $L[H]$의 인덕턴스에 걸렸을 때 각 조파에 대하여 유도성 리액턴스를 고려한 전류의 크기는

$$i = \sqrt{2}\frac{V_1}{\omega L} sin(\omega t - \frac{\pi}{2}) + \sqrt{2}\frac{V_2}{2\omega L} sin(2\omega t - \frac{\pi}{2}) + \ldots\ldots \quad (9\text{-}30)$$

가 되어 고차의 고조파일수록 적은 값이 된다. 따라서 유도성 리액턴스의 회로에서는 전류의 파형은 전압의 파형보다 정현파에 가까운 모양이 된다.

용량성 리액턴스의 경우에는 이와 반대로 고조파의 고차가 될수록 리액턴스의 크기는 작아지므로 전류의 고조파성분의 영향이 커지므로 전압에 미치는 왜율도 커진다.

(b) 고조파에 의한 공진

[그림 9-13]과 같은 주파수 체배 회로에서 $L-C$ 직렬회로의 공진 주파수가 전원의 n차 조파의 주파수에서 공진 상태가 되고 n 차 조파의 전류가 커지게 되며 이 전류에 의한 L또는 C의 단자 전압으로부터 주파수 nf의 전압을 얻을 수 있다.

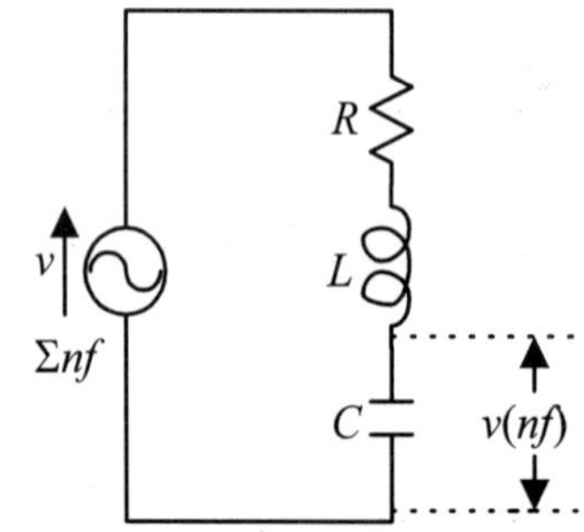

[그림 9-13] 주파수 체배 회로

이와 같은 현상을 고조파에 의한 공진이라 한다. 이러한 방법으로 주파수를 2배 또는 3배로 높이는 장치를 주파수 체배기(frequency multiplier)라 하고 통신기기 등에 응용되고 있다.

4) 비정현파 교류전력

(a) 전력

$$v = \sqrt{2}\,V_1 \sin\omega t + \sqrt{2}\,V_2 \sin 2\omega t + \sqrt{2}\,V_3 \sin 3\omega t + \cdots$$

전압에 의하여 흐르는 전류가 $i = \sqrt{2}\,I_1 \sin(\omega t - \theta_1) + \sqrt{2}\,I_2 \sin(2\omega t - \theta_2) + \sqrt{2}\,I_3 \sin(3\omega t - \theta_3) + \cdots$ 일 때의 순시전력은

$$\begin{aligned} p &= vi \\ &= \Sigma 2 V_n I_n \sin n\omega t \sin(n\omega t - \theta_n) \\ &\quad + \Sigma 2 V_m I_m \sin m\omega t \sin(n\omega t - \theta_n) \end{aligned} \qquad (9\text{-}31)$$

이 된다. 결과적으로 같은 주파 성분의 곱과 다른 주파수 성분의 곱으로 이루어진다. 따라서 이것을 기본파의 1주기에 대하여 평균하면 주파수가 다른 두 정현파의 곱의 평균은 0이 되므로

$$\begin{aligned} p\text{의 평균} &= \Sigma 2 V_n I_n \sin n\omega t \sin(n\omega t - \theta_n)\text{의 평균} \\ &= \Sigma V_n I_n [\cos\theta_n - \cos(2n\omega t - \theta_n)]\text{의 평균} \\ &= \Sigma V_n I_n \cos\theta_n\text{의 평균} - \Sigma V_n I_n \cos(2n\omega t - \theta_n)\text{의 평균} \end{aligned} \qquad (9\text{-}32)$$

그런데 이 식의 제2항도 0이 되므로 왜곡파 교류의 유효전력 P는 다음식과 같아 조파간 유효전력의 합이 된다.

$$\begin{aligned} P &= \Sigma V_n I_n \cos\theta_n \\ &= V_1 I_1 \cos\theta_1 + V_2 I_2 \cos\theta_2 + V_3 I_3 \cos\theta_3 + \cdots \end{aligned} \qquad (9\text{-}35)$$

(b) 역률

비정현파 교류의 회로에 대해서도 정현파의 경우와 같이 전력과 피

상전력의 비를 역률이라 한다.

$$\text{역률} = \frac{V_1 I_1 \cos\theta_1 + V_2 I_2 \cos\theta_2 + V_3 I_3 \cos\theta_3 + \cdots}{\sqrt{V_1^2 + V_2^2 + V_3^2 \cdots}\ \sqrt{I_1^2 + I_2^2 + I_3^2 \cdots}} \tag{9-36}$$

그러나 비정현파의 경우에는 각 조파의 주파수에 의하여 임피던스는 달라지므로 비정현파 전체로서의 상차각인 임피던스의 각은 정할 수 없다. 따라서 정현파 때와 같이 역률 $= \cos\theta$가 되는 것은 아니다.

(c) 등가 정현파

비정현파의 파형이 정현파와 비슷할 때는 이와 동등한 작용을 하는 정현파로 바꾸어 생각하면 정현파 교류인 경우와 같은 벡터 그림이나 계산법을 이용할 수 있으므로 편리하다.

비정현파 실효값의 $\sqrt{2}$배의 크기를 가지고 비정현파의 기본파와 같은 주파수를 가진 정현파 전압 및 전류로서 이 전압과 전류 사이의 상차각의 여현이 비정현파의 역률과 같아지는 정현파를 결정하고 비정현파의 전압 및 전류와 치환한다. 이와 같은 정현파를 등가 정현파라 한다.

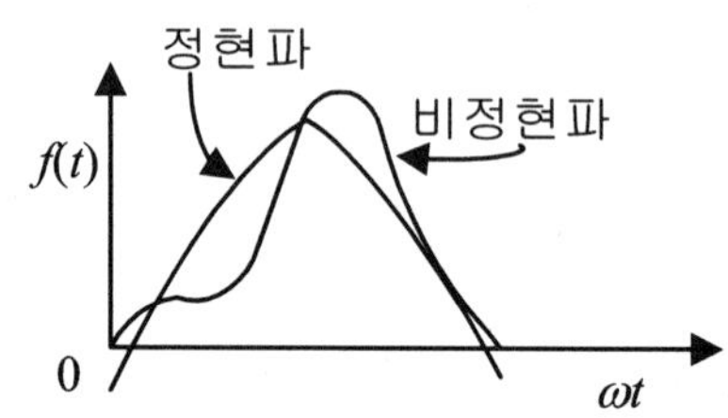

[그림 9-14] 등가 정현파

9-4 비직선 회로

1) 비직선 회로

[그림 9-15]와 같이 어떤 회로 N의 입력단자에 전기 에너지를 가

하고 출력단자에서 입력에 따른 출력에너지를 얻을 때 이 회로를 전송 회로라 한다.

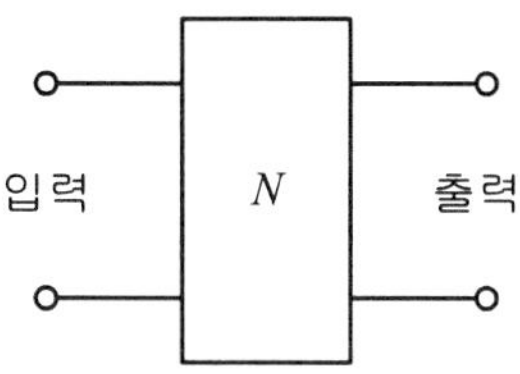

[그림 9-15] 전송 회로

전송 회로는 증폭기나 통신선로 및 필터(filter)등이 있으며 그 구성에 따라서 입력과 출력이 비례하는 경우와 그렇지 않은 경우가 있다. 입출력이 비례하는 회로를 직선 회로라 하고 그렇지 않은 것을 비직선 회로라 한다.

비직선 회로에서는 입력과 출력이 비례하지 않으므로 입력에는 정현파 교류를 걸어도 출력으로서 얻어지는 파형은 비정현파가 된다. 따라서 음성용 증폭기나 통신선로와 같이 신호를 충실히 전송할 필요가 있을 때는 회로가 직선성이어야 한다.

비직선 회로에서 발생하는 왜곡은 입력 신호의 고조파에 의하여 생기는 것으로 이와 같은 왜곡을 고조파 왜곡 또는 비직선 왜곡이라 한다. 비직선 회로는 자기포화가 되어있는 철심을 포함한 회로 및 정류기와 검파기 등이 있다.

2) 포화 철심에 의한 왜곡

강자성체의 자화 특성은 직선이 아니고 완만하게 굽은 포화곡선이다. 이 특성곡선은 [그림 9-16](a)처럼 자속밀도(B)와 자장(H)과의 관계로써 표시된다. 그렇지만 전류 I는 자장에 비례하므로 B-H곡선은 [그림 9-17](a)와 같이 종축과 횡축의 눈금을 바꾸어 그리면 철심에 들어 있는 코일의 자속(Φ)과 전류의 관계를 표시하게 된다.

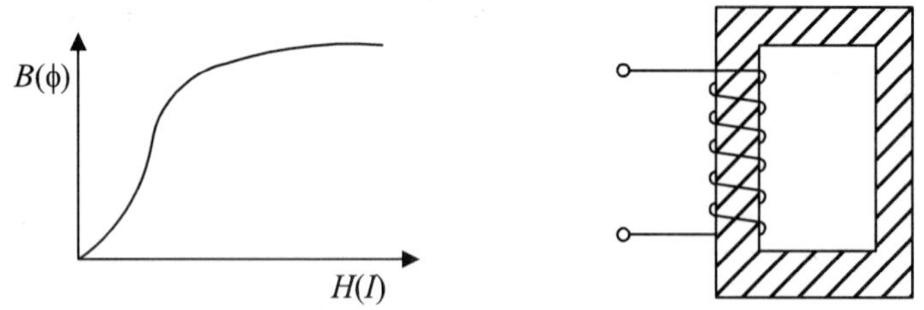

(a) 자화곡선*H(I)* (b) 철심코일

[그림 9-16] 철심이 있는 코일

포화특성을 가진 철심을 감고 있는 코일에 정현파 전압을 걸었을 때 흐르는 전류를 조사하면 자속은 전압에 비례하므로 [그림 9-17](a)와 같이 제3조파를 포함한 비정현파가 됨을 알 수 있다.

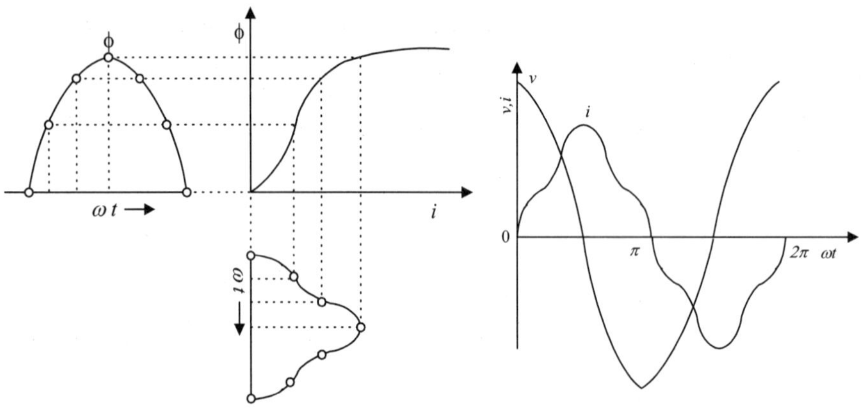

(a) 전압과 전류와의 관계 (b) 전압과 전류의 파형

[그림 9-17] 철심이 있는 코일의 전류

그런데 자속의 위상은 전압보다 $\frac{\pi}{2}rad$만큼 늦으므로 전류도 마찬가지로 전압보다 $\frac{\pi}{2}rad$만큼 늦어진다.

따라서 철심이 있는 코일에 정현파 전압을 인가할 때 흐르는 전류를 그림으로 표시하면 [그림 9-17](b)와 같이 된다.

연습문제

[문제 9-1] 그림과 같은 반파 정류파를 푸리에 급수로 전개할 때 직류분은?

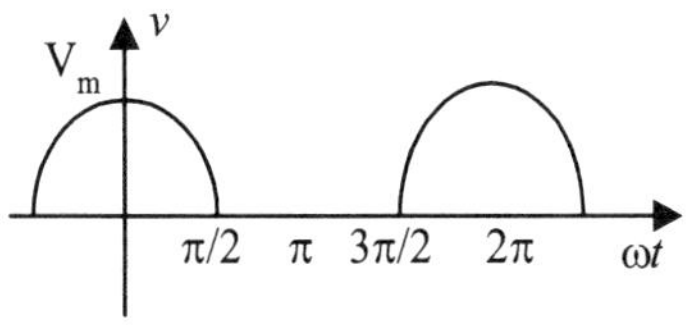

[문제 9-2] 비정현파 교류는 어떤 파들의 합성인가?

[문제 9-3] $i(t) = \frac{4I_m}{\pi}(\sin\omega t + \frac{1}{3}sin3\omega t + \frac{1}{5}sin5\omega t + \cdots\cdots)$ 를 표시하는 파형을 그리시오.

[문제 9-4] ωt가 0에서 π까지 $i = 10[A]$, π에서 2π까지는 $i = 0[A]$인 파형을 푸리에 급수로 전개하면 a_0는?

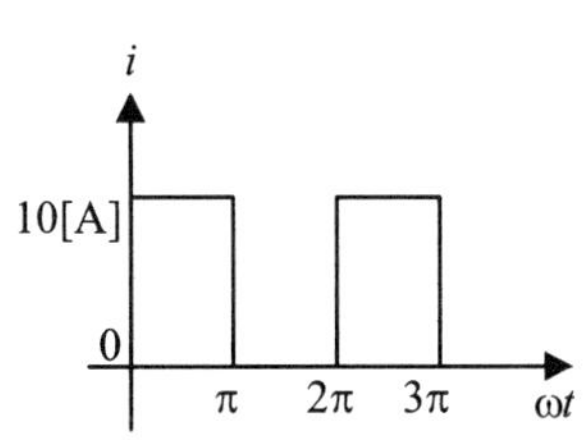

[문제 9-5] 그림과 같은 톱니파형을 푸리에 급수로 전개하라.

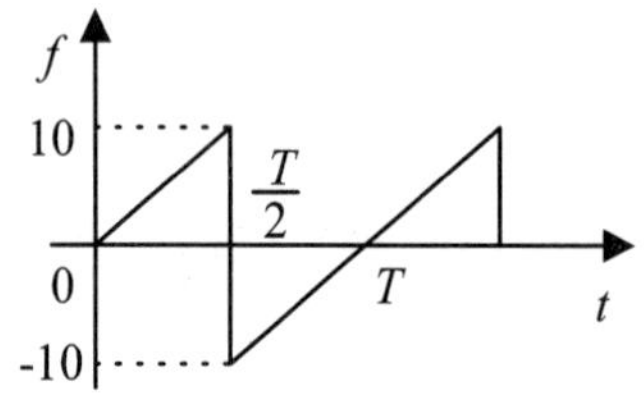

[문제 9-6] R-L직렬회로에
$v = 10 + 100\sqrt{2}\,sin2\omega t + 50\sqrt{2}\sin(3\omega t + 60°) +$
$60\sqrt{2}\,sin(5\omega t + 30°)[V]$ 인 전압을 가할 때 제 3고조파 전류의 실효값[A]은?

[문제 9-7] 전류 순시값 $i = 30\sin\omega t + 50\sin(3\omega t + 60°)[A]$ 의 실효값은 몇 [A]인가?

[문제 9-8] 기본파의 30[%]인 제3고조파와 20[%]인 제5고조파를 포함하는 전압파의 왜형률은?

[문제 9-9] $i(t) = 10\sin\omega t + 5\sin 3\omega t + 2\sin 5\omega t\,[A]$ 의 전류가 $R = 10[\Omega]$ 저항에 흐를 때 저항에서 소비되는 전력은?

제 10 장

2단자 회로망

10-1 2단자 회로망

두 개의 단자를 가지는 임의의 회로망을 2단자 회로망이라 한다. 2단자 회로망은 회로망 내부에 전압원을 가지는 능동 회로망과 내부에 전압원이 존재하지 않는 수동 회로망으로 나눌 수 있다.

일반적으로 전원으로서 전압이 인가되었을 때 인가된 단자에서 본 임피던스가 입력 임피던스(input impedance) 또는 구동점 임피던스(driving point impedance)라고 부른다.

일반적으로 2 단자 회로망의 구동점 임피던스는 회로내의 모든 소자의 값과 주파수의 복잡한 함수이다. 하나의 2 단자 회로망의 입력 임피던스가 다른 어떤 2 단자 회로망의 입력 임피던스와 같을 때 이 두 개의 2 단자 회로망은 서로 등가(equivalent)라고 한다. 따라서 서로 등가인 두 개의 2 단자 회로망에서는 같은 단자전압이 나타난다. 즉 등가인 2 단자 회로망은 서로 대치하여도 외부에는 하등의 변화를 주지 않지만, 내부에서는 달라진다. 특히 주의할 것은 일반적으로 두 회로가 한 주파수에서 등가이더라도 다른 주파수에서는 등가가 아니라는 점이다.

이 장에서 다루는 2단자 회로망은 내부 전원을 포함하지 않으며 회로 소자는 모두 선형인 수동 선형 2단자 회로망이다.

10-2 2단자 회로망의 임피던스

[그림 10-1]과 같은 2단자 회로 a, b에 전압 V가 되었을 경우, 2단자 a, b로부터 본 임피던스 $Z = \dfrac{V}{I}$로서 구한다. 키르히호프의 법칙에 의하면

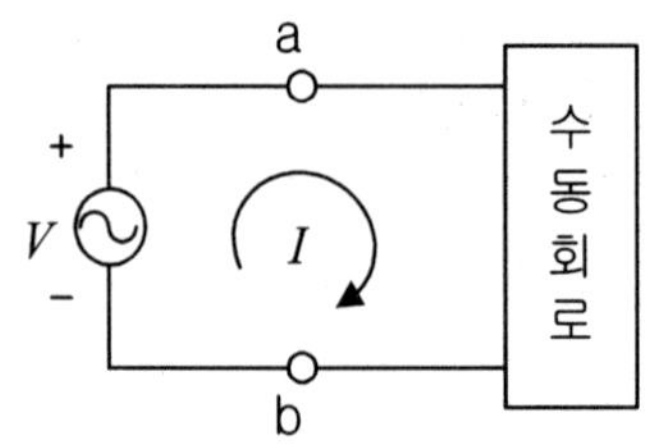

[그림 10-1] 2단자 회로

$$\begin{bmatrix} Z_{11} & Z_{12} & \cdots\cdots & Z_{1n} \\ Z_{21} & Z_{22} & \cdots\cdots & Z_{2n} \\ \cdots & \cdots & \cdots & \cdots \\ Z_{n1} & Z_{n2} & \cdots\cdots & Z_{nn} \end{bmatrix} \begin{bmatrix} I_1 \\ I_2 \\ \vdots \\ I_n \end{bmatrix} = \begin{bmatrix} V \\ 0 \\ \vdots \\ 0 \end{bmatrix} \qquad (10\text{-}1)$$

$$I_1 = \frac{\Delta_{11}}{\Delta} V \qquad (10\text{-}2)$$

$$\text{단, } \Delta = \begin{bmatrix} Z_{11} & Z_{12} & \cdots\cdots & Z_{1n} \\ Z_{21} & Z_{22} & \cdots\cdots & Z_{2n} \\ \cdots & \cdots & \cdots & \cdots \\ Z_{n1} & Z_{n2} & \cdots\cdots & Z_{nn} \end{bmatrix}$$

이며, Δ의 Z_{11}에 따른 여인자(cofactor) Δ_{11}은

$$\Delta_{11} = \begin{bmatrix} Z_{22} & Z_{23} & \cdots\cdots & Z_{2n} \\ Z_{32} & Z_{33} & \cdots\cdots & Z_{3n} \\ \cdots & \cdots & \cdots & \cdots \\ Z_{n2} & Z_{n3} & \cdots\cdots & Z_{nn} \end{bmatrix}$$

이다. [그림 10-1]의 단자 a, b에서 본 구동점 임피던스 Z는

$$Z = \frac{V}{I} = \frac{\Delta}{\Delta_{11}} \qquad (10\text{-}3)$$

가 된다. Δ의 요소 Z_{jk}는 회로망 내의 각 지로의 임피던스의 합이므로

$$\begin{aligned} Z_{kj} &= R_{jk} + j\omega L_{jk} + \frac{1}{j\omega C_{jk}} \\ &= \frac{1}{j\omega}[j\omega R_{jk} + L_{jk}(j\omega)^2 + \frac{1}{C_{jk}}] \\ &= \frac{1}{s}[R_{jk}s + L_{jk}s^2 + \frac{1}{C_{jk}}] \end{aligned} \tag{10-4}$$

단, $s = j\omega$

이다. 그런데 Δ는 n행, n열의 행렬식이므로 s의 n차가 되어

$$\Delta = \frac{1}{s^n}(a_0 + a_1 s + \cdots + a_{2n}s^{2n}) \tag{10-5}$$

이 되고, Δ_{11}은 $(n-1)$행, $(n-1)$열의 행렬식이므로 s의 $(n-1)$이 되어

$$\Delta_{11} = \frac{1}{s^{n-1}}(b_1 + b_2 s + \cdots + b_{2n-1}s^{2n-2}) \tag{10-6}$$

이 된다. 식 (10-5)와 식 (10-6)에서

$$Z(s) = \frac{a_0 + a_1 s + \cdots + a_{2n}s^{2n}}{b_1 s + b_2 s^2 + \cdots + b_{2n-1}s^{2n-1}} \tag{10-7}$$

이 되며 이 식을 임피던스 함수라 한다.

식 10-4의 R_{jk}, L_{jk}, C_{jk} 는 실수이므로 위 식의 $a_0, a_1, \cdots, b_1, b_2 \cdots$ 도 실수이다.

식 10-7에서 $s = j\omega$를 대입하여 정리하면

$$Z(j\omega) = \frac{a_0 - a_2\omega^2 + \cdots + (-1)a_{2n}\omega^{2n}}{-b_2\omega^2 + b_4\omega^4 + \cdots + (-1)b_{2n-2}\omega^{2n-2}}$$

$$\frac{+j\omega[a_1 - a_3\omega^2 + \cdots + (-1)^{n-1}a_{2n-1}\omega^{2n-2}]}{+j\omega[b_1 - b_3\omega^2 + \cdots + (-1)^{n-1}b_{2n-1}\omega^{2n-2}]}$$

$$= \frac{A_0(\omega) + jA_1(\omega)}{B_0(\omega) + jB_1(\omega)} = R(\omega) + j(\omega) \qquad (10\text{-}8)$$

이 된다. $R(\omega)$를 실효 저항, $X(\omega)$를 실효 리액턴스라 하며, R은 음(-)의 값인 경우는 없다.

임피던스 함수 $Z(s)$의 성질은 다음과 같다.

① 분모, 분자 계수는 모두 양의 실수이다.

② $Z(s)$는 유리 분수식으로 s가 실수이면 $Z(s)$는 실수가 된다.

③ $Z(s)$에서 $s = j\omega$로 나타낸 식 $Z(j\omega)$의 실수부는 음(-)이 안 되며 양(+) 또는 0이다.

④ $Z(s)$의 분모와 분자의 s는 최고 차수의 차가 같거나, 1차가 높거나 낮은 세 가지 경우밖에 없으며, 홀수 차와 짝수 차가 모두 빠진 경우 이외에는 항 사이의 결항은 없다.

⑤ $Z(s)$= 0 이 되는 s의 값을 영점(zero)이라 하고, $Z(s) = \infty$가 되는 s의 값을 극점(pole)이라 하며, 이들은 복소수로서 실수부가 양이 되는 일은 없다.

s평면에 영점과 극점의 제한 조건은

① 영점과 극점은 실수이든가 공액복소수이다.

② 모든 영점과 극점은 s평면의 좌반부 및 허축에 존재한다.

③ 영점과 극점이 $j\omega$축 위에 있을 때는 그것은 반드시 단일이어야 한다. $j\omega$축 상에 다수의 극점이 존재할 때는 증가함수가 되어 불안전계가 된다.

④ $Z(s)$의 극점은 회로가 개방상태로 ×로 표시하고 $Z(s)$의 영점은 회로의 단락 상태로 기호는 ○으로 표시한다.

예를 들어 영점과 극점을 s평면에 표시하면 [그림 10-2]와 같다.

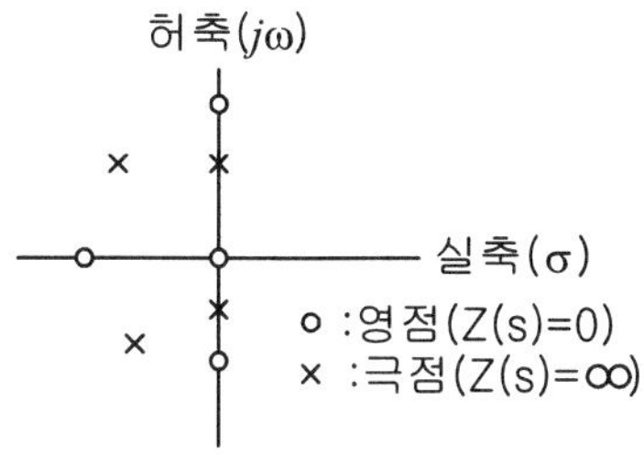

[그림 10-2] 영점과 극점의 표시

[예제] 어떤 2단자 회로망의 임피던스가 $Z(s) = \dfrac{s+1}{s^2+3s+2}$일 때 영점과 극점을 구하라.

영점은 $Z(s)=0$, 즉 분자항이 0이므로

$s+1=0 \qquad \therefore s=-1$(영점)

극점은 $Z(s)=\infty$,즉 분모항 = 0이므로

$s^2+3s+2=0$을 인수분해하면 $(s+1)(s+2)=0$

$s+1=0,\ \ s+2=0$이므로

$\therefore s=-1, -2$(극점)

10-3 리액턴스 2단자 회로망의 주파수 특성

1) L 만의 회로

자체인덕턴스 L만의 회로에서 임피던스 Z는

$$Z(j\omega)=jX=j\omega L,\ \ Z(s)=sL$$

$$X=\omega L,\ \ \frac{dX}{d\omega}=L>0$$

이 되며, 주파수 특성은 [그림 10-3]과 같다. 그리고 $Z(s)$의 영점은 $s=0$, 극점은 $s=\infty$이다.

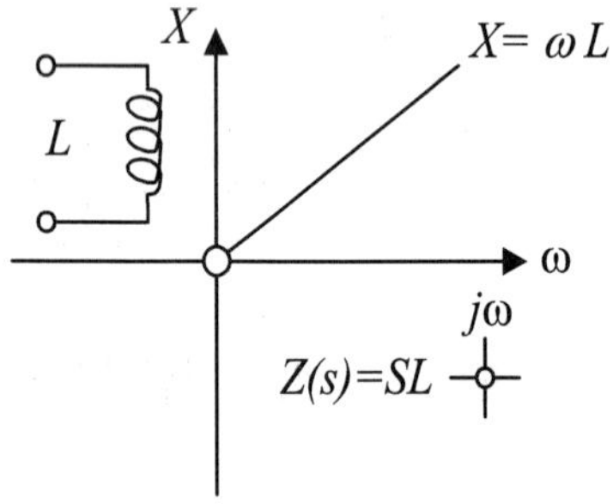

[그림 10-3] L만의 회로

2) C만의 회로

정전용량 C만의 회로에서 임피던스 Z는

$$Z(j\omega)=\frac{1}{jX}=\frac{1}{j\omega C},\quad Z(s)=\frac{1}{sC}$$

$$X=\omega C,\quad \frac{dX}{d\omega}=\frac{1}{\omega^2 C}>0$$

이 되며, 주파수 특성은 [그림 10-4]와 같다. 그리고 $Z(s)$의 영점은 $s=\infty$, 극점은 $s=0$이다.

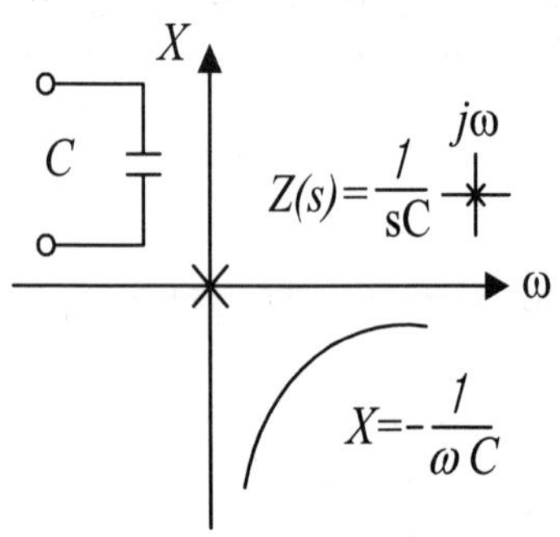

[그림 10-4] C만의 회로

3) LC 직렬회로

이 경우 임피던스 Z는

$$Z(j\omega) = jX = j\omega L - j\frac{1}{\omega C}$$

$$= j(\omega L - \frac{1}{\omega C}) = jL\frac{\omega^2 - \omega_1^2}{\omega}$$

$$Z(s) = sL + \frac{1}{sC} = \frac{s^2LC+1}{sC} = L\frac{s^2 + \omega_1^2}{s}$$

$$X = L\frac{\omega^2 - \omega_1^2}{\omega}, \quad \frac{dX}{d\omega} = L\frac{\omega^2 + \omega_1^2}{\omega} > 0$$

$$\text{단, } \omega_1 = \frac{1}{\sqrt{LC}}$$

이 되며 주파수의 특성은 [그림 10-5]와 같다.

그리고 $Z(s)$ 영점은 $s = \pm j\omega_1$, 극점은 $s = 0$이고 영점에서 직렬 공진을 나타낸다.

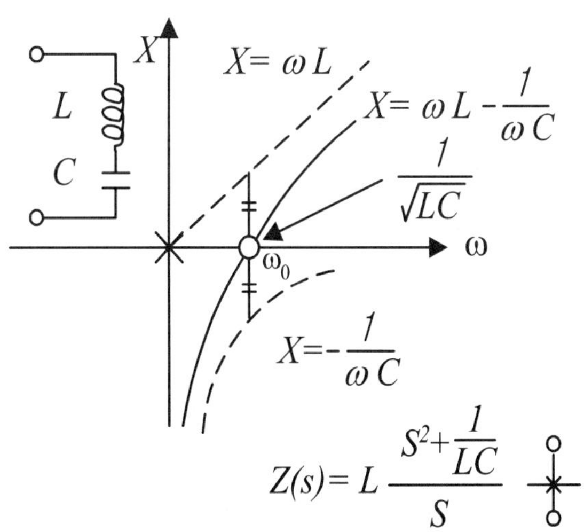

[그림 10-5] LC 직렬회로

4) LC 병렬 회로

LC 병렬 회로의 임피던스 Z는 다음과 같다.

$$Z(s)=\frac{1}{Y(s)}=\frac{1}{sC+\frac{1}{sL}}=\frac{s^2LC+1}{sL}$$

$$=\frac{1}{C}\cdot\frac{s}{s^2+\frac{1}{LC}}=\frac{1}{C}\cdot\frac{1}{s^2+\omega_2^2}$$

단, $\omega^2=\dfrac{1}{LC}$

$$X=-\frac{1}{C}\cdot\frac{\omega}{\omega^2-\omega_{2,}^2}$$

$$=\frac{1}{C}\cdot\frac{\omega^2-\omega_2^2}{(\omega^2-\omega_2^2)^2}>0$$

$Z(s)$의 영점은 $s=0$, 극점은 $s=\pm j\omega_2^2$이고 주파수 특성은 [그림 10-6]과 같다.

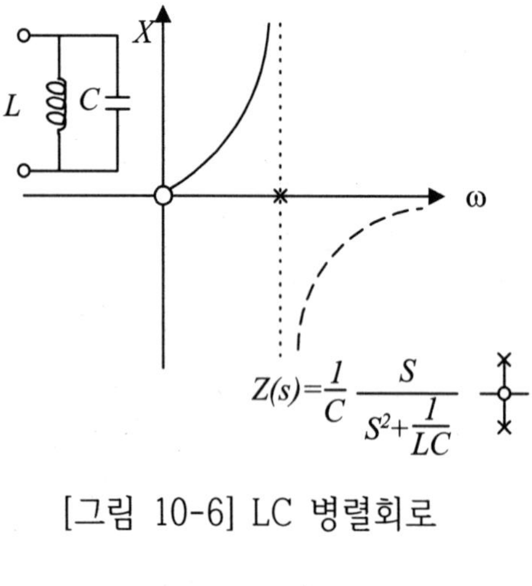

[그림 10-6] LC 병렬회로

5) LC병렬 회로에 L_0를 직렬로 접속한 회로

직병렬 회로의 임피던스 Z는

$$Z(s) = sL_0 + \frac{sL}{s^2LC+1} = L_0\frac{s(s^2+\omega_2^2)}{s^2+\omega_1^2}$$

$$\text{단, } \omega_1^2 = \frac{1}{LC},\ \ \omega_2^2 = \frac{1}{LC}\left(1+\frac{L}{L_0}\right) > \omega_1^2$$

$$X = \omega L_0 - \frac{1}{C_1}\cdot\frac{\omega}{\omega^2-\omega_{1,}^2}$$

$$\frac{dX}{d\omega} = L_0 + \frac{1}{\cdot}\frac{\omega^2-\omega_1^2}{(\omega-\omega_1^2)^2} > 0$$

이 된다.

$Z(s)$의 영점은 $s=0$, $\pm j\omega_2$, 극점은 $s=\pm j\omega_1$, ∞이다. 이 회로의 주파수 특성은 [그림 10-7]과 같다.

여기서, 영점을 공진점(resonance point)이라 하며 그 주파수를 공진주파수라 한다. 또 극점을 반공진점(inverse resonance point)이라 하고 이때의 주파수를 반공진 주파수라 한다.

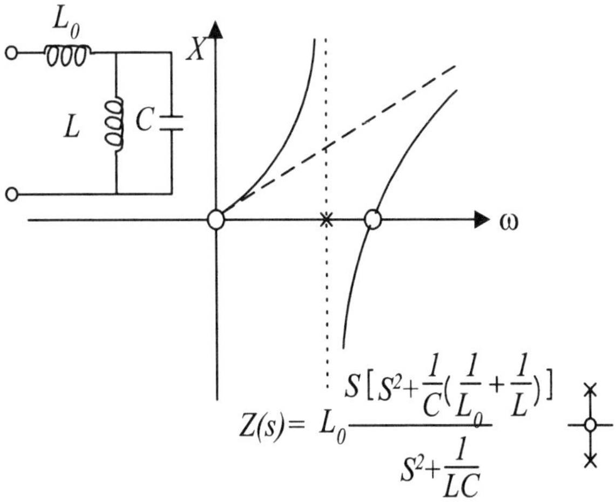

[그림 10-7] LC 병렬 회로에 L_0를 직렬로 접속한 회로

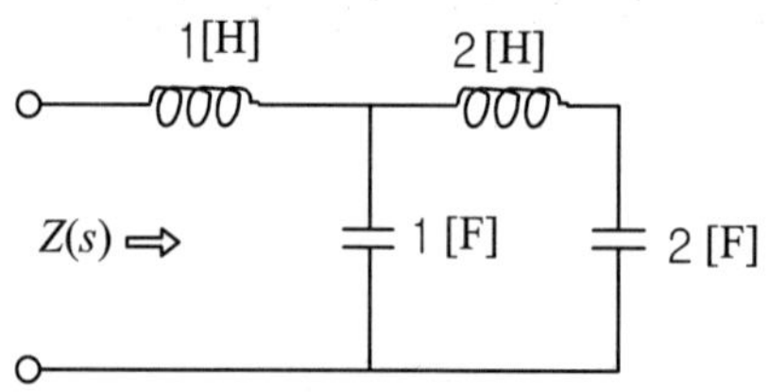

[그림 10-8]

$$Z(s) = s + \cfrac{1}{s + \cfrac{1}{2s + \cfrac{2}{s}}} = \frac{2s^4 + 5s^2 + 2}{2s^3 + 3s}$$

$$= \frac{(2s^2 + 1)(s^2 + 2)}{s(2s^2 + 3)}$$

영점 : $\left.\begin{matrix} 2s^2 + 1 = 0 \\ s^2 + 2 = 0 \end{matrix}\right\} \therefore\ s = \pm j\sqrt{\frac{1}{2}},\ \pm j\sqrt{2}$

극점 : $\left.\begin{matrix} s = 0 \\ 2s^2 + 3 = 0 \end{matrix}\right\} \therefore\ s = 0,\ \pm j\sqrt{\frac{3}{2}}$

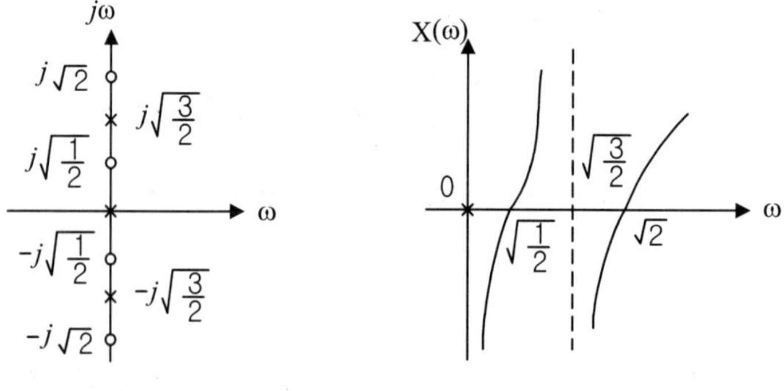

(a) s평면　　　(b) 리액턴스곡선

[그림 10-9]

10-4 리액턴스 2단자 회로망의 합성

1) 병렬 공진 회로의 직렬 접속

주어진 주파수 특성을 가지는 리액턴스가 2단자 회로를 구성하는 경우의 구동점 임피던스 $Z(s)$는

$$Z(s) = \frac{H(s^2+\omega_1^2)(s^2+\omega_3^2)\ldots(s^2+\omega_{2n-1}^2)}{s(s^2+\omega_2^2)(s^2+\omega_4^2)\ldots(s^2+\omega_{2n-1}^2)} \qquad (10\text{-}9)$$

이다. 식 10-9를 부분 분수로 분해하면

$$\begin{aligned} Z(s) &= s\left(\frac{H_0}{s^2} + \frac{H_2}{s^2+\omega_2^2} + \ldots \right. \\ &\left. + \frac{H_k}{s^2+\omega_k^2} + \ldots \frac{H_{2n-2}}{s^2+\omega_{2n-2}^2} + H_\infty\right) \end{aligned} \qquad (10\text{-}10)$$

이다. 일반항 H_k를 구하기 위해 양변에 $(s^2+\omega)_k^2$을 곱하고 s^2대신에 $-\omega_k^2$를 대입하면

$$H_k = (s^2+\omega_k^2)\frac{Z(s)}{s}\Big|_{s^2=-\omega_k^2} \qquad (10\text{-}11)$$

$$\text{단, } k = 0, 2, 4 \cdots, \ (2n-2), \quad \omega_0 = 0$$

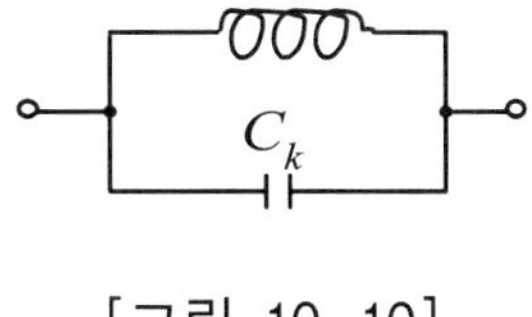

[그림 10-10]

이 된다. 또한 [그림 10-10]의 L_k와 C_k의 병렬 회로에서

$$Z = \frac{L_k s}{1 + L_k C_k s^2} = \frac{\frac{s}{C_k}}{s^2 + \frac{1}{C_k \omega_k^2}} \tag{10-12}$$

이고, 식 10-10의 부분 분수 중 제 k항을 $sH_k/(s^2+\omega_k^2) = Z_k$라 하면

$$H_k = \frac{1}{C_k},\ \omega_k^2 = \frac{1}{L_k C_k},\ L_k = \frac{1}{C_k \omega_k^2} \tag{10-13}$$

이다. 식 10-10으로 주어진 $Z(s)$를 [그림 10-11]과 같이 표시함으로써 병렬공진회로의 직렬접속을 나타낼 수 있다.

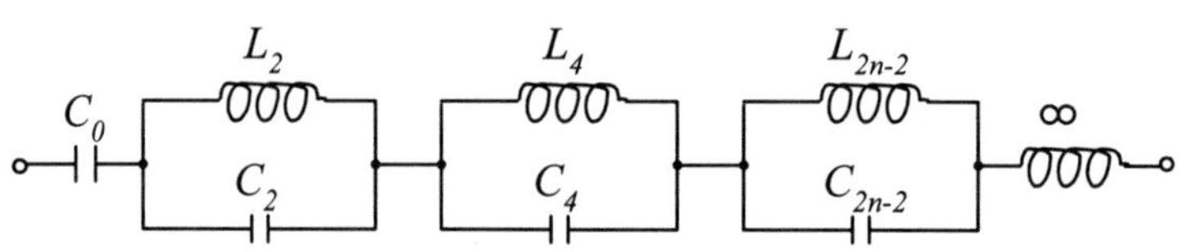

[그림 10-11] 병렬공진 회로의 직렬접속

또한 제1항 H_0/s는 정전용량으로 마지막 항인 sH_∞는 인덕턴스로 나타낸다.

$$C_k = \left| \frac{1}{s^2+\omega_k^2} \cdot \frac{s}{Z(s)} \right|\ L_k = \frac{1}{C_k \omega_k^2},\ L_{INF} = H = -\omega_k^2 \tag{10-14}$$

2) 직렬 공진회로의 병렬접속

직렬 공진회로를 병렬 접속시킨 회로의 구동점 어드미턴스 Y(s)는

$$\begin{aligned} Y(s) &= \frac{1}{Z(s)} \\ &= \frac{s(s^2+\omega_2^2)(s^2+\omega_4^2)\ldots(s^2+\omega^{2_{2m-1}})}{H(s^2+\omega_1^2)(s^2+\omega_3^2)\ldots(s^2+\omega^{2_{2n-1}})} \end{aligned} \tag{10-15}$$

이고, 이 식을 부분 분수로 고친 다음, 일반항 F_k를 구하기 위해 양변에 $(s^2+\omega_k^2)$을 곱하고 s^2대신에 $-\omega_k^2$을 대입하면 우변은 sF_k만 남는다.

$$F_k = (s^2+\omega_{k^2})\frac{Y(s)}{s}|_{s^2=-\omega_k^2} \tag{10-16}$$

[그림 10-12]와 같은 직렬회로에서 어드미턴스는

$$Y_k = \frac{sCR_k}{1+L_kC_ks^2} = \frac{\frac{s}{L_k}}{s^2+\frac{1}{L_kC_k}} \tag{10-17}$$

[그림 10-12] 직렬 공진회로

이고, 식 10-13의 부분 분수 중 제 k항을 $sF_k/(s^2+\omega^{2_k}) = Y_k$라 하면

$$F_k = \frac{1}{L_k},\ L_k = \frac{1}{F_k},$$

$$\omega_k^2 = \frac{1}{L_kC_k},\ C_k = \frac{1}{L_k\omega_k^2} \tag{10-18}$$

이 된다. 따라서 식 10-14로 주어진 Y(s)를 그림 10-13과 같은 직렬 공진회로를 병렬 접속시킨 회로로 나타낼 수 있다.

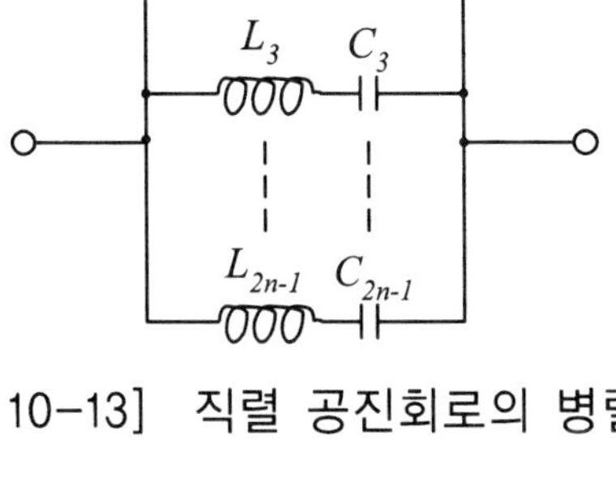

[그림 10-13] 직렬 공진회로의 병렬접속

$$C_k = \left| \frac{1}{s^2+\omega_k^2} \cdot \frac{s}{Z(s)} \right|_{s^2=-\omega_k^2}$$

$$L_k = \frac{1}{C_k\omega^{2_k}}, \quad L_\infty = H \qquad (10\text{-}19)$$

[예제] $Z(s) = \dfrac{2(s^2+1)(s^2+9)}{s(s^2+4)}$로 주어진 임피던스 함수로 표현될 수 있는 리액턴스 회로를 나타내어라([그림 10-10, 10-13의 2] 가지 방법).

(1) 병렬공진회로의 직렬접속

$$Z(s) = s\left[\frac{H_0}{s^2} + \frac{H_2}{s^2+4} + H_\infty\right]\text{에서}$$

$$H_0 = s^2 \cdot \frac{Z(s)}{s}\bigg|_{s^2=0} = \frac{9}{2}, \quad C_0 = \frac{1}{H_0} = \frac{2}{9}[F]$$

$$H_2 = (s^2+4)\frac{Z(s)}{s}\bigg|_{s^2=-4}$$

$$= \frac{15}{2}, \quad C_2 = \frac{1}{H_2} = \frac{2}{15}[F]$$

$$L_2 = \frac{1}{C_2\omega_2^2} = \frac{15}{8}[H]$$

$$H_\infty = H = 2$$

이상의 결과를 회로로 나타내면 [그림 10-14]와 같다.

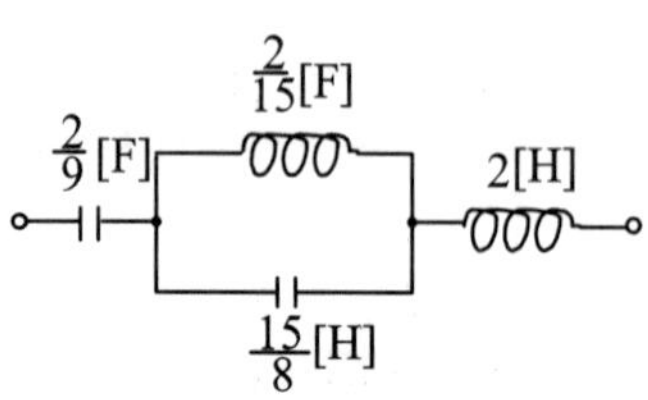

[그림 10-14] 병렬공진회로의 직렬접속

(2) 직렬 공진회로의 병렬접속

$$Y(s) = \frac{1}{Z(s)} = \frac{s(s^2+4)}{2(s^2+1)(s^2+9)}$$

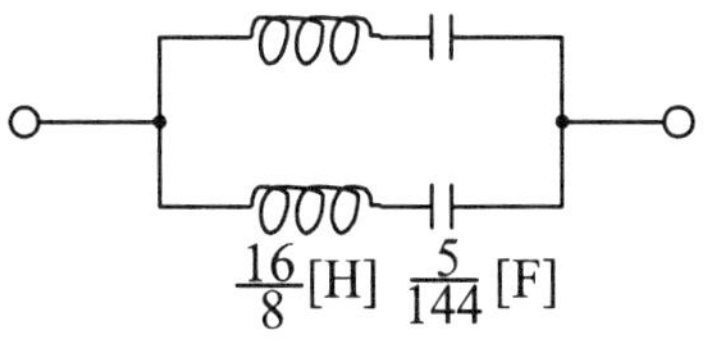

[그림 10-15] 직렬공진회로의 병렬접속

부분 분수로 전개하면 다음과 같다.

$$Y(s) = [\frac{F_1}{s^2+1} + \frac{F_3}{s^2+9}]$$

$$L_1 = \frac{1}{s^2+1} \cdot \frac{s}{Y(s)}\bigg|_{s^2=-1} = \frac{16}{3}[H],$$

$$C_1 = \frac{1}{L_1\omega_1^2} = \frac{3}{16}[F]$$

$$L_3 = \frac{1}{s^2+9} \cdot \frac{s}{Y(s)}\bigg|_{s^2=-9} = \frac{16}{5}[H],$$

$$C_3 = \frac{1}{L_3\omega_3^2} = \frac{5}{144}[F]$$

(3) 사다리꼴 회로

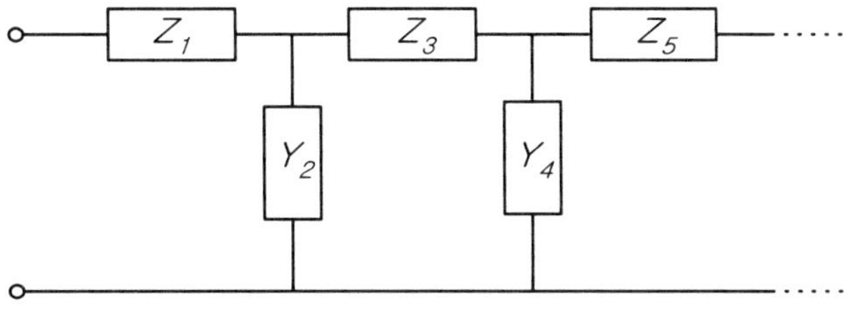

[그림 10-16] 사다리꼴 회로

[그림 10-16]과 같은 사다리꼴 회로에서 임피던스는 연분수의 형태로 주어진다.

$$Z(s) = Z_1 + \cfrac{1}{Y_2 + \cfrac{1}{Z_3 + \cfrac{1}{Y_4 + \ddots + \cfrac{1}{Y_n}}}} \tag{10-20}$$

이와 같은 대수적인 연분수 전개는 지로의 임피던스나 어드미턴스가 식 중에서 표현되므로 주어진 회로의 해석보다는 회로를 구성하는 문제를 해석하기에 편리하다.

$$Z(S) = \frac{a_{2n}s^{2n} + a_{2n-2}s^{2n-2} + \cdots + a_2 s^2 + a_0}{b_{2n-1}s^{2n-1} + b_{2n-3}s^{2n-3} + \cdots + b_3 s^3 + b_1 s} \tag{10-21}$$

이 식에서 연분수를 만들려면 우선 나눈 다음, 다시 역수를 취해서 나누고, 또 그 역수로 나누고 하는 과정을 되풀이하여 전개가 끝날 때까지 계속하면 된다.

[예제] 다음과 같은 임피던스 함수를 가지는 사다리꼴 2단자 회로를 구성하여라.

$$Z(s) = \frac{2s^5 + 12s^3 + 16s}{s^4 + 4s^2 + 3}$$

연분수를 만들기 위하여 나눈 다음, 역수를 취해서 나누고 또 그 역수로 나누는 과정을 아래와 같이 되풀이한다.

$$
\begin{array}{l}
2s \cdots\cdots Z_1 \\
s^4+4s^2+3 \,\big)\, 2s^5+12s^3+16s \\
\qquad 2s^5+8s^3+6s \qquad \frac{1}{4}s \cdots\cdots Y_2 \\
\qquad 4s^3+10s \,\big)\, s^4+4s^2+3 \\
\qquad\qquad s^4+\frac{5}{2}s^2 \qquad \frac{8}{3}s \cdots\cdots Z_3 \\
\qquad\qquad \frac{3}{2}s^2+3 \,\big)\, 4s^3+10s \\
\qquad\qquad\qquad 4s^3+8s \qquad \frac{3}{4}s \cdots\cdots Y_4 \\
\qquad\qquad\qquad 2s \,\big)\, \frac{3}{2}s^2+3 \\
\qquad\qquad\qquad\qquad \frac{3}{2}s^2 \qquad \frac{2}{3}s \cdots\cdots Z_5 \\
\qquad\qquad\qquad\qquad 3 \,\big)\, 2s \\
\qquad\qquad\qquad\qquad\qquad 2s \\
\qquad\qquad\qquad\qquad\qquad 0
\end{array}
$$

이상의 계산을 다음과 같이 나타낼 수 있다.

$$Z(s) = 2s + \cfrac{1}{\cfrac{1}{4}s + \cfrac{1}{\cfrac{8}{3}s + \cfrac{1}{\cfrac{3}{4}s + \cfrac{1}{\cfrac{2}{3}s}}}}$$

이 식에 의하면

$Z_1 = 2s \rightarrow 2H$ 의 유도기, $\quad Y_2 = \frac{1}{4}s \rightarrow \frac{1}{4}F$의 용량기

$Z_3 = \frac{8}{3}s \rightarrow \frac{8}{3}H$ 의 유도기, $\quad Y_4 = \frac{3}{4}s \rightarrow \frac{3}{4}F$ 의 용량기

$Z_5 = \frac{2}{3}s \rightarrow \frac{2}{3}H$ 의 유도기

임을 알 수 있어 [그림 10-17]과 같은 회로로 실현할 수 있다.

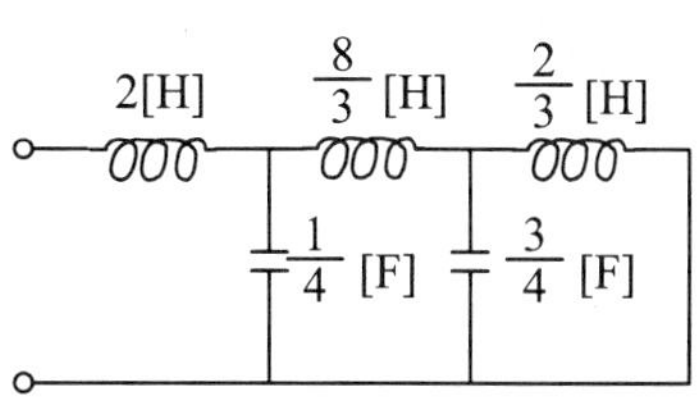

[그림 10-17]

10-5 임피던스 함수의 2단자 회로망 구성

1) RLC 직렬회로

[그림 10-18]의 RLC 직렬회로의 구동점 임피던스 $Z(j\omega)$는 다음과 같다.

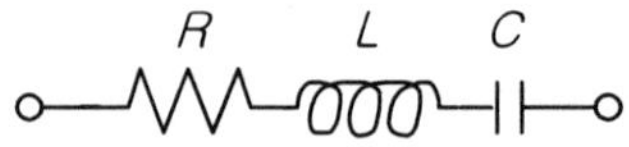

[그림 10-18] RLC 직렬회로

$$Z(j\omega) = R + j\omega L + \frac{1}{j\omega C}$$

여기서, $s = j\omega$

$$Z(s) = R + sL + \frac{1}{sC} \qquad (10\text{-}22)$$

따라서 직렬회로의 구동점 임피던스에 알 수 있는 바와 같이 전체 함수가 합의 함수가 된다.

식 10-22에서 R은 상수, L은 곱의 함수, C는 곱의 역수 함수이다.

[예제] 임피던스 $Z(s) = \dfrac{8s+7}{s}$로 표시되는 2단자 회로는?

$$Z(s) = \frac{8s+7}{s} = 8 + \frac{7}{s} = 8 + \frac{1}{\frac{1}{7}s} = R = \frac{1}{sC}$$

$R = 8[\Omega]$, $C = \dfrac{1}{7}[F]$이 되어 RC 직렬회로로 표시된다.

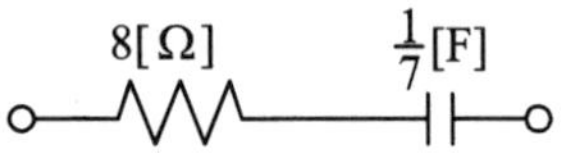

[그림 10-19] RC 직렬회로

2) LC 병렬회로

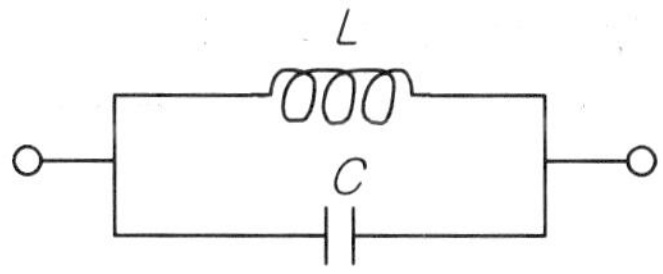

[그림 10-20] LC 병렬회로

[그림 10-20]의 LC 병렬회로에서 구동점 임피던스 $Z(s)$는

$$Z(s)=\frac{sL\dfrac{1}{sC}}{sL+\dfrac{1}{sC}}=\frac{1}{sC+\dfrac{1}{sL}} \tag{10-23}$$

이다. 병렬회로는 구동점 임피던스 값이 전체 함수가 역수를 취하고 있으며, 주어진 임피던스 함수를 회로망으로 구할 때는 함수를 직렬 혹은 병렬의 형태로 고치면 간단히다.

[예제] 임피던스 함수 $Z(s)=\dfrac{3s}{s^2+15}$로 표시되는 리액턴스 2단자망은?

$$Z(s)=\frac{3s}{s^2+15}=\frac{1}{\dfrac{s^2+15}{3s}}=\frac{1}{\dfrac{1}{3}s+\dfrac{1}{\dfrac{1}{5}s}}=\frac{1}{sC+\dfrac{1}{sL}}$$

형태로 LC 병렬회로 구성이며 $C=\dfrac{1}{3}[F]$, $L=\dfrac{1}{5}[H]$이다.

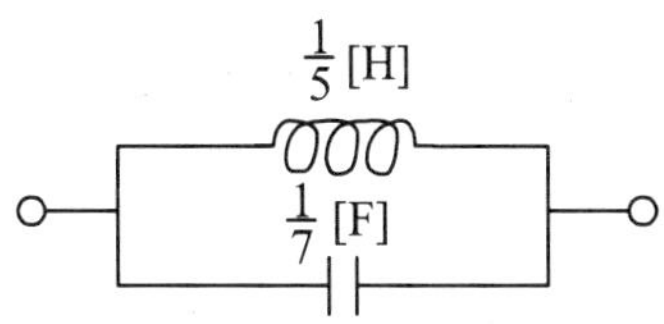

[그림 10-21] LC 병렬회로

10-6 역회로와 정저항회로

1) 역회로

두 개의 2단자 회로에서 그 입력 임피던스를 Z_1, Z_2라 할 때

$$Z_1 Z_2 = K^2 (K^2\text{은 상수}) \tag{10-24}$$

의 관계와 같이 두 회로의 임피던스의 곱이 주파수와 관계없이 일정할 때 두 회로는 서로 역회로의 관계가 있다고 한다.

예를 들면 $Z_1 = j\omega L$, $Z_2 = \frac{1}{j\omega L}$이라 하면

$$Z_1 Z_2 = \frac{L}{C} = K^2 \tag{10-25}$$

이 되고, 인덕턴스 L과 커패시턴스 C는 역 회로를 이루고 있다.

[예제] [그림 10-22](a)의 역 회로인 [그림 10-22](b)의 $L'[H]$와 $C'[\mu F]$의 값을 구하여라. 단 $K = 100$이다.

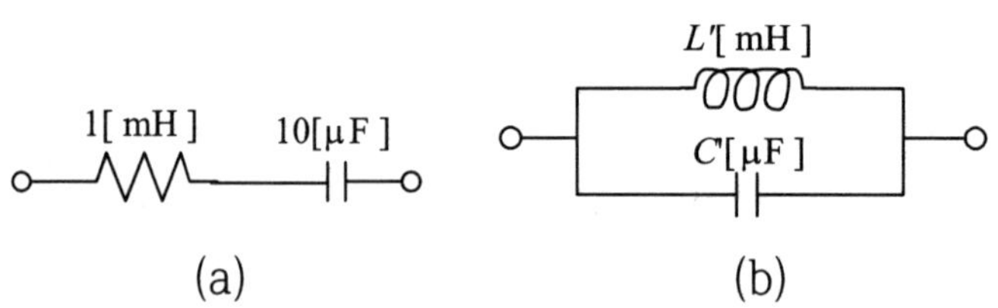

[그림 10-22] 역 회로

$Z_1 Z_2 = K^2 = \frac{L}{C}$의 관계로부터

$\therefore L' = CK^2 = 10\times10^{-6}\times100^2 = 0.1[H]$

$$C' = \frac{L}{K^2} = \frac{1 \times 10^{-3}}{100^2} = 0.1[\mu F]$$

2) 정저항 회로

일반적으로 구동점 임피던스 $Z(j\omega)$는 식 10-8에서

$$Z(j\omega) = \frac{A_0(\omega) + jA_1(\omega)}{B_0(\omega) + jB_1(\omega)} \tag{10-26}$$

이므로 $Z(j\omega)$의 허수부가 ω에 관계없이 0이 되기 위해서는

$$\frac{A_0(\omega)}{B_0(\omega)} = \frac{A_1(\omega)}{B_1(\omega)} \tag{10-27}$$

가 성립해야 한다. 이것을 $Z(j\omega)$에 대입하면

$$Z(j\omega) = \frac{A_0(\omega)}{B_0(\omega)} = \frac{A_1(\omega)}{B_1(\omega)} \tag{10-28}$$

이 된다. 식 10-28과 식 10-8을 비교하면

$$\frac{a_0 - a_2\omega^2 + \cdots + (-1)a_{2n}\omega^{2n}}{-b_2\omega^2 + b_4\omega^4 + \cdots + (-1)b_{2n-2}\omega^{2n-2}}$$
$$= \frac{a_1 - a_3\omega^3 + \cdots + (-1)a_{2n-1}\omega^{2n-2}}{b_1 - b_3\omega^3 + \cdots + (-1)b_{2n-1}\omega^{2n-2}} \tag{10-29}$$

이 성립된다. 식 10-29에서

$$\frac{a_1}{b_1} = \frac{a_2}{b_2} = \frac{a_3}{b_3} = \cdots = \frac{a_{2n-1}}{b_{2n-1}} \tag{10-30}$$

이 되며, 따라서

$$Z(j\omega) = \frac{a_1}{b_1} \tag{10-31}$$

이 되어 주파수에 무관하게 된다.

구동점 임피던스의 허수부가 주파수와 관계없이 0이 되면, 실수부도 주파수와 관계없이 일정하게 된다. 이와 같은 회로를 정저항 회로라 한다.

[그림 10-23]의 회로에서 임피던스 Z_1, Z_2가 서로 역 회로이고, $Z_1 Z_2 = R^2$의 관계가 성립될 때 $Z = R$로 되어 정저항으로 된다.

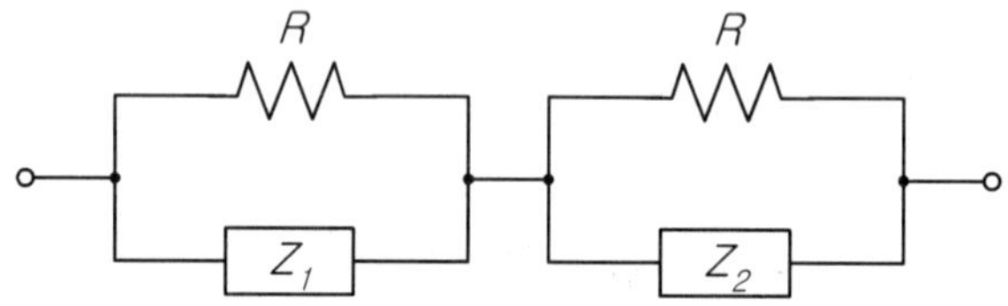

[그림 10-23] 정저항 회로

[그림 10-24](a), (b)도 같은 조건이 성립된다. [그림 10-24](a)의 회로를 증명하면

$$Z = \frac{(R+Z_1)(R+Z_2)}{(R+Z_1)+(R+Z_2)} = \frac{R^2 + RZ_1 + RZ_2 + Z_1 Z_2}{2R + Z_1 + Z_2}$$

$$= R\left(\frac{R + Z_1 + Z_2 + \frac{Z_1 Z_2}{R}}{2R + Z_1 + Z_2}\right) \tag{10-32}$$

여기서 $Z = R$인 정저항이 되기 위해서는 식 10-32의 괄호 안의 항이 1이면 되므로

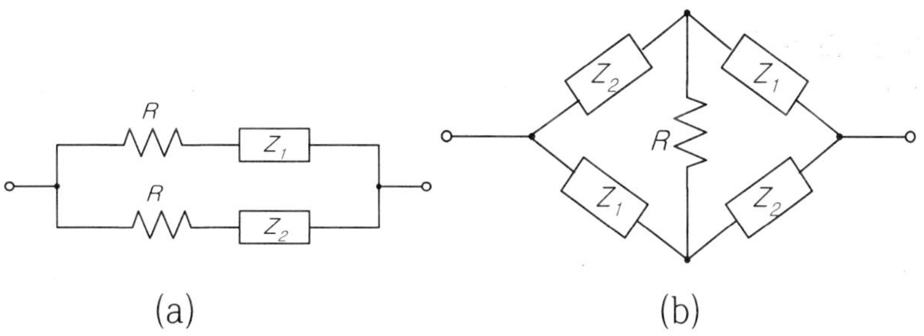

[그림 10-24] 정저항 회로

$$\frac{R+Z_1+Z_2+\dfrac{Z_1Z_2}{R}}{2R+Z_1+Z_2}=1$$

$$R+Z_1+Z_2+\frac{Z_1Z_2}{R}=2R+Z_1+Z_2$$

$$\therefore Z_1Z_2=R^2 \qquad (10\text{-}33)$$

이 되며 역 회로의 Z_1Z_2의 관계를 함께 표시하면

$$Z_1Z_2=K^2=\frac{L}{C}=R^2 \qquad (10\text{-}34)$$

$$R=\sqrt{\frac{L}{C}} \qquad (10\text{-}35)$$

이 된다.

연습문제

[문제 10-1] 그림과 같은 (a), (b) 회로가 역 회로의 관계에 있으려면 L_2의 값[mH]은?

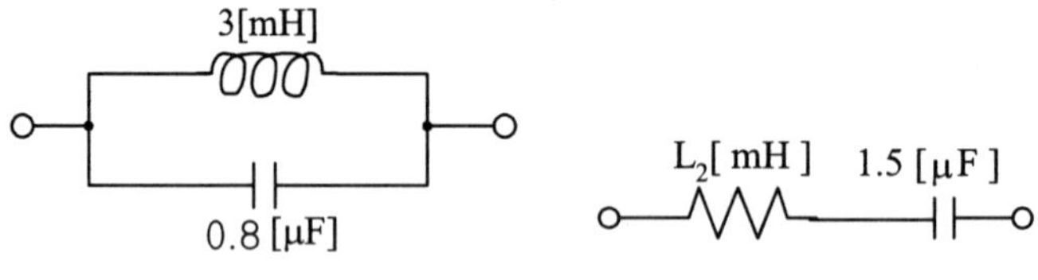

(a) (b)

[문제 10-2] 임피던스 $Z(s)$가 $Z(s)=\dfrac{S+30}{S^2+2RLS+1}$으로 주어지는 2단자 회로에 직류 전류원 30[A]를 가할 때, 이 회로의 단자 전압[V]은? (단, $S=j\omega$ 이다.)

[문제 10-3] 임피던스 $Z(s)=\dfrac{8S+7}{S}$로 표시되는 2단자 회로를 그리시오.

[문제 10-4] 리액턴스 함수 $Z(\lambda)=\dfrac{6\lambda^2+1}{\lambda(\lambda^2+1)}$로 표시되는 리액턴스 2단자 회로망을 그리시오

[문제 10-5] L 및 C를 직렬로 접속한 임피던스가 있다. 지금 그림과 같이 L 및 C의 각각에 동일한 무유도 저항 R을 병렬로 접속하여 이 합성회로가 주파수에 무관하게 되는 R의 값은?

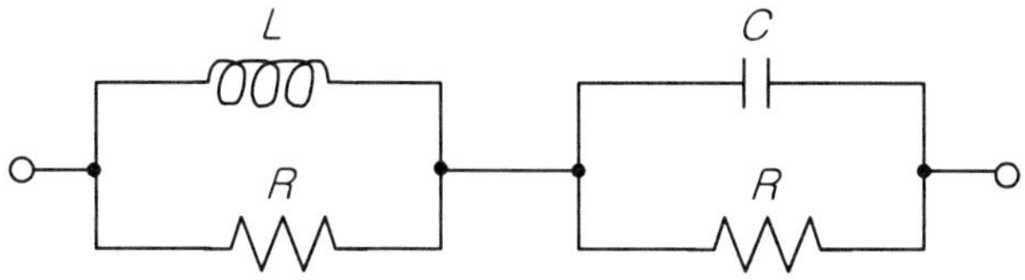

[문제 10-6] 인덕턴스 L 및 C를 직렬로 연결한 임피던스가 있다. 정저항 회로를 만들기 위하여 그림과 같이 L 및 C의 각각에 서로 같은 저항 R을 병렬로 연결할 때 $R\,[\Omega]$은 얼마인가?

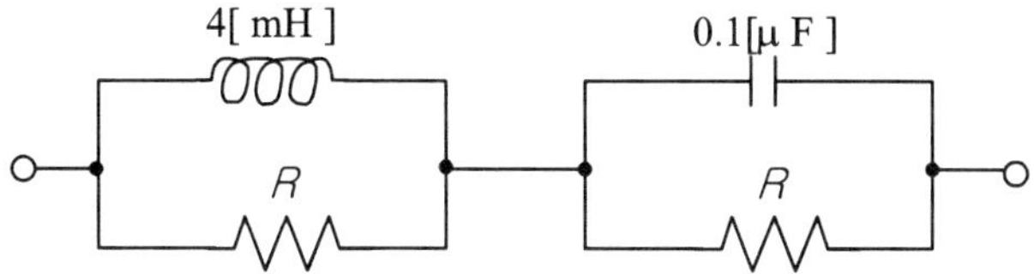

제 11 장

4단자망

11-1 파라미터의 종류

회로망을 구성하고 있는 전기적인 소자나 그 소자의 특성에 관계없이 한 쌍의 단자에 전기적 에너지를 주었을 때 다른 한 쌍의 단자로부터 출력을 얻는 것을 4단자망(4 terminal network)이라 한다.

이 4단자망에서 전압과 전류의 관계를 규정하기 위해서는 일반적으로 4개의 파라미터(parameter)가 필요하다.

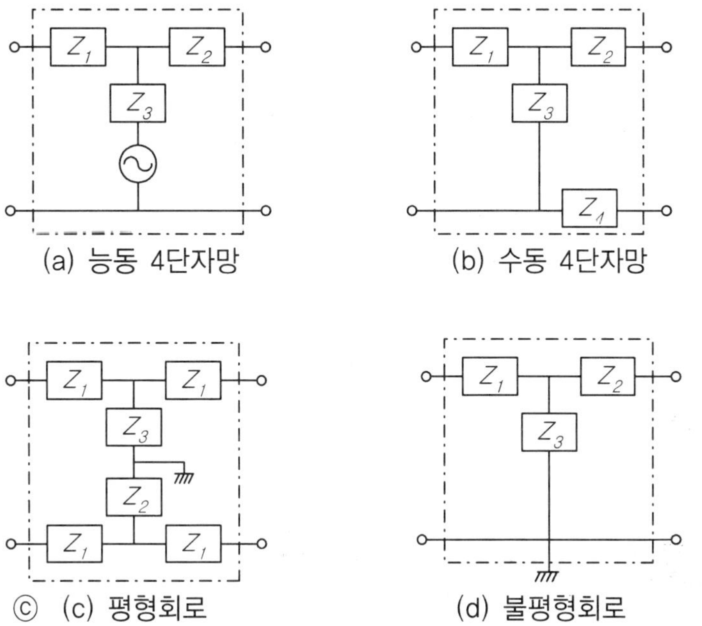

[그림 11-1] 4단자망의 종류

[그림 11-1]과 같이 4단자망 안에 능동소자를 포함하고 있는 것을 능동 4단자망이라 하고 수동소자만으로 구성된 것을 수동 4단자망이라 한다. 그리고 회로의 상부, 하부가 기준점에 대하여 크기가 언제나 같고 부호가 반대인 것을 평형 회로라 하고 그렇지 않은 것을 불평형 회로라 한다.

2단자망에서는 전압과 회로를 설명할 수 있었지만 4단자망에서는 [그림 11-2]에 표시한 것처럼 I_1, V_1, I_2, V_2의 4개의 변수를 사용하여 설명한다. 이들 4개의 변수를 조합하는 방법에 따라 다음 6종류의 관계식이 생긴다.

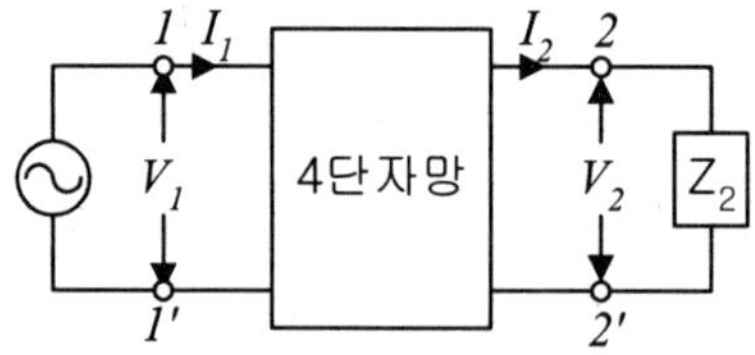

[그림 11-2] 단자망의 변수

$$\begin{bmatrix} I_1 \\ I_2 \end{bmatrix} = [y]\begin{bmatrix} V_1 \\ V_2 \end{bmatrix}, \quad \begin{bmatrix} V_1 \\ V_2 \end{bmatrix} = [Z]\begin{bmatrix} I_1 \\ I_2 \end{bmatrix}, \quad \begin{bmatrix} V_1 \\ I_2 \end{bmatrix} = [h]\begin{bmatrix} I_1 \\ V_2 \end{bmatrix}$$

$$\begin{bmatrix} I_1 \\ V_2 \end{bmatrix} = [g]\begin{bmatrix} V_1 \\ I_2 \end{bmatrix}, \quad \begin{bmatrix} V_1 \\ I_1 \end{bmatrix} = [a]\begin{bmatrix} V_2 \\ -I_2 \end{bmatrix}, \quad \begin{bmatrix} V_2 \\ I_2 \end{bmatrix} = [b]\begin{bmatrix} V_1 \\ -I_1 \end{bmatrix}$$

이 행렬식 중 $[y]$, $[z]$, $[h]$, $[g]$, $[a]$, $[b]$들은 각각 파라미터의 행렬로 순수한 비, 임피던스, 또는 어드미턴스의 단위를 가진다.

11-2 어드미턴스 파라미터

[그림 11-3]의 수동 4단자망에서 단자 1-1' 사이의 전압을 V_1, 단자

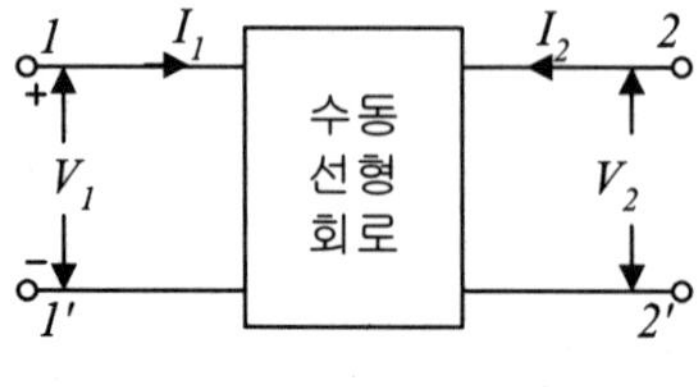

[그림 11-3] 어드미턴스 파라미터

2-2' 사이의 전압을 V_2라고 하고 전류 I_1, I_2가 흐르는 방향을 그림과 같이 가정하면 회로망 내부에는 다른 전원이 없으므로 I_1, I_2는 중첩의 원리를 적용하여 다음 식으로 표시할 수 있다.

$$I_1 = y_{11} V_1 + y_{12} V_2 \qquad (11\text{-}1)$$

$$I_2 = y_{21} V_1 + y_{22} V_2$$

여기에서 비례계수인 y_{11}, y_{12}, y_{21}, y_{22} 는 모두 어드미턴스 파라미터(admittance parameter)라 한다.

윗 식에서 단자 2-2'를 단락하면 ($V_2 = 0$)이므로 y_{11}, y_{21}은

$$y_{11} = \left. \frac{I_1}{V_1} \right|_{V_2 = 0}$$ 입력(또는 구동점) 어드미턴스

$$y_{21} = \left. \frac{I_2}{V_1} \right|_{V_2 = 0}$$ 순방향선달 어드미턴스

단자 1-1'를 단락하면 ($V_1=0$)이므로 y_{11}, y_{21}는

$$y_{12} = \left. \frac{I_1}{V_2} \right|_{V_1 = 0}$$ 역방향 어드미턴스

$$y_{22} = \left. \frac{I_2}{V_2} \right|_{V_1 = 0}$$ 출력 어드미턴스

의 의미가 있다. 비선형소자를 가지지 않는 수동 4단자망(쌍향성 회로)은 $y_{12} = y_{21}$ 이 된다. 또 $y_{11} = y_{22}$ 가 성립되는 회로를 대칭 회로라 한다.

[예제] [그림 11-4]의 회로에서 어드미턴스 파라미터를 구하여라.

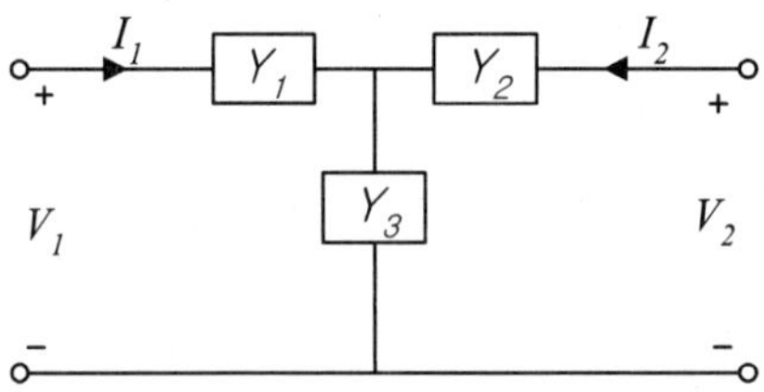

[그림 11-4] T형 회로

V_2를 단락하면 Y_1과 Y_2+Y_3의 직렬회로가 되므로

$$y_{11}=\frac{Y_1(Y_2+Y_3)}{Y_1+Y_2+Y_3}$$

$$y_{22}=\frac{Y_2(Y_1+Y_3)}{Y_1+Y_2+Y_3}$$

$$y_{12}=\left.\frac{I_1}{V_2}\right|_{V_1=0}$$ 과 $$I_1=\frac{-Y_1Y_2}{Y_1+Y_2+Y_3}V_2$$로부터

$$y_{12}=-\frac{Y_1Y_2}{Y_1+Y_2+Y_3}$$

$$y_{21}=-\frac{Y_1Y_2}{Y_1+Y_2+Y_3}=y_{12}$$(쌍향성회로)

11-3 임피던스 파라미터

식 11-1으로부터 V_1, V_2의 전류 I_1, I_2에 관한 표시식은

$$V_1=\frac{y_{22}}{|y|}I_1-\frac{y_{12}}{|y|}I_2$$

$$V_2=-\frac{y_{21}}{|y|}I_1+\frac{y_{11}}{|y|}I_2$$ 단, $|y|=y_{11}y_{22}-y_{21}y_{12}$

가 된다. I_1, I_2의 계수는 모두 임피던스의 차원을 가지므로

$$Z_{11} = y_{22}/|y|, \qquad Z_{12} = -y_{12}/|y|,$$
$$Z_{21} = -y_{21}/|y|, \quad Z_{22} = y_{22}/|y|$$

에서

$$V_1 = Z_{11}I_1 + Z_{12}I_2 \qquad (11\text{-}2)$$

$$V_2 = Z_{21}I_1 + Z_{22}I_2$$

의 임피던스 파라미터의 기초방정식을 얻는다. Z_{11}, Z_{12}, Z_{21}, Z_{22}를 임피던스 파라미터라 하고 어드미턴스 파라미터와는 역행렬의 관계가 있다.

식 11-2에서 V_2단자를 개방하면($I_2 = 0$)

$$Z_{11} = \left.\frac{V_1}{I_1}\right|_{I_2=0} \text{ 입력 임피던스}$$

$$Z_{21} = \left.\frac{V_2}{I_1}\right|_{I_2=0} \text{ 순방향전달 임피던스}$$

또 V_1단자를 개방하면 ($I_1 = 0$)

$$Z_{22} = \left.\frac{V_2}{I_2}\right|_{I_1=0} \text{ 출력 임피던스}$$

$$Z_{12} = \left.\frac{V_1}{I_2}\right|_{I_1=0} \text{ 역방향전달 임피던스}$$

[예제] [그림 11-5]의 회로에서 임피던스 파라미터를 구하라.

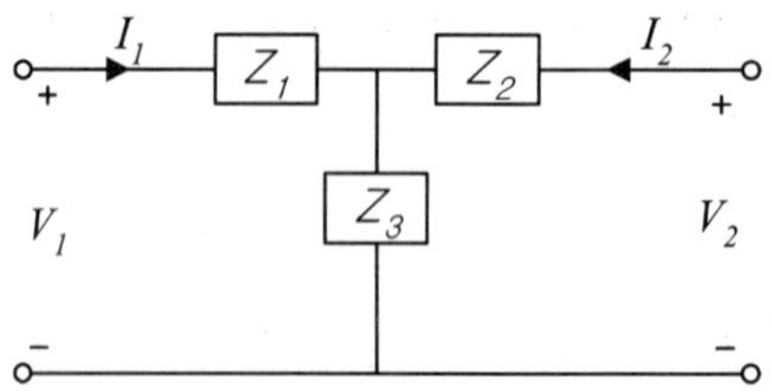

[그림 11-5]

V_1쪽을 개방하면 Z_2, Z_3는 직렬로 V_2에 연결되므로

$$Z_{22} = Z_2 + Z_3,\ \text{또}\ V_1 = Z_3 I_2 \text{이므로}\ Z_1 = \left.\frac{V_1}{I_2}\right|_{I_1 = 0}$$

에 대입하여 $Z_{12} = Z_3$ 와 같은 방법으로 $Z_{11} = Z_1 + Z_3$, $Z_{21} = Z_3$ 를 얻는다.

11-4 하이브리드 파라미터

4단자망을 다음과 같이 설명할 수도 있다. 하이브리드 h파라미터의 기초방정식으로

$$V_1 = h_{11} I_1 + h_{12} V_2 \tag{11-3}$$

$$I_2 = h_{21} I_1 + h_{22} V_2$$

하이브리드 g파라미터의 기초방정식으로

$$I_1 = g_{11} V_1 + g_{12} I_2 \tag{11-4}$$

$$V_2 = g_{21} V_1 + g_{22} I_2$$

로 쓸 수 있고, 이 중에서 하이브리드 h파라미터는 트랜지스터 회로

해석에 자주 응용된다.

어드미턴스 파라미터나 임피던스 파라미터와 같이 입력 또는 출력 중에서 한쪽을 단락 또는 개방하면 다음의 의미가 있다.

$$h_{11} = \left.\frac{V_1}{I_1}\right|_{V_2=0} \quad \text{단락 입력 임피던스}(=1/y_{11})$$

$$h_{12} = \left.\frac{V_1}{V_2}\right|_{I_1=0} \quad \text{개방 역방향 전압이득}$$

$$h_{21} = \left.\frac{I_2}{I_1}\right|_{V_2=0} \quad \text{단락 순방향 전류이득}$$

$$h_{22} = \left.\frac{I_2}{V_2}\right|_{I_1=0} \quad \text{개방 출력 어드미턴스}(=1/Z_{22})$$

11-5 ABCD 파라미터

전류의 기본방향을 [그림 11-6]과 같이 변경한 다음 I_1, V_1을 I_2, V_2만으로 표시하면,

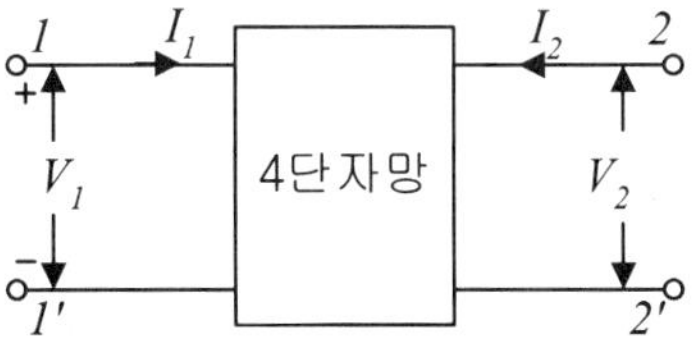

[그림 11-6] ABCD 파라미터

$I_1 = y_{11}V_1 + y_{12}V_2$ $\quad -I_2 = y_{21}V_1 + y_{22}V_2$ 로 부터 ABCD파라미터의 기초방정식으로 나타내면

$$V_1 = AV_2 + BI_2 \qquad (11\text{-}5)$$
$$I_1 = CV_2 + DI_2$$

$$A = y_{22}/y_{21}\ , \qquad B = -1/y_{21}$$
$$C = -|y|/y_{21}\ , \quad D = -y_{11}/y_{21} \qquad (11\text{-}6)$$

로 되어 이들 A, B, C, D를 4단자 상수라고도 부른다. ABCD파라미터는 또 임피던스 파라미터와의 사이에 다음과 같은 관계가 있다.

$$A = Z_{11}/Z_{21},\quad B = |Z|/Z_{21},\quad C = 1/Z_{21},\quad D = Z_{22}/Z_{21} \quad (11\text{-}7)$$

앞에서와 같은 방법으로 출력단자를 개방($I_2 = 0$) 또는 단락시켜서 생각하면

$$A = \left.\frac{V_1}{V_2}\right|_{I_2=0} \text{ 개방 역방향 전압이득}$$
$$B = \left.\frac{V_1}{I_2}\right|_{V_2=0} \text{ 단락 순방향 전달 임피던스}$$
$$C = \left.\frac{I_1}{V_2}\right|_{I_1=0} \text{ 개방 순방향 전달 어드미턴스}$$
$$D = \left.\frac{I_1}{I_2}\right|_{V_2=0} \text{ 단락 역방향 전류이득}$$

이다. 여기서 ABCD 파라미터는 모두가 입력단자(첨자 1)와 출력단자(첨자 2)의 배로 되어있다.

$$\begin{bmatrix} A & B \\ C & D \end{bmatrix} = AD - BC = \frac{y_{21}y_{11} - y_{11}y_{22} + y_{12}y_{21}}{y_{21}} = 1 \qquad (11\text{-}8)$$

이 항상 성립하므로 ABCD 파라미터 중 독립적인 것은 3개뿐이다.

또, 대칭 회로일 때 $Z_{11} = Z_{22}$이므로

$$A = D \tag{11-9}$$

Z_{10} = 입력단자에서 본 임피던스(출력단자 개방)

Z_1^s = 입력단자에서 본 임피던스(출력단자 단락)

Z_{20} = 출력단자에서 본 임피던스(입력단자 개방)

Z_2^2 = 출력단자에서 본 임피던스(입력단자 단락)

이라 하면 (11-6)식 및 (11-7)식에서

$$\begin{aligned} Z_{10} &= Z_{11} = A/C \\ Z_{20} &= Z_{22} = D/C \\ Z^{s} &= 1/y_{11} = B/D_1 \\ Z^{s} &= 1/y_{22} = B/A_2 \end{aligned} \tag{11-10}$$

의 관계가 성립하여 ABCD파라미터의 기초방정식으로 쓰면

$$V_1 = AV_2 + BI_2$$
$$I_1 = CV_2 + DI_2$$

이다. 이를 V_2, I_2에 대하여 풀면,

$$V_2 = \frac{DV_1 - BI_1}{\begin{bmatrix} A\,B \\ C\,D \end{bmatrix}} = DV_1 - BI_1 \ \left(\because \begin{bmatrix} A\,B \\ C\,D \end{bmatrix} = 1\right) \tag{11-11}$$

$$I_2 = \frac{-CV_1 + AI_1}{\begin{bmatrix} A\,B \\ C\,D \end{bmatrix}} = -CV_1 + AI_1$$

이다. 전류의 방향을 역으로 가정하고, 입력단자와 출력단자를 바꾸어 생각하면 ABCD파라미터는 A와 D만 서로 바뀐다.

$$V_2 = DV_1 + BI_1, \quad I_2 = CV_1 + AV_1 \tag{11-12}$$

11-6 영상 파라미터

지금까지의 파라미터는 입력 또는 출력단자 중의 어느 하나를 단락 또는 개방한다는 조건에서 성립하였으나 필터 회로나 임피던스 정합 회로 등에서는 그 입력 또는 출력단자에 외부 임피던스가 연결된다고 생각하여 회로해석을 하는 것이 편리하다.

[그림 11-7]에서 단자 1-1에서 왼쪽을 본 임피던스와 오른쪽을 본 임피던스가 다 같이 Z_{i_1}이고 단자 2-2에서 왼쪽을 본 임피던스와 오른쪽을 본 임피던스가 다 같이 Z_{i_2}일 때, 단자 1-1와 단자 2-2에 대하여 대칭이 되므로 Z_{i_1}, Z_{i_2}를 영상임피던스(image impedance)라 한다. 이 Z_{i_1}, Z_{i_2}를 ABCD 파라미터로 표시하면 단자 1-1'를 입력쪽으로 한 ABCD 파라미터의 기초방정식 식 11-5와 $V_2 = Z_{i2}I_2$로부터

$$Z_{i_1} = \frac{V_1}{I_1} = \frac{AZ_{i_2} + B}{CZ_{i_2} + D} \tag{11-13}$$

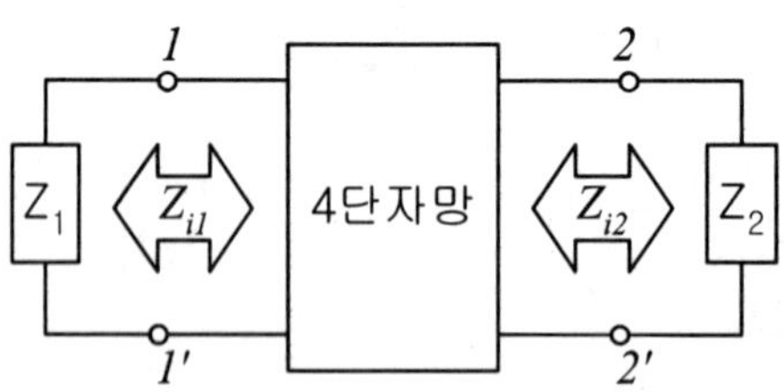

[그림 11-7] 영상 파라미터

또 단자 2-2'를 입력쪽으로 한 ABCD파라미터의 기초방정식 식 11-12와 $V_1 = Z_{i1}I_1$로부터

$$Z_{i_2} = \frac{V_2}{I_2} = \frac{AZ_{i_1} + B}{CZ_{i_1} + D} \tag{11-14}$$

이다. 식 11-13과 및 식 11-14로부터

$$Z_{i_1} = \sqrt{\frac{AB}{CD}}, \quad Z_{i_2} = \sqrt{\frac{DB}{CA}} \tag{11-15}$$

이다. 이를 식 11-10을 사용하여 다시 표현하면

$$Z_{i_1} = \sqrt{Z_{10} Z_1^s}, \ Z_{i_2} = \sqrt{Z_{20} Z_2^s}$$

이다. 즉 4단자망의 영상임피던스는 그 단자에서의 단락 및 개방 임피던스의 기하평균이다.

4단자망의 양쪽이 각각 영상정합 임피던스로 되어 있는 경우에는 영상정합(image matching)이 되어있다고 말한다.

영상정합에서 영상 전달상 수θ를

$$\epsilon^{\theta} = \sqrt{\frac{V_1 I_1}{V_2 I_2}} \tag{11-16}$$

로 정의한다. 이것을 단락 또는 개방입력 임피던스를 사용하여 표시하면 식 11-15로부터

$$\frac{V_1}{V_2} = A + \frac{B}{Z_{i_2}} = A + B/\sqrt{\frac{DB}{CA}}(\sqrt{AD} + \sqrt{BC})$$

$$\frac{I_1}{I_2} = CZ_{i_2} + D = C\sqrt{\frac{DB}{CA}} + D = \sqrt{\frac{D}{A}}(\sqrt{AD} + \sqrt{BC})$$

이며, 따라서

$$\epsilon^{\theta} = \sqrt{\frac{V_1 I_1}{V_2 I_2}} = \sqrt{(\sqrt{AD} + \sqrt{BC})(\sqrt{AD} + \sqrt{BC})} = \sqrt{AD} + \sqrt{BC}$$

이다. 또 $AD - BC = 1$이므로

$$\epsilon^{-\theta} = \frac{1}{\epsilon^{\theta}} = \frac{1}{\sqrt{AD} + \sqrt{BC}} = \sqrt{AD} - \sqrt{BC}$$

이다. 따라서

$$\cos h\theta = \sqrt{AD},\ \sin h\theta = \sqrt{BC}$$

$$\tanh\theta = \sqrt{\frac{BC}{AD}} = \sqrt{Z_1^s / Z_{10}} = \sqrt{Z_2^s / Z_{20}} \tag{11-17}$$

이다. Z_{i_1}, Z_{i_2}및 θ는 모두 주파수의 함수로 이들을 영상파라미터라 한다. 또 지수함수의 형식으로 표시하면,

$$\frac{\epsilon^{\theta}}{\epsilon^{-\theta}} = \epsilon^{2\theta} = \frac{1 + \sqrt{BC/AD}}{1 - \sqrt{BC/AD}} = \frac{1 + \sqrt{Z_1^s / Z_{10}}}{1 - \sqrt{Z_2^6 / Z_{20}}}$$

$$= \frac{1 + \sqrt{Z_2^s / Z_{20}}}{1 - \sqrt{Z_2^s / Z_{20}}} \tag{11-18}$$

여기에서 θ를 복소수로 표시하여

$$\theta = \alpha + j\beta \tag{11-19}$$

로 하면 식 11-16과 $V_1 = V_{i_1} I_1$, $V_2 = Z_{i_2} I_2$으로 부터

$$\epsilon^{\theta} = \frac{I_1}{I_2}\sqrt{\frac{Z_{i_1}}{Z_{i_2}}} = \frac{V_1}{V_2}\sqrt{\frac{Z_{i_2}}{Z_{i_1}}} \tag{11-20}$$

대칭 4단자망의 경우에는 $Z_{i_1} = Z_{i_2}$이므로,

$$\epsilon^{\theta} = \frac{I_1}{I_2} = \frac{V_1}{V_2}$$

가 된다. $\epsilon^{\theta} = \epsilon^{\alpha + j\beta} = \epsilon^{\alpha}\epsilon^{j\beta} = \epsilon^{\alpha}\angle\beta$가 되므로 대칭 4단자망에서는

$$\alpha = \ln\left|\frac{I_1}{I_2}\right| = \ln\left|\frac{V_1}{V_2}\right| \tag{11-21}$$

β : I_2(또는 V_2)가 I_1(또는 V_1)보다 늦은 위상각

이다. 식 11-21에서 입력전류 I_1(또는 전압 V_1)을 기준으로 하면, α가 클수록 출력전류 I_2(또는 전압 V_2)는 작아진다. 이 때문에 α를 감쇠상수라 한다. 또 β가 클수록 출력전류의 위상이 입력전류에 비하여 늦어진다. 그래서 β를 위상 상수라 한다.

α의 단위로서는 네퍼(Neper)를 사용하고, β의 단위로서는 라디안(radian) 또는 도를 사용한다.

[예제] [그림 11-8]과 같은 L형 회로의 영상파라미터를 구하라.

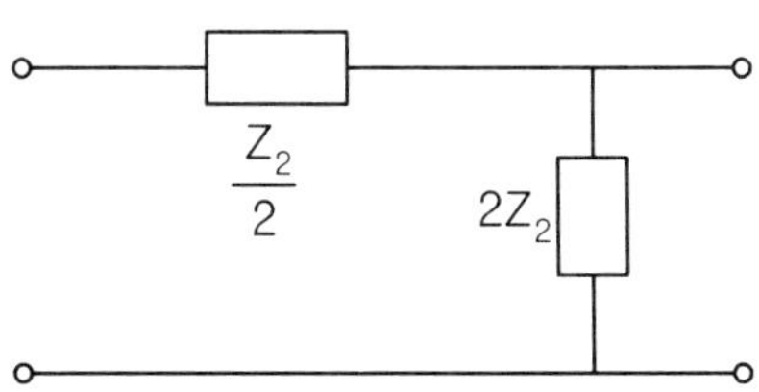

[그림 11-8]

$$Z_1^s = Z_1/2,\ Z_{10} = Z_1/2 + 1Z_2$$

$$Z_2^2 = \frac{(Z_1/2) \cdot 2Z_2}{Z_1/2 + 2Z_2},\ Z_{20} = 2Z_2$$

$$Z_{i_1} = \sqrt{Z_{10}Z_1^s} = \sqrt{Z_1Z_2(1+\frac{Z_1}{4Z_2})}$$

$$Z_{i_2} = \sqrt{Z_{20}Z_2^s} = \sqrt{Z_1Z_2/(1+\frac{Z_1}{4Z_2})}$$

$$\cosh\theta = \sqrt{Z_{10}Z_1^s} = \sqrt{1+(4Z_2/Z_1)}$$

따라서 $\sinh\theta = 1/\text{cosech}\theta = 1/\sqrt{\coth^2\theta - 1} = \sqrt{Z_1/4Z_2}$ 이다.

그러므로 $\theta = \sinh^{-1}\sqrt{\frac{Z_1}{4Z_2}}$

[그림 11-9]와 같이 영상 파라미터가 각각 Z_{i_1}, Z_{i_2}, θ_1 및 Z_{i_2},Z_{i_3}, θ_2인 단자망을 종속 접속하는 경우 단자 2-2'에서 오른쪽을 본 영상 임피던스는 Z_{i_2}이고, 단자 1-1'에서 오른쪽을 본 임피던스는 Z_{i_1}이다. 또 단자 2-2'에서 왼쪽을 본 영상 임피던스는 Z_{i_2}와 같고 단자 3-3'에서 왼쪽을 본 영상 임피던스는 Z_{i_3}가 된다. 따라서 4단자망 2개를 합쳐서 하나로 생각하면 영상 임피던스는 Z_{i_1}, Z_{i_3}가 된다.

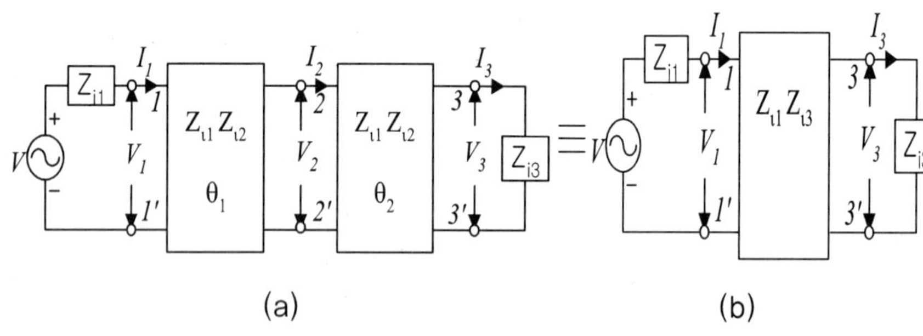

[그림 11-9] 4단자망의 종속접속

또 합성된 4단자망의 영상 전달상수를 Θ_c라 하면 [그림 11-9]에서

$$\epsilon^{\theta} = \sqrt{\frac{V_1I_1}{V_3I_3}} = \sqrt{\frac{V_1I_1}{V_2I_2}} \cdot \sqrt{\frac{V_2I_2}{V_3I_3}} = \epsilon_1^{\theta} \cdot \epsilon_2^{\theta} \qquad (11\text{-}22)$$

따라서 $\theta = \theta_1 + \theta_2$, $(\alpha = \alpha_1 + \alpha_2,\ \beta = \beta_1 + \beta_2)$가 된다.

[예제] 예제 11-3의 결과를 이용하여 다음 T형 및 π형 회로의 영상파라미터를 구하여라.

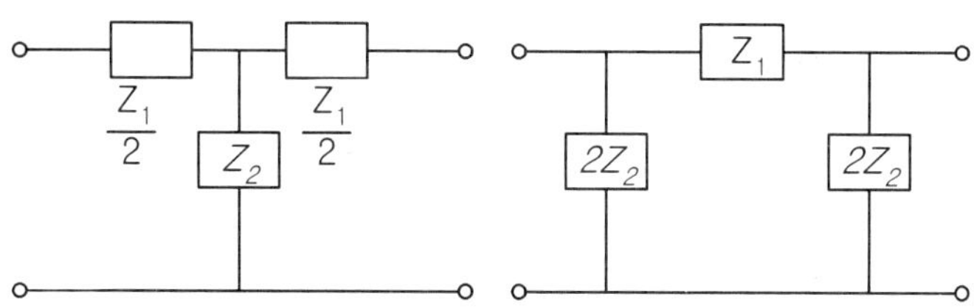

[그림 11-10] T형 및 π형 회로

[그림 11-10](a)를 다시 그리면 [그림 11-11](a)와 같이 되므로 영상 임피던스 Z_iT는 예제 11-3의 L형 회로와 같고 영상전달상수 θ_T는 θ_L의 2배와 같아진다.

$$Z_iT = \sqrt{Z_1Z_2(1 + \frac{Z_1}{4Z_2})}$$

$$\theta_t = 2\sinh^{-1}\sqrt{\frac{Z_1}{4Z_2}}$$

[그림 11-10](b)를 다시 그리면 [그림 11-11](b)와 같이 되므로 같은 방법에 의하여

$$Z_i\pi = \sqrt{Z_1Z_2(1 + \frac{Z_1}{4Z_2})}$$

$$\theta_\pi = 2\sinh^{-1}\sqrt{\frac{Z_1}{4Z_2}}$$

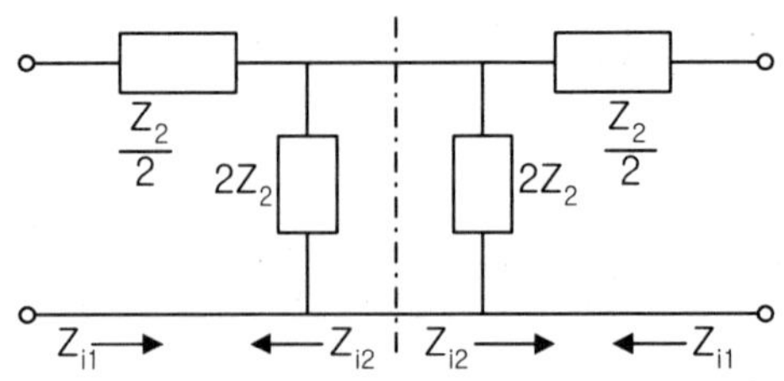

(a)

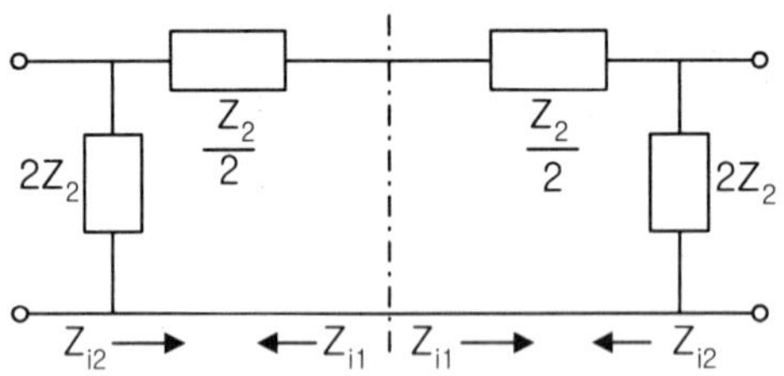

(b)

[그림 11-10]

11-7 전송손실, 삽입손실, 부정합손실

일반적으로 인간의 5관(시각, 청각, 미각, 촉각, 후각)은 웨버 페히너의 법칙(weber Fechner's law)에 따른다. 대체로 음향과 관계가 깊은 통신공학에서는 전력의 비 자체보다는 이 비의 대수 값을 택하여 크기를 비교하는 것이 편리하므로 네퍼(Neper)와 데시벨(decibel : db)의 단위를 사용한다.

두 전력 P_1, P_2를 비교할 때 $\frac{1}{2}ln(P_1/P_2)$에 Neper 단위를 붙이고 $10\log_{10}(P_1/P_2)$에 db 단위를 붙인다.

$$1 \text{ Neper} = 8.686 \text{ db} \tag{11-23}$$

전송 4단자망에서 입력전력이 P_1이고, 출력전력이 P_2인 경우

$$\frac{1}{2}ln(\frac{P_1}{P_2})\text{Neper} = 10\log_{10}(\frac{P_1}{P_2})\,\text{db} \qquad (11\text{-}24)$$

를 전송손실(transmission loss)이라 한다.

회로망 안에 어떤 4단자망을 삽입하였을 때 이로 인한 부하 쪽의 영향을 조사하기 위하여 삽입비 및 삽입손실을 정의한다.

부하전류 I_2', 부하전압 V_2', 부하전력 P_2'인 [그림 11-12](a)회로에 그림 (b)와 같이 4단자망을 삽입하여 부하전류 I_2, 부하전압 V_2, 부하전력 P_2가 되었다면

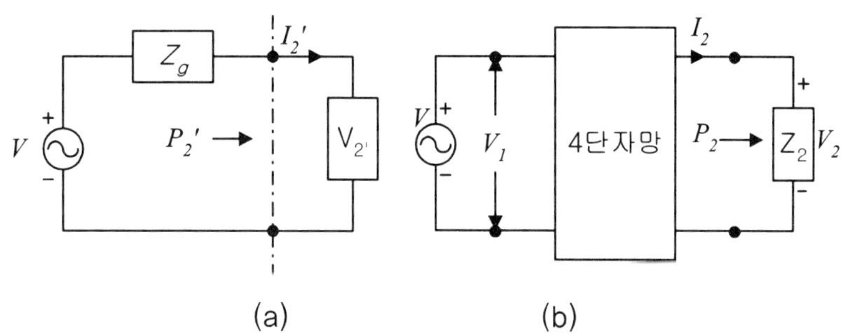

[그림 11-12] 전송 4단자망

$$삽입비 = \frac{I_2'}{I_2} = \frac{V_2'}{V_2} \qquad [\text{Neper}]\ (11\text{-}25)$$

$$삽입손실 = \frac{1}{2}ln\frac{P_2'}{P_2} = \ln\left|\frac{I_2'}{I_2}\right| = \ln\left|\frac{V_2'}{V_2}\right|$$

삽입이득이 일어나는 경우는 삽입손실의 값은 (-)가 된다.($I_2 > I_2'$) 삽입비는 복소수이며 그 각은 삽입 전후의 부하전류 또는 전압의 위상을 변화시킨다. 이것을 삽입 위상 추이(insertion phase shift)라 한다. [그림 11-12](b)에서 4단자망의 입력단으로부터 오른쪽을 본 입력 임피던스가 Z_L과 같으면 $I_2 = I_2'$이므로 삽입손실은 전송손실과 같아진다. 예를 들면 [그림 11-13]과 같이 영상 임피던스로 정합된 회로에서는

$$I_1 = V/2Z_{i_1}$$

이고 또 식 11-20에서

$$I_2 = \frac{V\epsilon^{-\theta}}{2\sqrt{Z_{i_1}Z_{i_2}}} = \frac{V\epsilon^{-\theta}}{2\sqrt{Z_gZ_L}}$$

가 된다.

그러므로 4단자망 삽입 전의 전류는

$$I_2' = \frac{V}{Z_g + Z_L}$$

따라서

$$\text{삽입비} = \frac{I_2'}{I_2} = \frac{2\sqrt{Z_gZ_L}}{Z_g + Z_L}\epsilon^{\theta} \qquad (11\text{-}26)$$

$$\text{삽입손실} = \ln|K| + \alpha[Neper]$$

$$\text{단, } K = \frac{2\sqrt{Z_gZ_L}}{Z_g + Z_L} = \frac{2\sqrt{Z_g/Z_L}}{1 + Z_g/Z_L}$$

여기에서 K는 Z_g와 Z_L이 다를 때 생기는 것이므로 Z_g와 Z_L의 부정합율(mismatching factor) 또는 반사율이라하며 $\ln|K|$를 부정합손실 또는 반사손실이라고 한다.

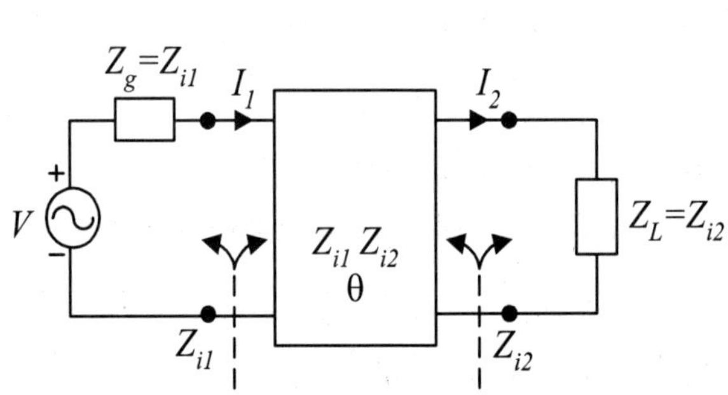

[그림 11-13] 영상 임피던스회로

11-8 필터회로

1) T형 및 π형 필터

특정 범위의 주파수 성분만을 통과시키거나 억제하는 4단자망을 특히 여파기(filter)라 한다. 필터를 그 주파수대에 따라 분류하면 낮은 주파수 성분을 감쇠 없이 통과시키는 저역 통과 필터(low pass filter), 높은 주파수를 잘 통과시키는 고역 통과 필터(high pass filter), 어떤 주파수 범위에 한해서만 통과시키는 대역 통과 필터(band pass filter), 또 어떤 대역의 주파수만을 억제하는 대역소거필터(band eliminated filter)등으로 분류한다.

구조상으로는 사다리형, 격자형, 교락 T형 등이 있으나, T형, π형과 이들 몇 개를 종속으로 접속한 사다리형이 많이 실용되고 있다.

[그림 11-14]의 대칭 T형 및 π형 필터의 영상 진달 상수는 예제 11-4의 결과로부터

$$\sinh\frac{\theta}{2} = \sqrt{\frac{Z_1}{4Z_2}} \tag{11-27}$$

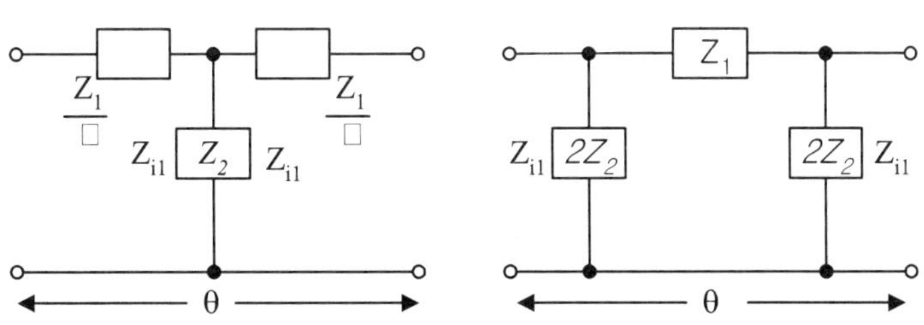

[그림 11-14] 대칭 T형 및 π 형 회로

필터회로 안에서의 손실을 없애기 위하여 각 소자를 순리액턴스로 하면

$$Z_1 = jX_1,\ Z_2 = jX_2 \tag{11-28}$$

식 11-27에 $\Theta = \alpha + j\beta$의 관계를 적용하면,

$$\sinh\left(\frac{\alpha + j\beta}{2}\right) = \sinh\frac{\alpha}{2}cos\frac{\beta}{2} + j\cosh\frac{\alpha}{2}sin\frac{\beta}{2}$$
$$= \sqrt{\frac{X_1}{4X_2}} \tag{11-29}$$

지금 이 X_1 및 X_2의 부호가 (+) 또는 (-)인 경우에 대하여 생각하면

(i) X_1, X_2가 다른 부호인 경우에는 $\sqrt{\frac{X_1}{4X_2}} - j\sqrt{\frac{-X_1}{4X_2}}$이 되어

$$\sin\frac{\alpha}{2}cos\frac{\beta}{2} = 0,\ \cosh\frac{\alpha}{2}sin\frac{\beta}{2} = \sqrt{-\frac{X_1}{4X_2}} \tag{11-30}$$

식 11-30을 연립하여 풀면

$0 < -\frac{X_1}{4X_2} < 1$의 범위에서

$$\alpha = 0,\ \beta = 2\sinh^{-1}\sqrt{\frac{-X_1}{4X_2}} \tag{11-31}$$

이다. 이상적인 필터 회로에서는 통과역에서의 삽입손실은 0이 되어야 하고($\alpha = 0$), 감쇠역에서의 삽입손실은 ∞가 되어야 하며, 통과역에서는 위상 왜곡이 없도록 삽입 위상 추이가 주파수에 비례하여야 한다. 따라서 대칭 T형 또는 π형 필터를 영상 임피던스로 종단하는 경우에는 식 11-31은 통과 대역이 된다.

$\frac{X_1}{4X_2} > 1$범위에서 식 11-30의 풀이는

$$\alpha = 2\cosh^{-1}\sqrt{\frac{-X_1}{4X_2}}, \quad \beta = \pm\pi \tag{11-32}$$

이므로 이 범위는 감쇠역이다.

(ii) X_1, X_2가 같은 부호인 경우에는 식 11-29의 허수 분이 없어져

$$\cos\frac{\alpha}{2}sin\frac{\beta}{2} = 0, \quad \sinh\frac{\alpha}{2}cos\frac{\beta}{2} = \sqrt{\frac{X_1}{4X_2}} \tag{11-33}$$

식 11-33을 연립시켜서 풀면, $\frac{X_1}{4X_2} < 0$ 범위에서

$$\alpha = 2\sinh^{-1}\sqrt{\frac{X_1}{4X_2}}, \quad \beta = 0 \tag{11-34}$$

이므로 이 대역 역시 감쇠 대역이 된다.

이상을 종합하면 대칭 T형 또는 π형 필터는 [그림 11-15]와 같음을 알 수 있다. 여기에서 통과대와 감쇠대의 경계점, 즉 $-\frac{X_1}{4X_2}$ 또는 $l = 0$을 차단점(cut off point)이라 한다.

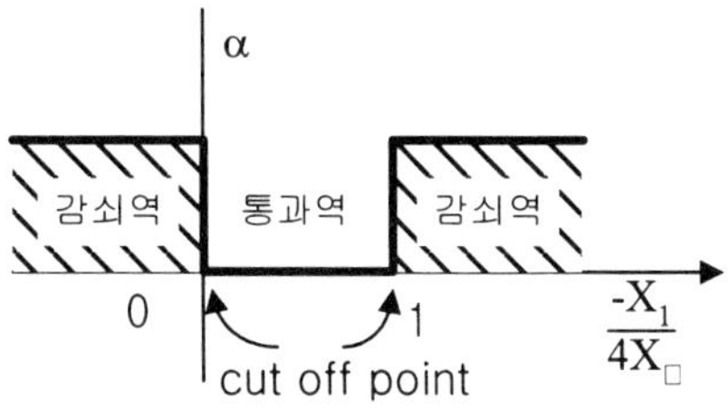

[그림 11-15] 통과 및 감쇠 대역

[예제] [그림 11-16]의 필터 회로에서 통과대 및 감쇠대를 밝혀라.

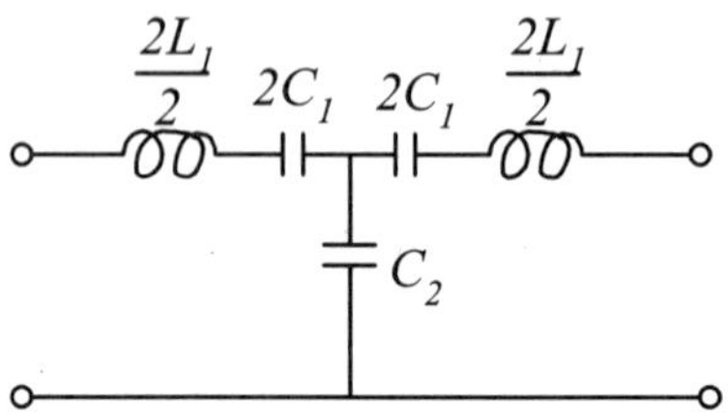

[그림 11-16] 필터 회로

이 경우에는 리액턴스 곡선을 그려서 조사하는 것이 간편하다.

$X_1 = \omega L_1 - \dfrac{1}{\omega C_1}$, $-4X_2 = \dfrac{1}{\omega C_2}$의 곡선은 [그림 11-17]과 같다. 따라서 $X_1 = 0$, $X_1 = 4X_2$가 되는 주파수가 차단주파수이다.

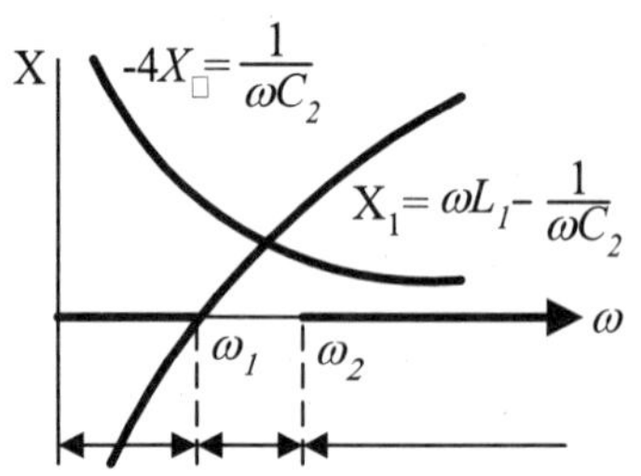

[그림 11-17] 리액턴스 곡선

$0 < \dfrac{X_1}{-4X_2} < 1$이 되는 부분 즉 $\omega_1 < \omega < \omega_2$가 통과 대역이고 그 밖의 부분은 감쇠 대역이다.

2) 정 K형 필터

T형 또는 π형 필터에서 직렬 접속된 임피던스 Z_1과 병렬 접속된 임피던스 Z_2가 역회로를 이룰 때 이 필터를 정 K형 필터(constant type filter)라 한다. 정 K형 필터의 정의는

$$Z_1 \cdot Z_2 = R^2 \qquad (11\text{-}35)$$

$$\text{or} \quad -X_1 \cdot X_2 = R^2$$

의 관계가 성립하여야 한다. 이때 R을 공칭임피던스라 한다.

식 11-35가 성립하려면 X_1, X_2가 모든 주파수에서 서로 반대되는 부호를 가져야 한다. 계산을 간편하게 하기 위하여

$$-\frac{X_1}{4X_2} = \frac{X_1^2}{4R^2} \equiv x^2 (\text{또는 } x \equiv \frac{X_1}{2R}) \qquad (11\text{-}36)$$

이라 하면 정 K형 필터는

$x^2 < 1$에서는 $\alpha = 0$, $\beta = 2\sin^{-1}x$가 되어 통과 대역이 되며,

$x^2 > 1$에서는 $\alpha = 2\cosh^{-1}|x|$, $\beta = \pm\pi$가 되어 감쇠 대역이 된다.

연습문제

[문제 11-1] 그림과 같은 T형 회로망의 임피던스 파라미터값을 구하라.

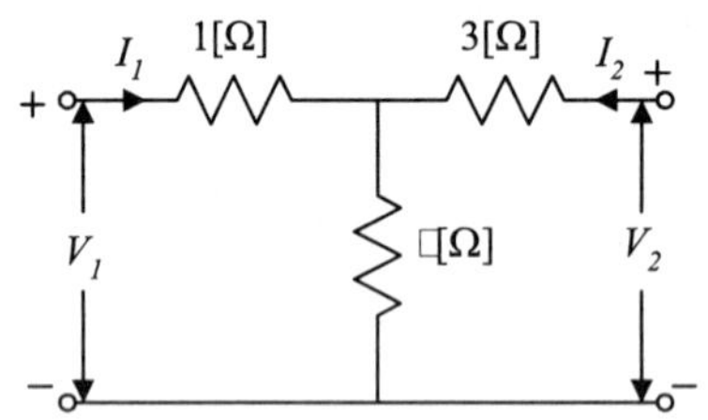

[문제 11-2] 그림과 같은 π형 회로망에서 어드미턴스 파라미터의 값을 구하라.

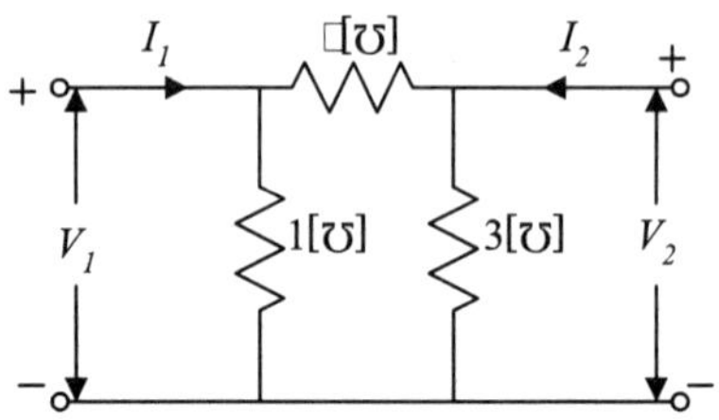

[문제 11-3] 그림과 같은 4단자 회로의 4단자 상수 A, B, C, D를 구하라.

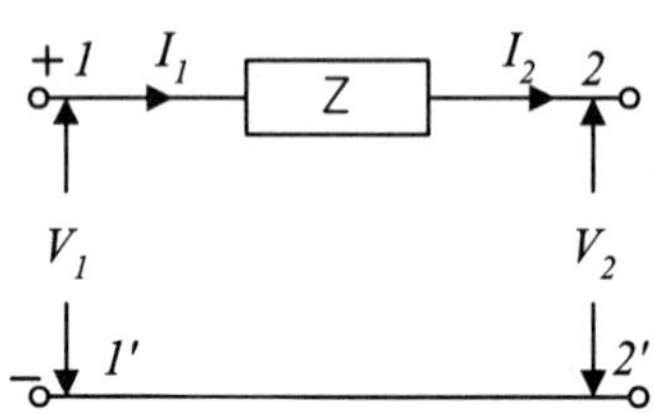

[문제 11-4] 그림과 같은 회로의 4단자 상수 A, B, C, D를 구하라.

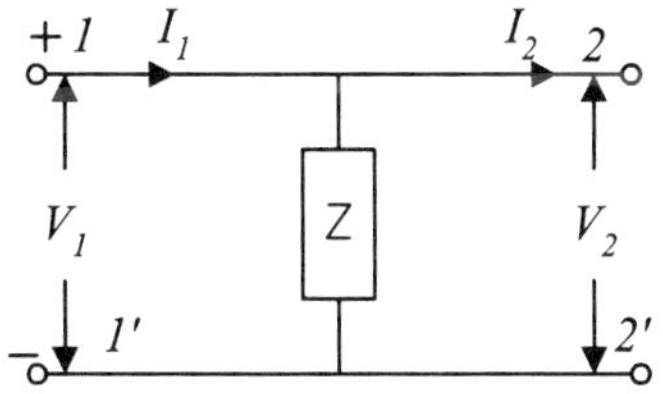

[문제 11-5] 그림과 같은 회로의 4단 상수 A, B, C, D를 구하라.

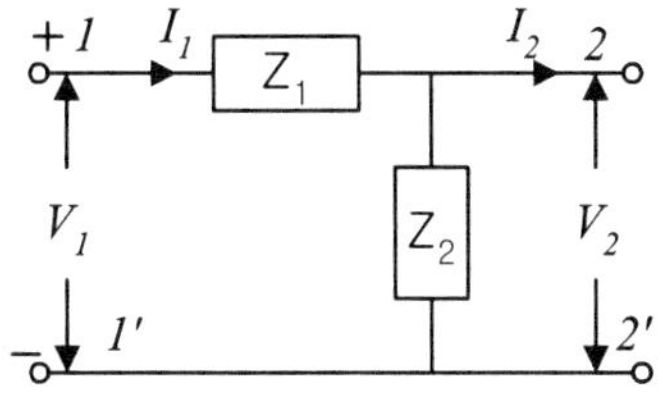

[문제 11-6] 그림과 같은 임피던스 행렬은?

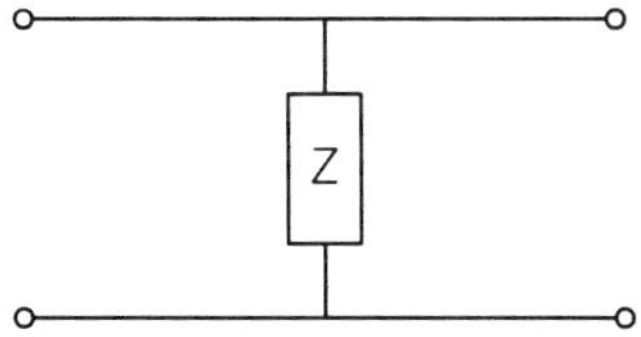

[문제 11-7] 그림과 같은 역 L형 회로의 임피던스 파라미터 Z_{22}는?

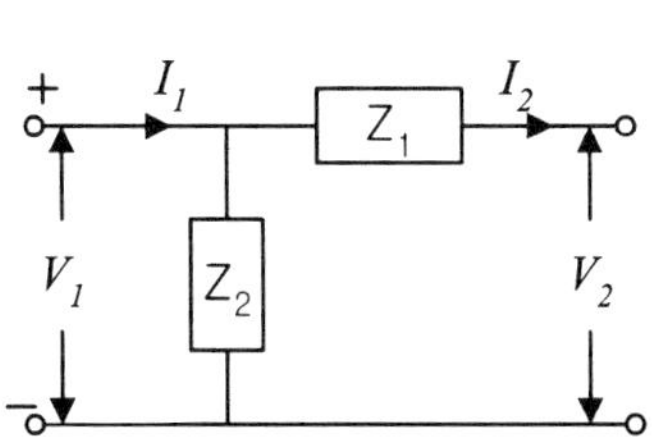

[문제 11-8] 하이브리드 파라미터에서 개방 출력 어드미턴스와 같은 것은?

[문제 11-9] 그림과 같은 L형 회로의 4단자 상수 중 A는?

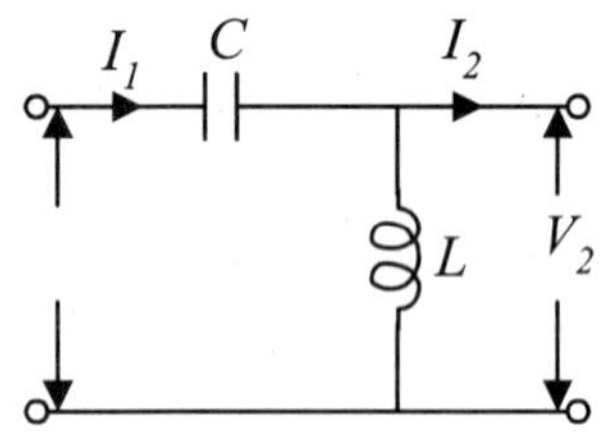

[문제 11-10] 그림의 4단자 회로망에서 $\frac{n_1}{n_2}=a$일 때, 4단자 상수 파라미터 행렬은?

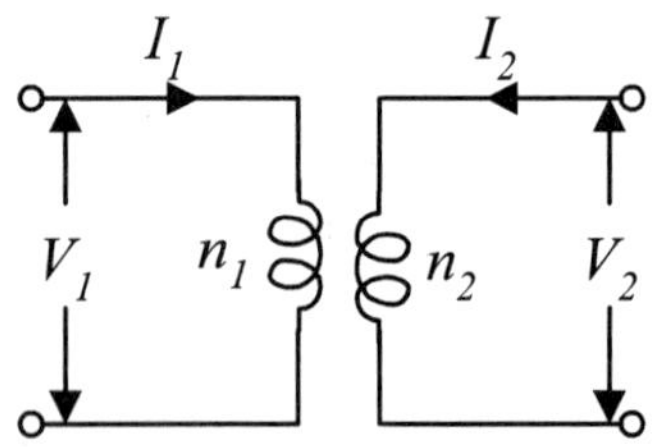

연습문제 해답

2-1 $Q = \int_0^t i\,dt = \int_0^2 3000(2t + 3t^2)dt = 36000\,[\,\mathrm{As}\,] = 10\,[\,\mathrm{Ah}\,]$

2-2 $C = \dfrac{\varepsilon S}{d} = \dfrac{8.0 \times 30^2 \times \pi}{0.2} \times 10^{-6} = 0.110340\,[\,\mu\mathrm{F}\,]$

2-3 $R = \rho\dfrac{l}{A}$ 에서 체적이 일정, 면적을 지름으로 변화하면

$R = \rho\dfrac{4l}{d^2}$, $R = \rho\dfrac{4l}{\left(\dfrac{1}{n}\right)^2}$ 이므로 R'은 n^2에 비례한다.

2-4 Y_L에 흐르는 전류를 I_L이라 하면,

$$P = \frac{I_L^2}{Y_L} = \left(\frac{6I}{4+6}\right)^2\frac{1}{Y_L} = \left(\frac{10(4+6)}{10+4+6} \times \frac{6}{4+6}\right)^2 \times \frac{1}{6} = 1.5\,[\,\mathrm{W}\,]$$

2-5 그림과 같은 회로에서 a, b단자간의 합성 저항 R과 단자전압 E_{ab}는,

$$R = \frac{1}{\frac{1}{2} + \frac{1}{4} + \frac{1}{8}} = \frac{8}{7}\,[\,\Omega\,]$$

$$E_{ab} = \frac{R}{R_1 + R_2} \times 12 = \frac{\frac{8}{7}}{2 + \frac{8}{7}} \times 12 = \frac{48}{11}\,[\,\mathrm{V}\,]$$

$$\therefore\ P = \frac{E_{ab}^{\ 2}}{R_4} = \frac{\left(\frac{48}{11}\right)^2}{8} = 2.38\,[\,\mathrm{W}\,]$$

2-6 $P = \dfrac{E^2}{R_4}$ 에서 R이 일정하면 P는 E^2에 비례한다.

$\therefore\ P' = P \times (0.7)^2 = 1000 \times 0.49 = 490\,[\,\mathrm{W}\,]$

2-7 직류 전압을 인가한 경우 저항만의 소비전력이므로,

$$R = \frac{E^2}{P_{DC}} = \frac{100^2}{500} = 20\,[\,\Omega\,]$$

교류 전압을 인가한 경우 소비전력은,

$$P = I^2R = \frac{V^2}{R^2 + X_L^{\ 2}} \cdot R$$

$$\therefore X_L = \sqrt{\frac{V^2R}{P} - R^2} = \sqrt{\frac{150^2 \times 20}{720} - 20^2} = 15\,[\Omega]$$

2-8 유기기전력 $E = I(R_1 + R_2) = \frac{6}{50}(50 + 50) = 12\,[\mathrm{V}]$

$$\therefore V = IR = \frac{12}{50+100} \times 100 = 8\,[\mathrm{V}]$$

2-9 분류기 배율 $M = \frac{I_0}{I} = 1 + \frac{R_a}{R_s} = 1 + \frac{0.12}{0.04} = 4$

2-10 배율기의 저항을 R_m이라 하면 측정전압 E_0는

$$E_0 = E\left(1 + \frac{R_m}{R}\right) \text{에서}$$

$$R_m = R\left(\frac{E_0}{E} - 1\right) = 5000\left(\frac{150}{50} - 1\right) = 10000\,[\Omega]$$

2-11 $V_1 = IR_1 = \frac{15}{12000 + 3000} \times 12000 = 12\,[\mathrm{V}]$

2-12 회로의 합성저항 R_0는

$$R_0 = 2.5 + \frac{2 \times 3}{2+3} = 4[\Omega] \qquad \therefore I = \frac{200}{4} = 50[A]$$

전류의 분배법칙에서

$$I_1 = \frac{R_2}{R_1 + R_2} \times I = \frac{3}{2+3} \times 50 = 30[A]$$

3-1 $i(t) = A\sin(\omega t \pm \alpha)$에서 최대치 $A = 10$

$t = 0$에서 $i(0) = 5\,[\mathrm{A}]$이므로 $\alpha = \frac{\pi}{6}$

$\omega = 2\pi f = 2 \times \pi \times 10 = 20\pi$

$$\therefore i(t) = 10\sin\left(20\pi t \pm \frac{\pi}{6}\right) = 10\cos\left(20\pi t \pm \frac{\pi}{3}\right)$$

3-2 $\frac{2I_m}{\pi} = 0.637 \times I_m = 0.637$

3-3 실효치 $= \frac{\text{최대치}}{\sqrt{3}} = \frac{1}{\sqrt{3}}$ 평균치 $= \frac{\text{최대치}}{2} = \frac{1}{2}$

3-4 $E = \sqrt{4^2 + 3^2} = 5\,[\mathrm{V}]$

3-5 $$I_1 + I_2 = \sqrt{I_1^2 + I_2^2 + 2I_1 I_2 \cos(\theta_1 - \theta_2)}$$
$$= \sqrt{5^2 + 10^2 + 2\times5\times10\times\cos 30^\circ} = 14.5\,[\mathrm{A}]$$

3-6 $$\text{파형률} = \frac{I}{I_m} = \frac{\frac{I_m}{\sqrt{3}}}{\frac{I_m}{2}} = \frac{2}{\sqrt{3}} = 1.155$$

3-7 $$a_1 = \cos 120 + j\sin 120 = -\frac{1}{2} + j\frac{\sqrt{3}}{2}$$
$$a_1^2 = \cos 240 + j\sin 240 = -\frac{1}{2} - j\frac{\sqrt{3}}{2} \qquad \therefore a + a^2 = -1$$

3-8 $$v_1 + v_2 = 10\angle\frac{\pi}{6} + 20\angle\frac{\pi}{3}$$
$$= 10\left(\cos\frac{\pi}{3} + j\sin\frac{\pi}{3}\right) + 20\left(\cos\frac{\pi}{6} + j\sin\frac{\pi}{6}\right)$$
$$= 22.32 + j18.66 \fallingdotseq 29.1\angle 40^\circ$$
$$\therefore v = v_1 + v_2 = 29.1\sin(\omega t + 40^\circ)\,[\mathrm{V}]$$

3-9 $$P = VI\cos\theta = \frac{V_m I_m}{2}\cos\theta = \frac{200\times4}{2}\cos\frac{\pi}{3} = 200\,[\mathrm{W}]$$

4-1 $$X_L = 2\pi f L \quad f = \frac{X_L}{2\pi L} = \frac{377}{2\times3.14\times0.1} = 600$$

4-2 $$v_L = L\frac{di(t)}{dt} = 2\times\frac{d}{dt}(20e^{-2t}) = -80e^{-2t}$$

4-3 $$V_L = L\frac{di(t)}{dt}$$
$$L = \frac{V_L}{\frac{di(t)}{dt}} = \frac{20}{\frac{5}{0.5\times10^{-3}}} = 2\times10^{-3}\,[\mathrm{H}] = 2\,[\mathrm{mH}]$$

4-4 $$X_C = \frac{V}{I} = \frac{100}{60\times10^{-3}} = \frac{10}{6}\times10^3$$
$$X_C = \frac{1}{\omega C} = 1.66\times10^3$$
$$C = \frac{1}{\omega(1.66\times10^3)} = \frac{1}{2\pi\times60\times1.66\times10^3} = 1.59\times10^{-6}\,[\mathrm{F}]$$

4-5 $X_L = 2\pi f L \quad \therefore L = \dfrac{X_L}{2\pi L} = \dfrac{3}{2\times 3.14\times 60} = 8\times 10^{-3}[\mathrm{H}]$

$X_C = \dfrac{1}{2\pi f C} \quad \therefore C = \dfrac{1}{2\pi f X_C} = 8.846\times 10^{-4}[\mathrm{F}]$

4-6 $X_L = 2\pi f L = 2\pi\times 60\times 13.3\times 10^{-3} = 5[\Omega]$

$I = \dfrac{V}{Z} = \dfrac{V}{\sqrt{R^2 + X_L^2}} = \dfrac{130}{\sqrt{12^2+5^2}} = 10[\mathrm{A}]$

$\therefore P_r = I^2 X_L = 10^2\times 5 = 500[\mathrm{Var}]$

4-7 $R = \dfrac{V^2}{P} = \dfrac{100^2}{800} = 12.5[\Omega]$

$X_c = \dfrac{V^2}{P_r} = \dfrac{100^2}{600} = 16.67[\Omega]$

4-8 $X_c = \dfrac{1}{2\pi f C} = \dfrac{1}{2\pi\times 60\times 50\times 10^{-4}} = \dfrac{10^4}{60\pi}[\Omega]$

$\therefore P_r = \dfrac{V^2}{X_c} = \dfrac{100^2}{\dfrac{10^4}{60\pi}} = 60\pi[\mathrm{Var}]$

4-9

$\sin\Theta = \sqrt{1-\cos^2\Theta} = \sqrt{1-0.8^2} = 0.6\ (\because \sin^2\Theta + \cos^2\Theta = 1)$

$\therefore P_r = VI\sin\Theta = P_a\cdot\sin\Theta = 22\times 0.6 = 13.2[\mathrm{kVar}]$

4-10 $\cos\Theta = \dfrac{P}{P_a} = \dfrac{P}{\sqrt{P^2+P_r^2}} = \dfrac{80}{\sqrt{80^2+60^2}} = 0.8$

4-11 $P_r = \sqrt{P_a^2 - P^2} = \sqrt{(240\times 5)^2 - 720^2} = 960[\mathrm{Var}]$

$\therefore X_L = \dfrac{V^2}{P_r} = \dfrac{240^2}{960} = 60[\Omega]$

$L = \dfrac{X_L}{2\pi f} = \dfrac{60}{2\pi\times 60} = \dfrac{1}{2\pi}[\mathrm{H}]$

4-12 부하를 유도성 부하라 가정하면 그림과 같은 벡터도에서,

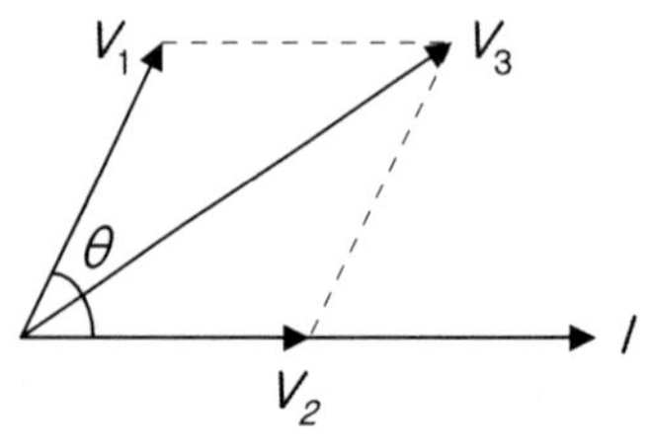

$$V_3 = \sqrt{V_1^2 + V_2^2 + 2V_1V_2\cos\Theta}$$

$$\cos\Theta = \frac{V_3^2 - V_1^2 - V_2^2}{2V_1V_2}$$

$$\therefore P = V_1 I\cos\Theta = V_1 \cdot \frac{V_2}{R} \cdot \frac{V_3^2 - V_1^2 - V_2^2}{2V_1V_2}$$

$$= \frac{1}{2R}(V_3^2 - V_1^2 - V_2^2)$$

4-13

$$P_a = VI = 100\angle -30° \times 10\angle 60° = 1000\angle 30° \fallingdotseq 866 + j500\,[\text{VA}]$$

4-14

$$Z = \frac{V}{I} = \frac{100 + j20}{4 + j3} = \frac{(100 + j20)(4 - j3)}{4^2 + 3^2} = 18.4 - j8.8\,[\Omega]$$

$$P_a = VI = (100 - j20)(4 + j3) = 460 + j220\,[\text{VA}]$$

4-15 $I = I_1 + I_2 + I_3 = 2e^{-j\frac{\pi}{3}} + 5e^{j\frac{\pi}{3}} + 1$

$$= 2\left(\cos\frac{\pi}{3} - j\sin\frac{\pi}{3}\right) + \left(\cos\frac{\pi}{3} + j\sin\frac{\pi}{3}\right) + 1$$

$$= 4.5 + j2.6\,[\text{A}]$$

$$E = L_3R = 1\times 10 = 10\,[\text{V}]$$

$$\therefore P_a = EI = 10(4.5 + j2.6) = 45 + j26\,[\text{VA}]$$

5-1 $P_{rc} = P\tan\Theta = P\frac{\sin\Theta}{\cos\Theta} = 160\times\frac{0.6}{0.8} = 120\,[\text{kVA}]$

5-2 $P_r = P\tan\Theta_1 = P\frac{\sin\Theta_1}{\cos\Theta_1} = 480\times\frac{0.8}{0.6} = 640\,[\text{kVA}]$

역률 개선 후 무효전력 P_r'은,

$$P_r' = P_r - 320 = 640 - 320 = 320\,[\text{kVar}]$$

$$\therefore \cos\Theta_2 = \frac{P}{\sqrt{P^2 + P_r^2}} = \frac{480}{\sqrt{480^2 + 320^2}} = 0.832$$

5-3 합성 임피던스 $Z = \sqrt{R^2 + X_L^2}$

$$= \sqrt{30^2 + \{(2\pi\times 60\times 106\times 10^{-3})^2} = 50\,[\Omega]$$

전류 $I = \frac{E}{Z} = \frac{100}{50} = 2\,[\text{A}]$ ∴ 소비전력 $P = I^2R = 2^2\times 30 = 120\,[\text{W}]$

5-4 $R = \frac{P}{I^2} = \frac{1800}{30^2} = 2\ [\Omega]$ $Z = \frac{V}{I} = \frac{100}{30} = 3.33\ [\Omega]$

∴ 임피던스 $X_L = \sqrt{Z^2 - R^2} = \sqrt{3.33^2 - 2^2} = 2.67\ [\Omega]$

역률을 100 [%]로 하기 위한 무효전력 P_r는

$$P_r = I^2 X = 30^2 \times 2.67 = 2400\ [\text{VAR}]$$

$$\therefore X_C = \frac{V^2}{P_r} = \frac{100^2}{2400} = 4.17\ [\Omega]$$

5-5 $P = \frac{V^2}{R}[W]$, $P_r = \frac{V^2}{X_L}[\text{Var}]$ 이므로

저항 $R = \frac{V^2}{P} = \frac{100^2}{80} = 12.5\ [\Omega]$

리액턴스 $X_C = \frac{V^2}{P_r} = \frac{100^2}{600} = 16.66\ [\Omega]$

정전용량 $C = \frac{1}{2\pi f \cdot X_C} = \frac{1}{2\pi \times 60 \times 16.66}$

$$= 159.14 \times 10^{-6}\ [\text{F}]$$

5-6 상 차 각 $\Phi = \frac{\pi}{3} - \frac{\pi}{6} = \frac{\pi}{6} = 30^\circ$ 이므로

소비전력 $P = \frac{1}{2} E_m I_m \cos\Phi$

$$= \frac{1}{2}(100\sqrt{2}) \times \sqrt{8} \cos 30^\circ = 100\sqrt{3}\ [\text{W}]$$

5-7

피상전력 $P_a = \bar{E}I = (40 - j30)(30 + j10) = 1500 - j500\ [\text{VA}]$

$$\cos\Theta = \frac{P}{P_a} \times 100 = \frac{1500}{\sqrt{1500^2 + 500^2}} \times 100 = 94.86\ [\%]$$

6-1 $\omega M I_m \sin(\omega t - 90^\circ)$

6-2 a) 8×10 $8 \times 10^{-5}[Wb]$

b) 10[mH], c) 20[mH], d) 8[mH], e) 2[mH],

f) $k = L_{c1}/L_1 = 0.2$, h) 0.8[H], I) 0.2[H]

6-3 a) 23.5[mH] b) $L_1 = L_2 = 45[mH]$ c) 0.52

6-4 a) $I_1 = 1.18\ \underline{/-112.3}$, $I_2 = 3\ \underline{/50.6}$

b) 6.96[W], 180[W] c) -44.7[W] 와 231.8[W]

7-2 (보목의 수)=(가지의수)-(마디 수)+1 =14-7+1=8

7-3 $I_1 = \dfrac{200}{3+j4} = \dfrac{200(3-j4)}{25} = \dfrac{600-j800}{35} = 24 - j32$

$I_2 = \dfrac{200}{4+j3} = \dfrac{200(4-j3)}{25} = \dfrac{800-j600}{35} = 32 - j24$

$V_{cd} = 4(32-j24) - 3(24-j32) = 56[V]$

7-4 중첩의 원리 이용

10[V]에 의한 전류 $I_1 = \dfrac{10}{5+20} = 0.4[A]$

3[A]에 의한 전류 $I_2 = \dfrac{5}{5+20} \times 3 = 0.6[A]$

$\therefore I = I_1 + I_2 = 0.4 + 0.6 = 1.0[A]$

7-5 두 전류원의 방향이 반대이므로 한 방향의 전류원으로 나타냄

$I_2 = I\dfrac{G_2}{G_1+G_2} = (30-15)\dfrac{15}{30+15} = 5[A]$

7-6 중첩의 원리 이용

1) 전압원만 있는 경우 2 [Ω]에 흐르는 전류 I_1은

$I_1 = \dfrac{3}{2+1} = 1[A]$

2) 전류원만 있는 경우 2 [Ω]에 흐르는 전류 I_2은

$I_2 = \dfrac{1}{1+2} \cdot 6 = 2[A]$

3) $I = I_1 + I_2 = 1 + 2 = 3[A]$

4) $\therefore V = IR = 3 \times 2 = 6[V]$

7-7 중첩의 원리 이용

1) 3[V]의 전압원에 의해 9 [Ω]에 흐르는 전류

$I' = \dfrac{6}{6+9} = \dfrac{3}{15} = 0.2[A]$

2) 2[A]의 전류원에 의해 9 [Ω]에 흐르는 전류

$I'' = \dfrac{6}{6+9} \times 2 = \dfrac{12}{15} = 0.8[A]$

3) $I = I' + I'' = 0.2 + 0.8 = 1[A]$

7-7 중첩의 원리 이용

1) 6[A]에 의한 전류 : $I_1 = \frac{2}{2+1} \times 6 = 4[A]$

2) 6[V]에 의한 전류 : $I_2 = \frac{6}{2+1} = 2[A]$

3) $I = I_1 - I_2 = 2[A]$ $\quad \therefore V = 1 \times I = 2[V]$

8-1 문제의 Δ결선회로를 그림과 같이 Y결선으로 등가변환하면

$$R_a = \frac{R_{ab} \cdot R_{ca}}{R_{ab} + R_{bc} + R_{ca}} = \frac{100 \times 100}{100 + 200 + 100} = 25[\Omega]$$

$$R_b = \frac{R_{ab} \cdot R_{bc}}{R_{ab} + R_{bc} + R_{ca}} = \frac{100 \times 200}{100 + 200 + 100} = 50[\Omega]$$

$$R_c = \frac{R_{bc} \cdot R_{ca}}{R_{ab} + R_{bc} + R_{ca}} = \frac{200 \times 100}{100 + 200 + 100} = 50[\Omega]$$

Y결선부하의 각 상의 저항이 같으면 각 선에 흐르는 선류도 같다.

$R = 50 - 25 = 25[\Omega]$

8-2 상전압은 선전압보다 30°뒤진다. 상전압을 V_a라면

$$Z_a = \frac{V_a}{I_a} = \frac{100\angle -30°}{20\angle -20°} = 5\angle 90°[\Omega]$$

8-3 $I_l = \sqrt{3} I_p \angle -30°$이므로 $I_c = \sqrt{3} I_{ca} \angle -30° = 6.93\angle -306°$

8-4 I_p(상전류) $= \frac{E}{Z} = \frac{200}{\sqrt{6^2 + 8^2}} = 20[A]$

Δ결선에서 선전류는 $I_l = \sqrt{3} I_p = 20\sqrt{3}[A]$

8-5 상전류 $I_{12} = 4\angle -36°$ $\quad I_1 = \sqrt{3} I_{12} \angle -30° = 6.93\angle -66°$

8-6 $P = 3\, I_p^2 R = 3 \times (\frac{200}{\sqrt{3^2 + 4^2}})^2 \times 3 = 14400[W]$

8-7 $I_l = I_p = \frac{E}{Z} = \frac{200/\sqrt{3}}{\sqrt{24^2 + 7^2}} \fallingdotseq 4.61[A]$

$P = 3I^2 R = 3 \times 4.61^2 \times 24 = 1536[W]$

8-8 입력을 P_i, 출력을 P_0라 하면

$$P_i = \frac{P_0}{\eta} = \sqrt{3}\, VI\cos\theta \qquad \therefore I = \frac{P_0}{\eta \sqrt{3}\, V\cos\theta} = 14.4[A]$$

8-9 $P=\sqrt{3}\,VIcos\Theta \qquad I=\dfrac{P}{\sqrt{3}\,Vcos\Theta}=\dfrac{10\times10^3}{\sqrt{3}\times200\times0.8}=36.08$

$I_l=I(\cos\Theta-j\sin\Theta)=36.08(0.8-j0.6)=28.8-j21.6$

8-10 $P_t=3I^2R,\quad I_2=\dfrac{P_t}{3R}=\dfrac{50}{3\times0.5}\quad I=\dfrac{10}{\sqrt{3}},\quad P=\sqrt{3}\,VI\cos\Theta$

$$V=\frac{P}{\sqrt{3}\,Icos\Theta}=\frac{1800}{\sqrt{3}\times\dfrac{10}{\sqrt{3}}\times0.8}=225[V]$$

8-11 $P=\sqrt{3}\,VIcos\Theta$

$$\cos\Theta=\frac{P}{\sqrt{3}\,VI}=\frac{7\times10^3}{\sqrt{3}\times200\times25}\fallingdotseq0.8$$

8-12 $P_\Delta=3\,I_\Delta{}^{2R}=3(\dfrac{V}{R})^2R=\dfrac{3V^2}{R},\quad P_Y=3(\dfrac{\frac{V}{\sqrt{3}}}{R})^2R=\dfrac{V^2}{R}$

$\therefore \dfrac{P_\Delta}{P_Y}=3$배

8-13 $I_2=\dfrac{1}{3}(I_a+a^2I_b+aI_c)$

$$=\frac{1}{3}\left|(15+j2)+(-2-j\frac{\sqrt{3}}{2})(-20-j14)\right|$$

$$+\frac{1}{3}\left|+(-\frac{1}{2}+j\frac{\sqrt{3}}{2})(-3+j10)\right|$$

$$=1.91+j6.24[A]$$

8-14 $I_0=\dfrac{1}{3}(I_a+I_b+I_c)$

$$=|25+j4-18-j16+7+j15|=4.66+j$$

9-1 반파정류파의 평균치는 $\dfrac{V_m}{\pi}$

9-2 기본파+고조파+직류분

9-3

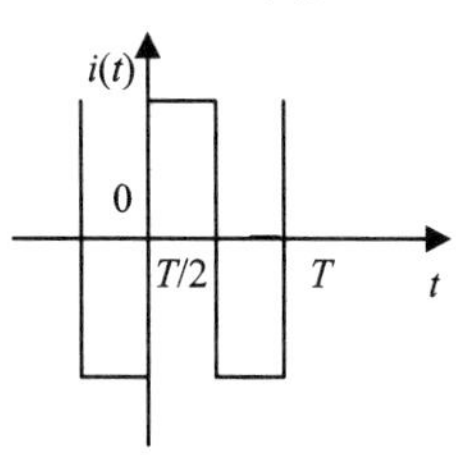

9-4 $a_0 = \frac{1}{2\pi}\int_0^{\pi} 10d(\omega t) = \frac{10}{2\pi}\pi = 5[A]$

9-5 정현대칭이므로 b_n성분만 존재한다.

$$b_n = \frac{4}{T}\int_0^{\frac{T}{2}} f(t)\sin n\omega t dt = \frac{4}{2\pi}\int_0^{\pi}\frac{10}{\pi}\omega t\sin n\omega t d(\omega t)$$

$$= \frac{20}{\pi^2}\left[\frac{\sin n\omega t}{n^2} - \frac{\omega t\cdot\cos n\omega t}{n}\right]_0^{\pi} = \frac{20}{\pi^2}\left(-\frac{\pi\cos n\pi t}{n}\right)$$

$$= \frac{20}{n\pi}(-1)^{n+1}$$

$$\therefore f(t) = \frac{20}{\pi}\left(\sin\omega t - \frac{1}{2}\sin 2\omega t + \frac{1}{3}\sin\omega t - \frac{1}{4}\omega t + \cdots\cdots\right)$$

9-6 $I_3 = \frac{V_3}{Z_3} = \frac{V_3}{\sqrt{R^2 + (3\omega L)^2}} = \frac{50}{\sqrt{8^2 + 6^2}} = 5[A]$

9-7 $I = \sqrt{\left(\frac{I_{m1}}{\sqrt{2}}\right)^2 + \left(\frac{I_{m2}}{\sqrt{2}}\right)^2} = \frac{1}{\sqrt{2}}\sqrt{I_{m1}{}^2 + I_{m2}{}^2}$

$$= \frac{1}{\sqrt{2}}\sqrt{30^2 + 50^2} = 41.2[V]$$

9-8

$$\text{왜형률} = \frac{\sqrt{V_3{}^2 + V_5{}^2}}{V_1} = \sqrt{\left(\frac{V_3}{V_1}\right)^2 + \left(\frac{V_5}{V_1}\right)^2}$$

$$= \sqrt{0.3^2 + 0.2^2} = 0.36$$

9-9 $P = I_1{}^2R + I_3{}^2R + I_5{}^2R$

$$= \left(\frac{10}{\sqrt{2}}\right)^2\cdot 10 + \left(\frac{5}{\sqrt{2}}\right)^2\cdot 10 + \left(\frac{2}{\sqrt{2}}\right)^2\cdot 10 = 645[W]$$

10-1 $K^2 = \frac{L_1}{C_1} = \frac{3\times 10^{-3}}{1.5\times 10^{-6}} = 2\times 10^3$

$$L^2 = K^2C_2 = 2\times 10^3\times 0.8\times 10^{-6} = 1.6\times 10^{-3} = 1.6[mH]$$

10-2 직류전압을 인가했으므로 $S = 0$을 대입하면

$$Z(s) = \left.\frac{S + 30}{S^2 + 2RLS + 1}\right|_{s=0} = 30[\Omega]$$

$$\therefore V = IZ = 30\times 30 = 900[V]$$

10-3 $Z(s) = \frac{8S + 7}{S} = 8 + \frac{7}{S}$

$$= 8 + \frac{1}{\frac{1}{7}S} = R + \frac{1}{CS}(R - C \text{ 직렬회로})$$

$R = 8[\Omega],\ C = \frac{1}{7}[F]$

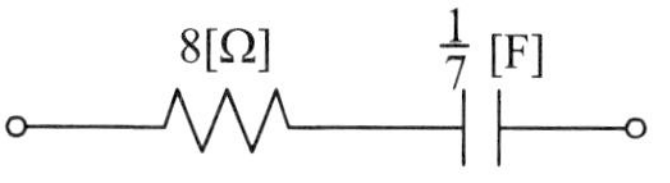

10-4 $Z(\lambda) = \dfrac{6\lambda^2+1}{\lambda(\lambda^2+1)} = \dfrac{A}{\lambda} + \dfrac{B+C}{\lambda^2+1}$

$$= \frac{A(\lambda^2+1)+\lambda(B\lambda+c)}{\lambda(\lambda^2+1)} = \frac{(A+B)\lambda^2+C\lambda+A}{\lambda(\lambda^2+1)}$$

좌변 = 우변 : $A+B=6,\ C=0,\ A=1,\ B=5$

$$Z(\lambda) = \frac{1}{\lambda} + \frac{5\lambda}{\lambda^2+1} = \frac{1}{\lambda} + \frac{1}{\frac{1}{5}\lambda + \frac{1}{5\lambda}}$$

$$= \frac{1}{C_1\lambda} + \frac{1}{C_2\lambda + \frac{1}{L\lambda}}$$ (직.병렬 접속 : L.C 병렬+ C직렬)

$C_1 = 1[F],\ C_2 = \frac{1}{5}[F],\ L = 5[H]$

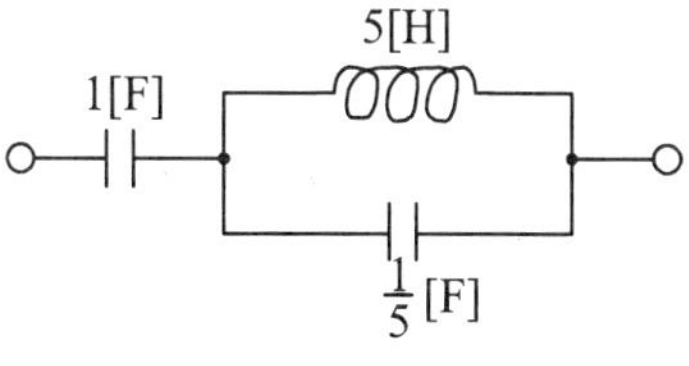

10-5 $Z_1 = j\omega L,\ Z_2 = \dfrac{1}{j\omega C}$ 이라 하면 구동점 임피던스 Z는

$$Z = \frac{Z_1R}{Z_1+R} + \frac{Z_2R}{Z_2+R}$$

$$= \frac{R[Z_1(R+Z_2)+Z_2(R+Z_1)]}{(Z_1+R)(Z_2+R)}$$

$$= \frac{R(Z_1R+Z_1Z_2+Z_2R+Z_1Z_2)}{R^2+Z_1R+Z_2R+Z_1Z_2}$$

Z가 주파수에 관계 없게 되려면(정저항 회로) Z=R이 된다.

$$Z1_1R + Z_2R + 2Z_1Z_2 = R^2 + Z_1R + Z_2R + Z_1Z_2$$

$$\therefore R^2 = Z_1Z_2 = j\omega L \times \frac{1}{j\omega C} = \frac{L}{C}$$

10-6 정저항 회로조건은

$$R=\sqrt{\frac{L}{C}}=\frac{\sqrt{4\times10^{-3}}}{0.1\times10^{-6}}=200[\Omega]$$

11-1 ① 단자 2-2'를 개방하면 $I_2=0$이므로

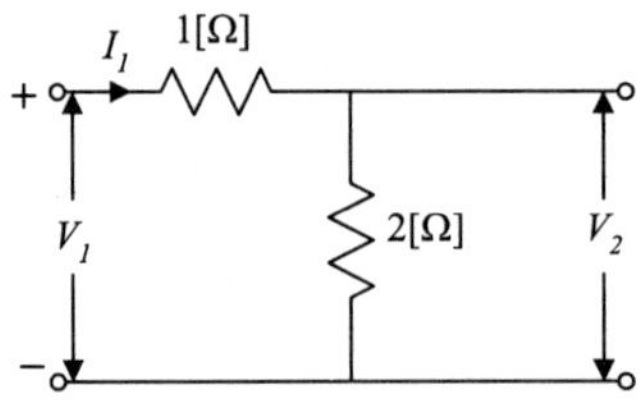

$$Z_{11}=\left.\frac{V_1}{I_1}\right|_{I_2=0}=\frac{(1+2)I_1}{I_1}=3[\Omega]$$

$$Z_{21}=\left.\frac{V_2}{I_1}\right|_{I_2=0}=\frac{2I_1}{I_1}=2[\Omega]$$

② 단자 1-1'를 개방하면 $I_1=0$이므로

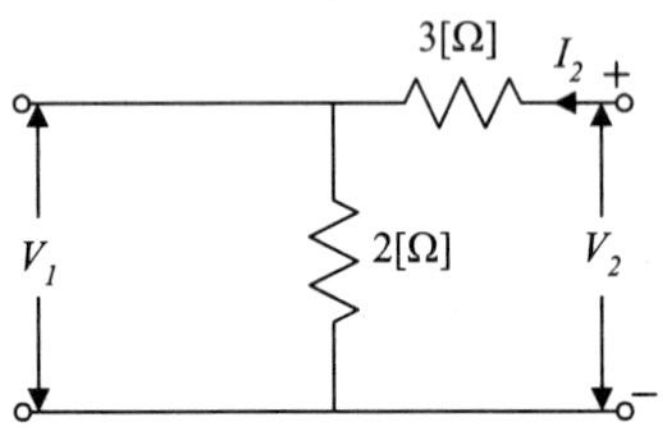

$$Z_{12}=\left.\frac{V_1}{I_2}\right|_{I_1=0}=\frac{2I_1}{I_1}=2[\Omega]$$

$$Z_{22}=\left.\frac{V_2}{I_2}\right|_{I_2=0}=\frac{5I_1}{I_1}=5[\Omega]$$

(다른 풀이) 폐로 I_1, I_2에 대한 키르히호프의 전압 방정식을 세우면

$$\begin{aligned}(1+2)I_1+2I_2&=V_1\\ 2I_1+(2+3)I_2&=V_2\end{aligned}\quad\Rightarrow\quad\begin{aligned}Z_{11}I_1+Z_{12}I_2&=V_1\\ Z_{21}I_1+Z_{12}I_2&=V_2\end{aligned}$$

$Z_{11}=3[\Omega]$, $Z_{12}=Z_{21}=2=[\Omega]$, $Z_{22}=5[\Omega]$

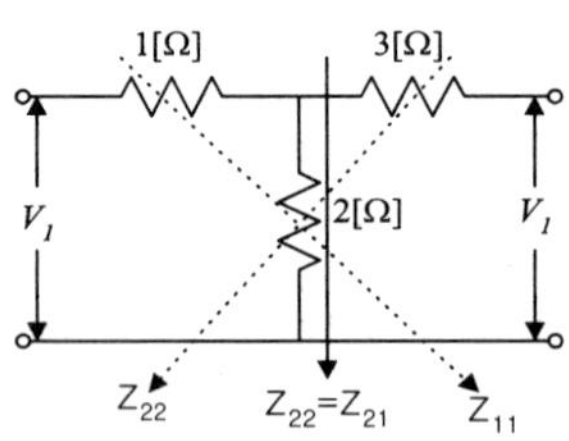

11-2 ① 단자 2-2'를 단락하면 $V_2=0$이므로

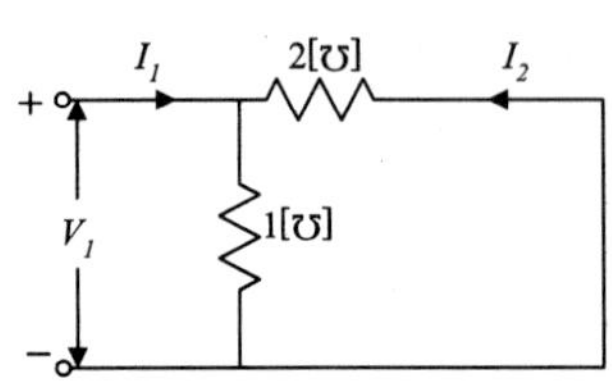

$$Y_{11}=\left.\frac{I_1}{V_1}\right|_{V_2=0}=\frac{(2+1)V_1}{V_1}=3[\mho]$$

$$Y_{21} = \left.\frac{-I_2}{V_1}\right|_{V_2=0} = -\frac{2V_1}{V_1} = -2[℧]$$

② 단자 1-1'를 단락하면 $V_1 = 0$이므로

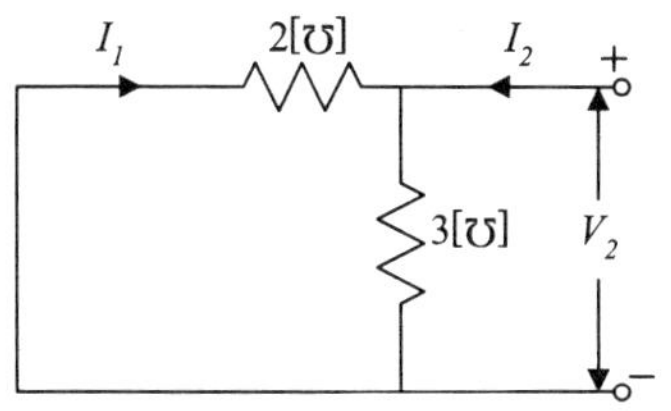

$$Y_{12} = \left.\frac{-I_1}{V_2}\right|_{V_1=0}$$

$$= -\frac{2V_2}{V_2} = -2[℧]$$

$$Y_{22} = \left.\frac{I_2}{V_2}\right|_{V_1=0}$$

$$= \frac{(2+3)V_1}{V_2} = 5[℧]$$

11-3 $A = \left.\frac{V_1}{V_2}\right|_{I_2=0} = 1$

$B = \left.\frac{V_1}{I_2}\right|_{V_2=0} = Z$: 직렬 임피던스 자리

$C = \left.\frac{I_1}{V_2}\right|_{I_2-0} = 0$: 병렬 어드미턴스 자리

$D = \left.\frac{I_1}{I_2}\right|_{V_2=0} = 1$

그러므로 $\begin{bmatrix} A & B \\ C & D \end{bmatrix} = \begin{bmatrix} 1 & Z \\ 0 & 1 \end{bmatrix}$이다.

11-4 $A = \left.\frac{V_1}{V_2}\right|_{I_2=0} = 1$

$B = \left.\frac{V_1}{I_2}\right|_{V_2=0} = 0$

$C = \left.\frac{I_1}{V_2}\right|_{I_2=0} = \frac{1}{Z}$

$D = \left.\frac{I_1}{I_2}\right|_{V_2=0} = 1$

$$\begin{bmatrix} A & B \\ C & D \end{bmatrix} = \begin{bmatrix} 1 & 0 \\ \frac{1}{Z} & 1 \end{bmatrix}$$

11-5 종속 접속법에 의하여 계산하면

$$\begin{bmatrix} A & B \\ C & D \end{bmatrix} = \begin{bmatrix} 1 & Z_1 \\ 0 & 1 \end{bmatrix} \begin{bmatrix} 1 & 0 \\ \dfrac{1}{Z_2} & 1 \end{bmatrix} = \begin{bmatrix} 1 + \dfrac{Z_1}{Z_2} & Z_1 \\ \dfrac{1}{Z_2} & 1 \end{bmatrix}$$

11-6 그림과 같이 전압, 전류 방향을 가정하면

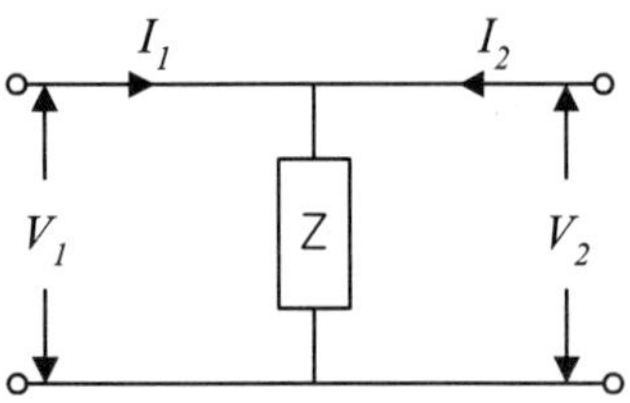

$$V_1 = ZI_1 + ZI_2$$

$$V_2 = ZI_1 + ZI_2$$

$$\therefore \begin{bmatrix} Z_{11} & Z_{12} \\ Z_{21} & Z_{22} \end{bmatrix} = Z\begin{bmatrix} 1 & 1 \\ 1 & 1 \end{bmatrix}$$

11-7 1차측을 개방하면 그림과 같아 2차측 구동점 임피던스 Z_{22}는

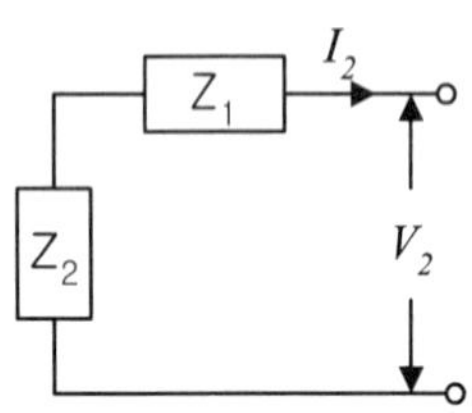

$$Z_{22} = \left.\frac{V_2}{I_2}\right|_{I_1 = 0}$$

$$= \frac{(Z_1 + Z_2)I_2}{I_2} = Z_1 + Z_2$$

11-8 개방회로는 임피던스에 관한 파라미터이므로 어드미턴스로 표시하면

$Y = \dfrac{1}{Z}$이 된다. $\quad \therefore H_{22} = \left.\dfrac{I_2}{V_2}\right|_{I_1 = 0} = \dfrac{\Delta Y}{Y_{11}} = \dfrac{1}{Z_{22}}$

11-9 $\begin{bmatrix} A & B \\ C & D \end{bmatrix} = \begin{bmatrix} 1 & \dfrac{1}{j\omega C} \\ 0 & 1 \end{bmatrix} \begin{bmatrix} 1 & 0 \\ \dfrac{1}{j\omega C} & 1 \end{bmatrix} = Z\begin{bmatrix} 1 - \dfrac{1}{\omega^2 LC} & \dfrac{1}{j\omega C} \\ \dfrac{1}{j\omega C} & 1 \end{bmatrix}$

11-10 $\dfrac{V_1}{V_2} = \dfrac{I_2}{I_1} = \dfrac{n_1}{n_2} = a$에서

$$A = \left.\frac{V_1}{V_2}\right|_{I_2 = 0} = a$$

$$B = \left.\frac{V_1}{I_2}\right|_{V_2 = 0} = 0$$

$$C = \left.\frac{V_1}{V_2}\right|_{I_2 = 0} = 0$$

$$B = \left.\frac{V_1}{V_2}\right|_{V_2 = 0} = \frac{1}{a}$$

$$\therefore \begin{bmatrix} A & B \\ C & D \end{bmatrix} = \begin{bmatrix} \text{권수비}(n = a) & 0 \\ 0 & \dfrac{1}{\text{권수비}(n = a)} \end{bmatrix} = \begin{bmatrix} a & 0 \\ 0 & \dfrac{1}{a} \end{bmatrix}$$

찾아보기

기초전기회로

2019년 2월 25일　1판 1쇄 발행

저　자　최　병　수
발행인　남　승　우

발행처　도서출판　상尙 학學 당堂

서울특별시 동작구 사당로9가길 6
TEL : 02) 595-1692～4
FAX : 02) 595-1394
E-mail : namdoo6@unitel.co.kr
신고 : 2-155호 (1968. 11. 29)

정가 28,000원

ISBN 978-89-6587-182-8　93560